資料庫系統理論與應用

使用 SQL Server+Access

(附範例光碟)

陳會安　編著

全華圖書股份有限公司　印行

序

在電腦計算機科學的應用領域，資料庫系統才是企業組織、公司行號、工廠或家庭電腦化的幕後推手，事實上，國內程式設計師絕大多數在生涯中也都離不開資料庫系統，目前市面上眾多的出勤管理系統、學校教務管理系統、公司的倉庫管理系統和進銷存系統，這些應用程式都是不同應用的資料庫應用系統，就算是網頁程式設計師，也絕對少不了後台伺服端的資料庫系統，我們可以說：「資料庫系統才是建立目前資訊社會和維持其運作的關鍵。」

本書在規劃上是一本「資料處理」和「資料庫系統相關理論和設計」的資料庫教材，適合一般大學、科技大學或技術學院作為資料庫、關聯式資料庫系統等相關課程使用的教科書。在內容上，筆者不只詳細說明必備的資料庫相關理論，更實際使用微軟 SQL Server 和 Access 來建構主從架構的資料庫系統，如下所示：

- 伺服端：微軟 SQL Server 資料庫系統。
- 客戶端：微軟 Access 資料庫系統。

當在 SQL Server 實際規劃、設計和建立銷售管理系統的資料庫後，客戶端使用 Access 連接 SQL Server 資料庫來開發資料庫應用系統，讀者不只可以實際使用伺服器級的 SQL Server；更可以學習桌上型 Access 資料庫的表單、查詢和報表物件來實際建構出一套銷售管理系統。

SQL Server 是微軟在企業市場推出的資料庫產品，也是著名的資料庫產品之一，在本書是使用免費的 SQL Server Express 版。Access 是微軟 Office 家族的資料庫系統，一套提供給個人或中小企業使用的單機和桌上型資料庫系統，事實上，Access 不單只是最廣泛使用的桌上型資料庫系統，其強大的功能讓我們不用撰寫任何程式碼，就可以使用相關 Access 物件來輕鬆建立所需的資料庫應用系統。

在資料庫網站的建置，本書是使用 ASP.NET 技術，直接使用資料控制項來快速建構資料庫網站的資料表編輯和瀏覽介面，最後說明大數據的 NoSQL 資料庫，使用的是 MongoDB。

編著本書雖力求完美，但學識與經驗不足，謬誤難免，尚祈讀者不吝指正。

陳會安 於台北

hueyan@ms2.hinet.net

2020.3.31

如何閱讀本書

本書在架構上共分成七篇 18 章，循序漸進的從資料庫理論開始，逐步從關聯式資料庫理論、資料庫系統的安裝與使用、權限管理、資料庫設計到建立所需資料庫，然後說明各種 Access 查詢、表單、報表和 SQL 指令後，實際建構出一套銷售管理系統和資料庫網站，最後說明 NoSQL 資料庫 MongoDB。

- 第一篇是資料庫管理系統，在第 1~3 章依序詳細說明資料階層、資料庫模型、資料庫正規化、實體關聯圖和資料庫管理系統相關理性和觀念。
- 第二篇是資料庫的建立，在第 4~6 章是依序從資料庫管理系統的安裝、管理工具的使用和資料庫的權限管理，然後詳細說明如何在 SQL Server 建立資料庫應用系統所需的資料庫。
- 第三篇是資料庫的操作，在第 7~9 章說明資料庫設計後，依序在資料庫建立資料表、關聯性、條件約束和指定主鍵與索引後，首先使用 Management Studio 在 SQL Server 新增、編輯和刪除記錄資料，然後使用 Access 連接 SQL Server 資料庫後，建立 Access 表單物件來編輯記錄資料，最後說明匯出資料表的記錄資料，和從其他資料來源匯入記錄資料至資料庫。
- 第四篇是基本查詢應用，在第 10~12 章依序說明 Access 查詢物件的基本資料表查詢後，詳細說明多資料表的關聯查詢和條件查詢操作，並且說明如何建立 Access 報表物件來產生所需的資料庫報表。
- 第五篇是結構化查詢語言應用，在第 13~15 章依序從基本到進階詳細說明資料庫管理師需要具備的 SQL 語言，首先是資料定義語言，然後是資料查詢語言，最後是資料操作語言。
- 第六篇是資料庫程式設計，在 16~17 章首先使用 Access 設計檢視來修改表單和報表物件，在建立功能選單表單和巨集後，建立完整銷售管理系統的客戶資料管理功能，然後，改用 ASP.NET 直接使用資料控制項連接 SQL Server 資料庫，建立客戶瀏覽和編輯功能的資料庫網站。
- 第七篇是大數據與 NoSQL 資料庫，在第 18 章詳細說明 NoSQL 資料庫的基本觀念和資料模型後，實際使用 MongoDB 來實作 NoSQL 資料庫。

光碟內容

為了方便讀者學習，筆者將本書使用的範例檔案都收錄在書附光碟，其說明如下表所示：

資料夾	說明
ch05~ch18 資料夾	本書各章節使用的 SQL 指令碼檔案、Access 資料庫範例、Visual Studio 專案和相關程式檔案

在本書第 5~17 章範例目錄下都提供【銷售管理系統 .sql】的 SQL 指令碼檔案，這是建立這一章測試資料庫所需的 SQL 指令碼檔案，在閱讀各章內容前，請先參閱第 5-5 節的步驟，在 Management Studio 執行此 SQL 指令碼檔案來建立測試所需的資料庫和記錄資料。

版權聲明

本書光碟內含的共享軟體或公共軟體，其著作權皆屬原開發廠商或著作人，請於安裝後詳細閱讀各工具的授權和使用說明。

本書作者和出版商僅收取光碟的製作成本，內含軟體為隨書贈送，提供本書讀者練習之用，與光碟中各軟體的著作權和其它利益無涉，如果在使用過程中因軟體所造成的任何損失，與本書作者和出版商無關。

目次

CH 16 資料庫應用系統設計

CH 17 資料庫網站建置

CH 18 大數據與 NoSQL 資料庫

Chapter

1

資料階層、資料庫模型與結構

- 1-1 資料階層
- 1-2 資料庫系統的結構
- 1-3 資料庫模型
- 1-4 資料庫系統的處理架構

1-1 資料階層

早期電腦的主要目的是使用 CPU 的運算能力來解決數學問題，電腦處理的資料大多爲數值資料。到了 50 年代後期，使用電腦儲存、維護和存取非數值資料愈來愈重要。例如：儲存姓名字串清單，如下所示：

陳允安、王美麗、江珍妮、陳傑生、李小四

上述非數值資料可以讓我們執行資料處理（Data Processing）的搜尋（Searching）和排序（Sorting）等操作，這些非數值資料處理成爲電腦的主要工作之一。

1-1-1 資料、資訊與資料處理

資訊（Information）是經過處理的資料（Data）；資料是資訊的原始型態，資訊就是處理後有實質意義的資料。

資料

「資料」（Data）是指收集但沒有經過整理和分析的原始數值、文字或符號，屬於資訊的原始型態。「美國國家標準局」（American National Standards Institute；ANSI）定義的資料，如下所示：

- 資料是使用定義語法或規則描述的事實、概念或指令，可以適用在人類或程式之間進行通訊、解釋和處理。
- 資料代表一些特性或原始數值，我們可以針對資料執行一些操作，將資料轉換成有意義的資訊，即「資料處理」（Data Processing）。

資訊

「資訊」（Information）是經過處理的資料，資料在經過整理和分析後，可以成爲有用或可供決策的資訊。因爲資料是資訊的原始型態；資訊就是資料處理後產生實質意義的資料，如圖 1-1-1 所示：

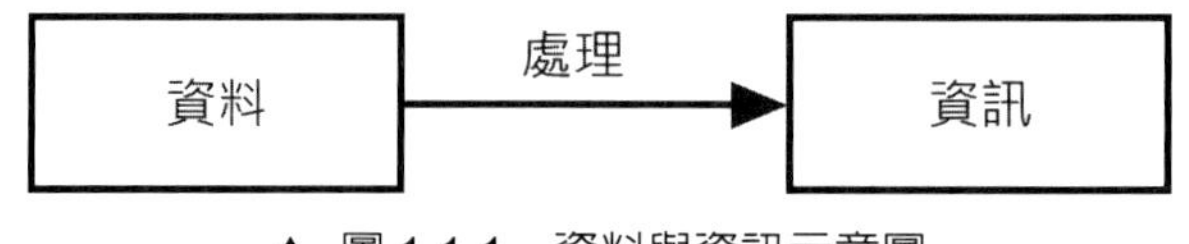

▲ 圖 1-1-1 資料與資訊示意圖

例如：在桌上放了一整疊整班的學生成績資料，因爲輸出錯誤，並不知道每一張資料是哪一位學生的成績，如果我們將每位學生每門必修課的成績平均，可以得到整班學生必修課的成績總分和平均成績，現在，處理後的成績資料成爲評估整班學生學習成果的有用資訊。

資料處理

「資料處理」（Data Processing）是使用特定方法將資料轉換成資訊的過程，資料可以進行搜尋、排序、分類、計算、收集、選取或結合等操作，以便產生所需的資訊，如圖 1-1-2 所示：

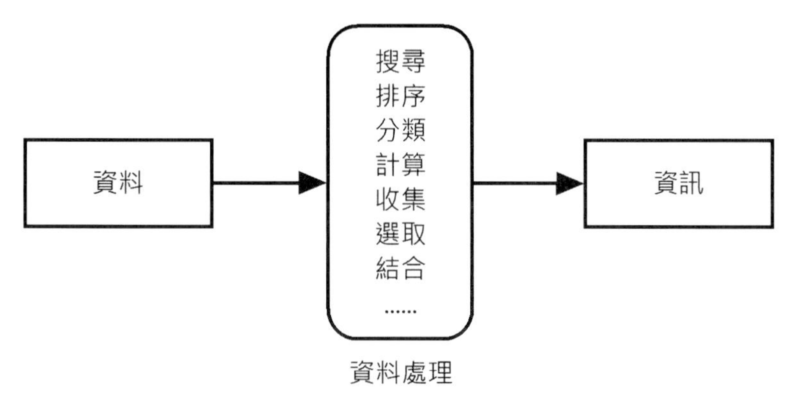

▲ 圖 1-1-2 資料處理示意圖

上述圖例的資料在經過各種資料處理後，就成為有用的資訊。至於電腦是如何儲存這些資料，依資料抽象的程度不同分為六個階層，即所謂的資料階層（Data Hierarchy）。

1-1-2 資料階層

資料階層是各種不同層次抽象化（Abstract）的資料儲存單位。以電腦角度來說，資料是儲存在電腦檔案，檔案內容是一種有組織的資料，各種不同層次的資料組織方式稱為資料階層（Data Hierarchy）。

反過來說，以人類的觀點而言，資料階層是逐步將低階資料組合成適合人類進行資料處理的儲存單位。資料階層共分成六個階層：位元、位元組、欄位、記錄、檔案和資料庫，如圖 1-1-3 所示：

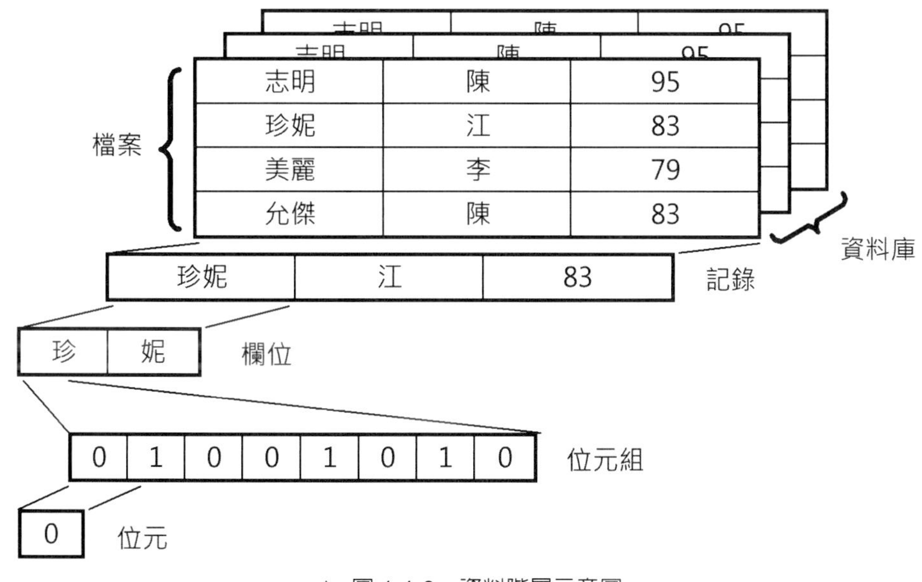

▲ 圖 1-1-3 資料階層示意圖

上述圖例的最小儲存單位是位元（Bit），8 個位元（Bits）組成一個位元組，即 ASCII 碼的字元。數個位元組結合成欄位，多個欄位組成記錄，最後將一組記錄儲存成檔案，資料庫是一組相關檔案的集合。

第一階層：位元（Bits）

電腦資料是使用二進位 0 或 1 代表，每一個 0 或 1 是最小儲存單位，也就是位元。

第二階層：位元組（Bytes）

位元組是由 8 個位元組成，或稱爲字元（Character），一個英文字母佔用 1 個位元組；一個中文字佔用 2 個位元組，這是一般電腦記憶體的最小單位，也是電腦檔案儲存資料的最小單位。

第三階層：欄位（Fields）

欄位是由 1 或多個位元組或字元組成，可以將相同性質資料組成資料項目，以欄位名稱來識別。例如：一組字元組成的字串 " 陳 " 和 " 志明 "，可以使用欄位名稱 " 姓名 " 識別，或數值 83、79，可以使用欄位名稱 " 成績 " 來識別等。

第四階層：記錄（Records）

在欄位之後是記錄，記錄是相關欄位集合，記錄的欄位是用來儲存「實體」（Entity）的一些「屬性」（Attributes）值。實體是描述眞實世界的東西。例如：學生實體；屬性是實體擁有的特性，例如：學生姓名和成績，即前述欄位階層。

簡單的說，記錄可以儲存學生的詳細資料。例如：姓名、成績、地址等欄位值。

第五階層：檔案（Files）

如果記錄是欄位值的集合，檔案就是相關聯記錄的集合。檔案是以檔案名稱儲存在電腦周邊裝置的磁碟，程式設計者可以撰寫程式碼，使用檔案名稱來開啓和存取檔案內容的記錄，相關操作有：讀取、更新、新增和刪除記錄。

第六階層：資料庫（Database）

最後一層的資料階層就是本書的主題：資料庫，資料庫是相關檔案的集合，使用稱爲資料庫管理系統（Database Management System）的應用程式，可以集中管理資料庫儲存的資料。

隨堂練習 1-1

1. 請舉例說明什麼是資料（Data）？何謂資訊（Information）？
2. 請舉例說明資料階層中各階層資料之間的關係？

1-2 資料庫系統的結構

我們所稱的資料庫正確的說是「資料庫系統」（Database System）的一部分，資料庫系統是由「資料庫」（Database）和「資料庫管理系統」（Database Management System；DBMS）所組成，如圖 1-2-1 所示：

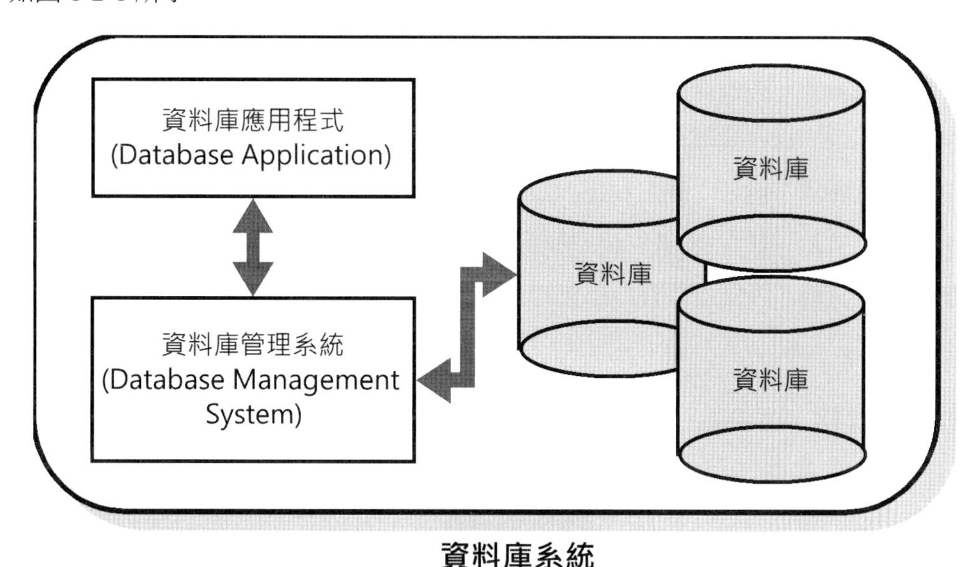

資料庫系統
(Database System)

▲ 圖 1-2-1 資料庫系統

在上述資料庫系統擁有多個資料庫，每個資料庫是由資料庫管理系統負責管理。一般來說，資料庫應用程式包含表單、報表和使用介面，可以透過資料庫管理系統來存取資料庫的記錄資料。

資料庫簡介

資料庫（Database）是一個概念；一種資料儲存單位；一些經過組織的資料集合。我們有很多現成擁有或一些常常使用的資料集合，都可以稱爲資料庫，如下所示：

- 在 Word 文件編輯的通訊錄資料。
- 使用 Excel 管理的學生成績資料。
- 在應用程式提供相關功能來維護和分析儲存在大型檔案的資料。
- 銀行的帳戶和交易資料。
- 醫院的病人資料。
- 大學的學生、課程、選課和教授資料。
- 電信公司的帳單資料。

對於現代企業或組織來說，資料庫是讓企業或組織能夠正常運作的幕後功臣，想想看！一間銀行如果沒有帳戶和交易記錄資料庫，客戶存款和提款需要如何運作。每家航空公司都需要依賴訂票系統的資料庫，才能讓各旅行社訂機票，旅客才知道班機是否客滿。

在企業或組織資料庫儲存的大量資料並非短暫儲存的暫時資料，而是一種長時間存在的資料，稱爲「長存資料」（Persistent Data），這些長存資料就是維持企業或組織正常運作的重要資料，如下所示：

- 在組織中的資料需要一些操作或運算來維護資料。例如：當學校的學生有人退學或入學，學生資料需要新增和刪除操作來進行維護。
- 在資料之間擁有關係。例如：學生和選課資料之間擁有關係，一位學生擁有多筆選課資料。
- 資料不包含輸出資料、暫存資料或任何延伸資訊。例如：學生選課數、年齡和居住地分佈資料等並不屬於長存資料，因爲這些資料都可以透過長存資料運算而得，也稱爲導出資料（Derived Data）。

邏輯關聯資料

基本上，在資料庫儲存的是一種擁有關係的資料，這些資料使用關聯性（Relationships）建立與其他資料之間的邏輯關聯，稱爲「邏輯關聯資料」（Logically Related Data）。

關聯性是一個術語，我們可以視爲是一種資料之間的連接，在資料庫儲存的是一種「完全連接」（Fully Connected）資料。完全連接是指資料庫儲存的資料之間擁有連接方式，這個連接允許從一個資料存取其他資料。例如：因爲員工資料和出勤資料之間擁有關係，一位員工擁有多筆出勤資料，在資料之間的連接，可以讓員工資料連接到出勤資料。

所以，在建立資料庫時，除了定義儲存哪些資料外，我們還需要考量如何將這些資料連接起來（即建立關聯性），以便提供進一步的資料處理依據。

隨堂練習 1-2

1. 請試著舉出日常生活中一些資料庫的實際範例。

1-3 資料庫模型

「資料庫模型」（Database Model）是使用一組整合觀念來描述資料與資料之間的關係和資料的限制條件（限制條件就是用來檢查是否儲存正確資料的條件），也就是描述資料庫中資料之間的關聯性。

1-3-1 大型檔案資料庫模型

「大型檔案資料庫模型」（Flat-File Database Model）是使用檔案（通常是指一般文字檔案）儲存資料庫的記錄資料。在早期沒有資料庫管理系統的年代，大部分公司都是使用 COBOL 語言設計系統，以文字檔案來儲存資料。

換句話說，資料庫是使用多個文字檔所組成，每一個文字檔是一個資料表，在檔案中的每一列是一筆記錄，使用固定欄寬或特殊分隔字元來儲存欄位資料，例如：【學生】資料表，如圖 1-3-1 所示：

```
學生
江小魚:中和景平路1000號:02-22222222
劉得華:桃園市三民路1000號:02-33333333
郭富成:台中市中港路三段500號:03-44444444
離明:台南市中正路1000號:04-55555555
張學有:高雄市四維路1000號:05-66666666
```

▲ 圖 1-3-1 【學生】資料表

上述文字檔案的每一列是一筆記錄，每一筆記錄有 3 個欄位，在欄位間使用「:」符號來分隔，如果大型檔案資料庫使用分隔符號儲存，請注意！欄位資料內容並不允許使用分隔符號。

資料庫系統如果使用大型檔案資料庫，爲了存取資料庫的資料，我們需要撰寫專屬程式模組來新增、更新和刪除記錄，或進行資料查詢。如果資料庫很龐大，就需要使用多個資料表來儲存資料時，每一個資料表是一個檔案，例如：新增【選課】資料表，如圖 1-3-2 所示：

```
選課
江小魚:進階網頁設計
江小魚:網站架設
江小魚:多媒體設計
張學有:網站架設
張學有:區域網路
張學有:JavaScript網頁設計
郭富成:專題製作
郭富成:網站架設
劉得華:專案研究
劉得華:區域網路
劉得華:多媒體設計
劉得華:Access資料庫
離明:JavaScript網頁設計
離明:專題製作
```

▲ 圖 1-3-2 【選課】資料表

▼ 表 1-3-1 階層式資料庫模型優缺點

優點	缺點
擁有父子關聯，所以資料存取比較快速	因為資料存取都需要從父資料表開始，所以設計者需要非常熟悉資料庫的結構
資料完整性很容易維護，如果刪除父資料表的資料，可以很容易刪除子資料表的關聯資料	可能造成資料的重複儲存

1-3-3 網路式資料庫模型

「網路式資料庫模型」（Network Database Model）不同於階層式是使用階層架構，網路式資料庫模型是將資料組織成網路狀的圖形，在資料之間的連接也是使用低階指標，而且允許擁有迴圈。網路式資料庫模型一樣擁有 2 種基本型態，如下所示：

- 記錄型態（Record Type）：記錄型態是由一組屬性組成，每一個記錄型態的成員稱爲記錄，資料表是一組記錄的集合。
- 連接型態（Link Type）：在 2 個記錄型態之間的連接型態，屬於一種一對多關聯性（Relationship），這是從稱爲「擁有者型態」（Owner Type）關聯到多個「成員型態」（Member Type）。

網路式資料庫模型是建立在 2 種「集合結構」（Set Structures），也就是一組記錄型態的記錄集合（A Set of Records）和一組連接型態的連接集合（A Set of Links），如圖 1-3-6 所示：

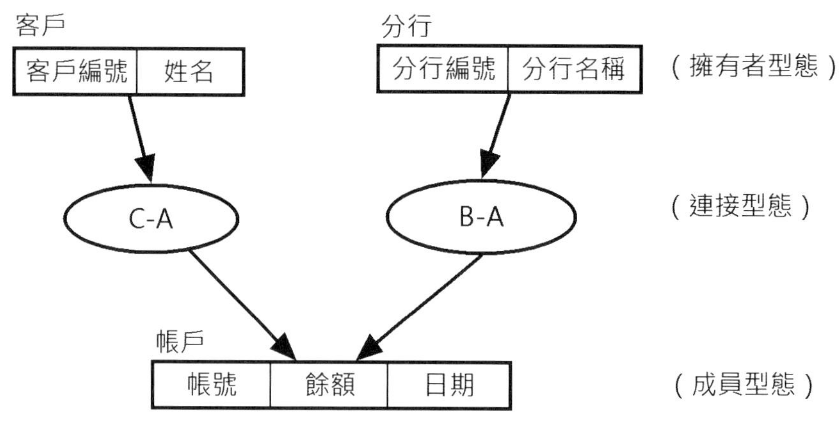

▲ 圖 1-3-6 網路式資料庫模型的集合結構

上述圖例擁有【客戶】、【分行】和【帳戶】三種記錄型態，C-A 和 B-A 兩種連接型態。【客戶】和【分行】是擁有者型態（Owner Type），Account 是成員型態（Member Type）。

【客戶】和【帳戶】記錄型態是以 C-A 連接型態建立一對多的擁有關聯性；同樣的，【分行】和【帳戶】記錄型態是以 B-A 連接型態建立一對多的擁有關聯性，簡單的說，【客戶】可以擁有多個【帳戶】；【分行】也可以擁有多個【帳戶】。

在網路式資料庫模型的一個成員型態記錄可以有多個擁有者型態的記錄。例如：一個【帳戶】擁有【客戶】和【分行】兩個擁有者型態的記錄，完整銀行分行帳戶的網路式資料庫，如圖 1-3-7 所示：

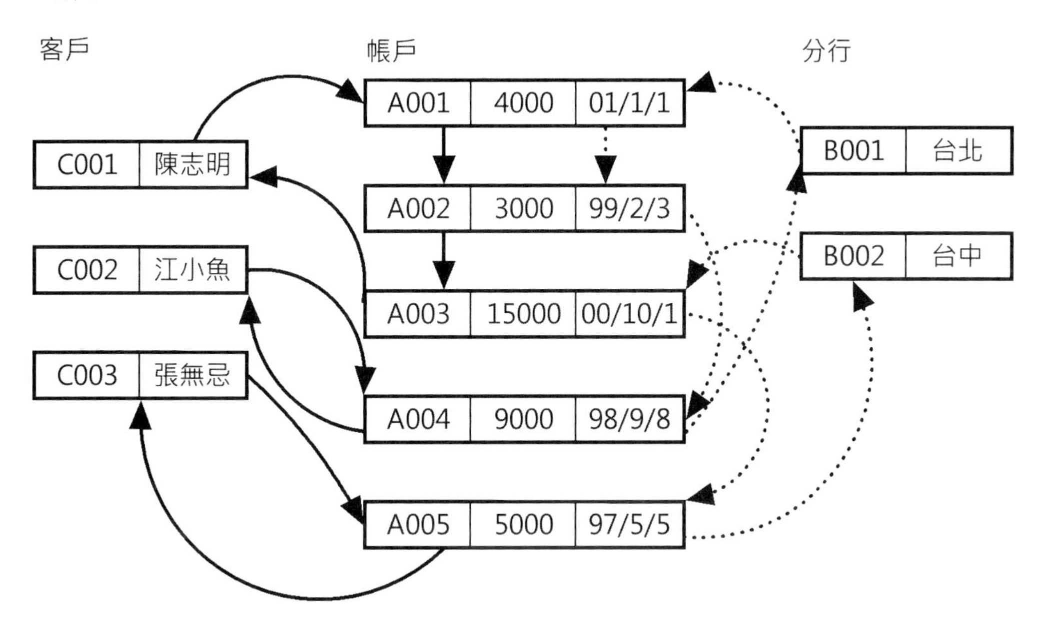

▲ 圖 1-3-7 銀行分行帳戶的網路式資料庫

上述圖例的實心箭頭線是 C-A 連接型態；虛線是 B-A 連接型態，我們只需透過低階指標的連接，就可以走訪記錄型態的記錄。例如：客戶【陳志明】可以使用 C-A 連接走訪其帳戶：A001、A002 和 A003。台中分行可以使用 B-A 連接走訪分行的帳戶：A003 和 A005。

【客戶】和【分行】之間的關聯性（Relationship）是一種多對多關聯性，客戶可以在多家分行開帳戶，而分行也允許不同客戶來開帳戶，只需使用 C-A 連接和 B-A 連接就可以取得記錄型態之間的關聯性（Relationship）。網路式資料庫模型的優缺點，如表 1-3-2 所示：

▼ 表 1-3-2 網路式資料庫模型優缺點

優點	缺點
避免資料重複	資料表關聯性很複雜，當資料庫愈來愈大時，關聯性維護將更加困難
資料存取非常快速	資料庫結構不容易修改，任何資料結構的變更都會影響多個資料表
使用者可以從任何一個資料表使用集合結構來存取資料	如果修改資料庫的集合結構，將影響很多資料表的資料存取
很容易建立複雜的資料庫系統和查詢	使用者需要非常了解資料庫結構

1-3-4 關聯式資料庫模型

「關聯式資料庫模型」（Relational Database Model）是 1970 年由 IBM 研究員 E. F. Codd 博士開發的資料庫模型，其理論基礎是數學的集合論（Set Theory）。不同於階層和網路式資料庫模型是使用低階指標來連接資料，關聯式資料庫模型是使用「資料值」（Data Value）來建立關聯性，支援一對一、一對多和多對多關聯性。

關聯式資料庫模型可以視爲是一個儲存記錄的二維表格，其資料結構是「關聯表」（Relations），如圖 1-3-8 所示：

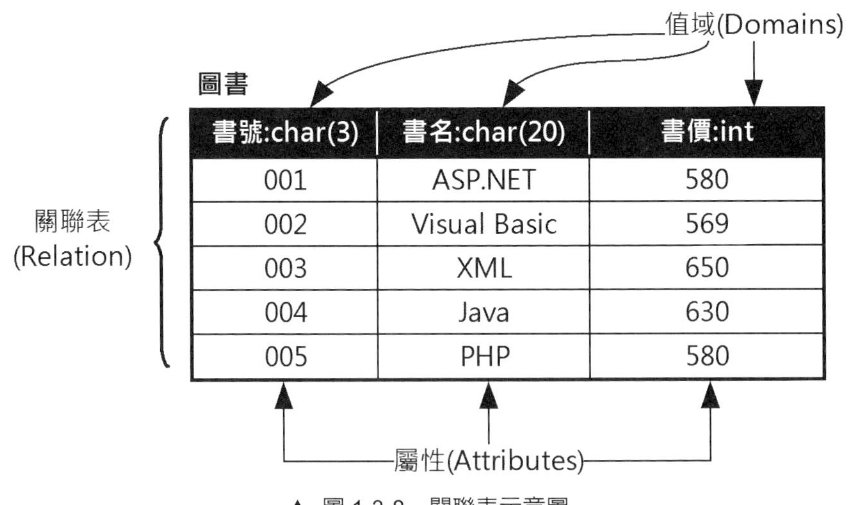

▲ 圖 1-3-8 關聯表示意圖

上述圖例的表格是一個關聯表，【圖書】是關聯表名稱，在表格的每一欄是屬性（Attributes），在第 1 列是屬性名稱，在屬性名稱後是定義域（Domains），這些名詞術語是資料庫理論使用的術語。以 SQL Server/Access 來說，關聯表就是 Access 資料庫的資料表物件，屬性是欄位，定義域是資料類型。

在關聯式資料庫模型建立關聯性是使用資料值（Data Values），並不是連接結構（Links Structures）的低階指標，如圖 1-3-9 所示：

▲ 圖 1-3-9 關聯式資料庫模型的關聯性

上述圖例的【圖書】關聯表使用【作者編號】屬性，以屬性值 001 的資料值建立與【作者】關聯表的關聯性，同時使用【公司編號】屬性，以屬性值 002 建立與【出版商】關聯表的關聯性。

關聯式資料庫是透過資料值來建立關聯表之間的關聯性，以便能夠在相關聯的關聯表存取資料。例如：【圖書】關聯表的圖書 PHP 可以透過資料值 001，找到此書的作者是【陳志明】，002 找到出版商爲【全華】。關聯式資料庫模型的優缺點，如表 1-3-3 所示：

▼ 表 1-3-3 關聯式資料庫模型優缺點

優點	缺點
資料庫設計可以專注於邏輯觀點，而不用考量實際的資料庫結構	執行關聯式資料庫的硬體和作業系統都需要高昂花費，甚至可能是超過預算的費用
很容易設計和管理資料庫，並不需要太多程式設計工作	關聯式資料庫的資料是使用資料值建立連接，並不是低階指標，所以存取效率比其他模型的資料庫系統來的差
提供標準 SQL 語言，可以定義、查詢和執行資料操作	不支援複雜結構的資料，一個關聯表只能實作一個實體，並不能表示多個子實體的集合。例如：電腦是由主機、鍵盤和螢幕組成
在不同關聯式資料庫之間，可以輕易轉換儲存的資料	關聯式資料庫的容易使用反而可能成為重大缺點，因為人為錯誤，反而可能造成儲存資料的不正確

隨堂練習 1-3

1. 請問階層式資料庫模型擁有哪兩種基本型態？網路式資料庫模型的兩種基本型態是什麼？
2. 關聯式資料庫模型是使用 ________（Data Value）建立關聯性，支援 ________、________ 和 ________ 關聯性。

1-4 資料庫系統的處理架構

基本上，電腦系統架構都可以歸類成兩類，同理，資料庫系統架構也可以分成兩種處理架構，如下所示：

- 集中式處理架構（Centralized Processing Architectures）。
- 分散式處理架構（Distributed Processing Architectures）。

1-4-1 集中式處理架構

在早期大型主機（Mainframe）時代，電腦系統主要是使用 IBM 公司開發的「系統網路架構」（Systems Network Architecture；SNA），這種架構是一種集中式處理架構，擁有一台大型主機，使用多個終端機（Terminals）與主機連接，如圖 1-4-1 所示：

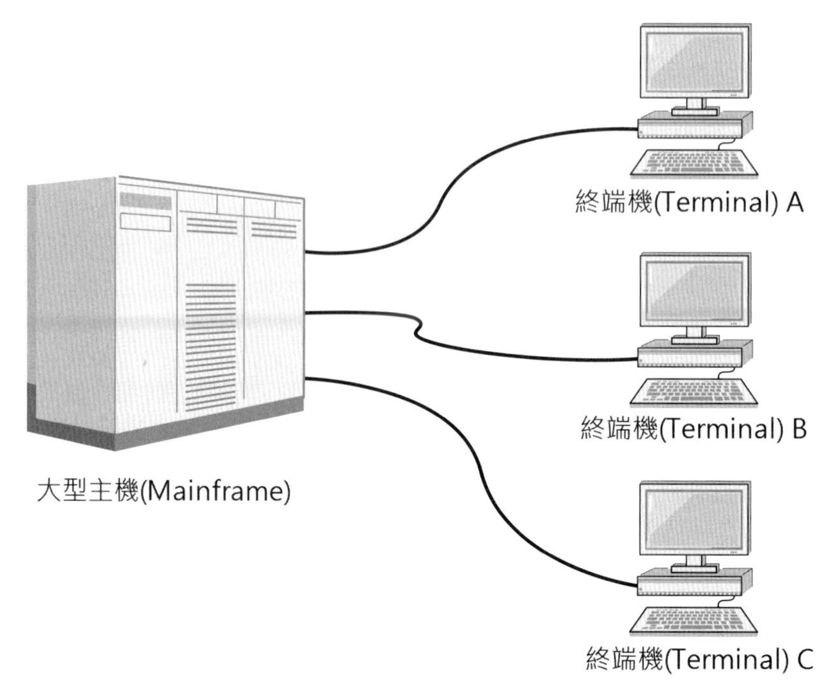

▲ 圖 1-4-1 集中式處理架構

上述大型主機負責資料處理的所有工作，以資料庫系統來說，資料庫管理系統和作業系統都在同一台電腦執行，使用者透過終端機將資訊送到主機，由主機負責全部的處理，然後將結果傳回給終端機。例如：在終端機執行資料庫語言的查詢指令，可以從主機取得回應結果，終端機的顯示結果是由主機產生的資料，終端機只負責顯示取得的資料。

1-4-2 分散式處理架構

分散式處理架構（Distributed Processing Architectures）隨著個人電腦和區域網路的興起，大型主機逐漸被功能強大的個人電腦或工作站（Workstation）取代。現在的個人電腦和工作站足以分擔早期大型主機負責的工作，因爲是使用多台個人電腦和工作站透過網路分開在各電腦執行分擔的工作，所以稱爲分散式處理架構。

在 1980 年代的中期，「主從架構」（Client/Server Architecture）成爲資料庫系統架構的主流，這是一種分散式處理架構，資料庫系統的工作是分散在客戶端（Client）和伺服端（Server）電腦執行，如下所示：

- 伺服端（Server）：在主從架構中扮演提供服務（Service）的提供者（Provider）角色。
- 客戶端（Client）：在主從架構中的角色是提出服務請求（Request）的請求者（Requester）。

在主從架構的電腦扮演的角色，需視其安裝的軟體而定，同一台電腦可以是客戶端，也可以是伺服端。例如：在電腦安裝資料庫管理系統 SQL Server，它就是伺服端的資料庫伺服器，安裝 Access 或 C#/VB 語言建立的應用程式就是客戶端，如圖 1-4-2 所示：

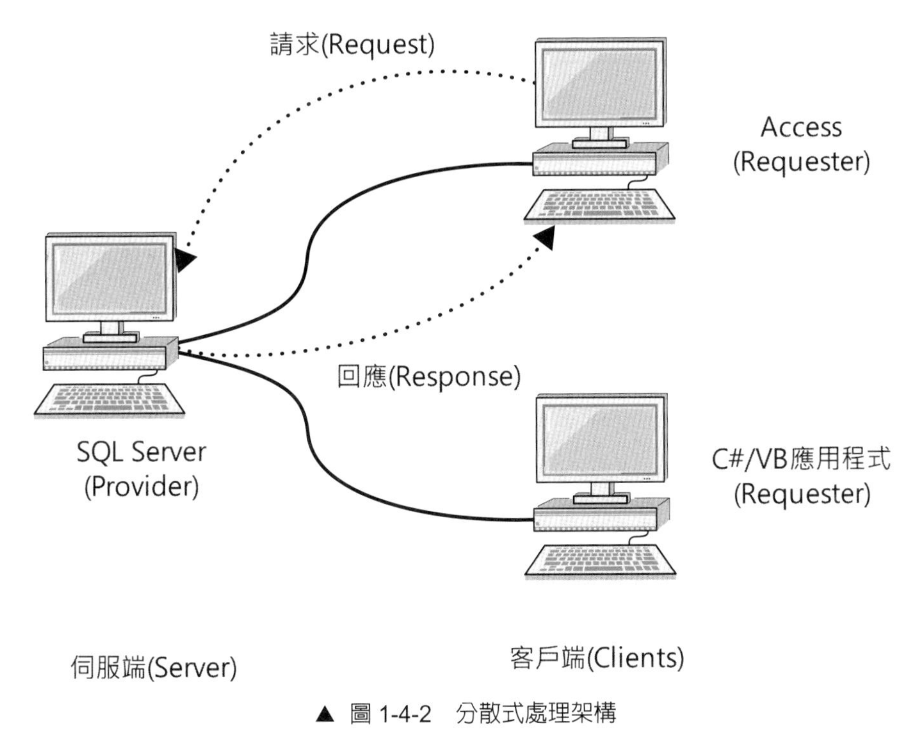

▲ 圖 1-4-2　分散式處理架構

上述圖例的客戶端 Access 應用程式向伺服端 SQL Server 提出請求，以關聯式資料庫系統來說，就是在 Access 應用程式下達 SQL 指令，伺服端的資料庫管理系統 SQL Server 在執行指令後，將結果回傳到客戶端電腦來顯示查詢結果。

說明

在實務上，我們可以使用 Access 開發客戶端應用程式，提供良好使用介面來連接伺服端 SQL Server 資料庫系統，在本書就是使用此架構來實作資料庫系統。

1-4-3 二層式主從架構

標準主從架構是一種二層式主從架構（Two-Tier Client/Server Architecture）。「層」（Tier）以硬體來說是實際分隔的硬體元件，將硬體架構分割成邏輯的子層（Sub-Layer）。如果以軟體架構來說，就是指不同領域的軟體。

二層式主從架構是 90 年代廣泛使用的處理架構，其架構主要分成兩個部分：展示層（Presentation Tier）和資料層（Data Tier），如圖 1-4-3 所示：

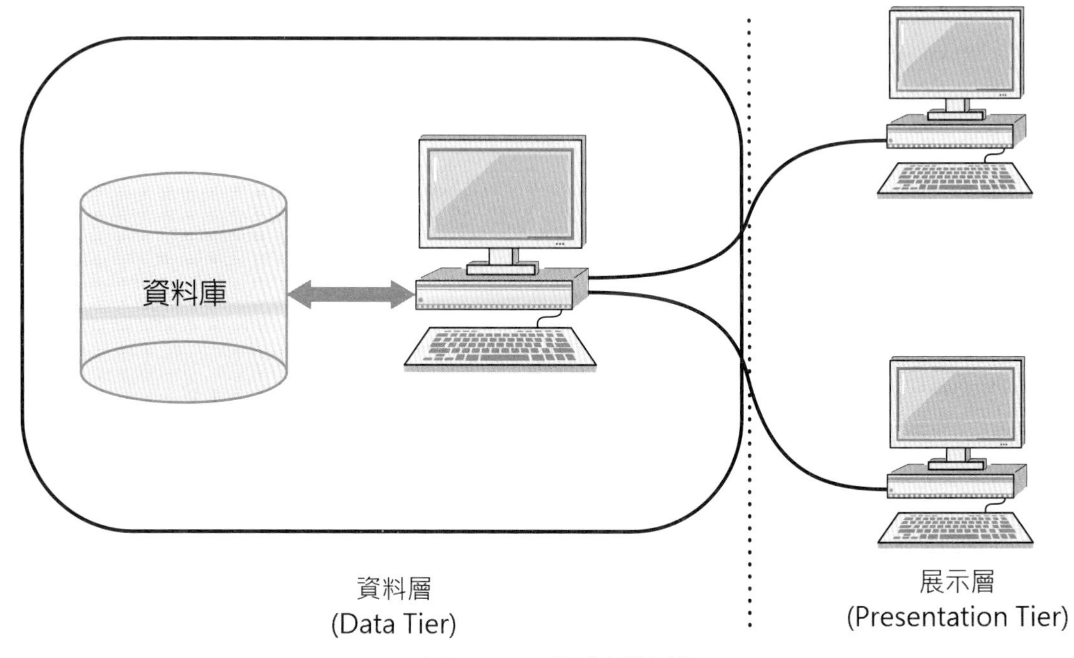

▲ 圖 1-4-3 二層式主從架構

上述圖例的資料層是主從架構的伺服端或後台，展示層是客戶端或前台，各層安裝的軟體分別負責不同的工作，如下所示：

- 展示層（Presentation Tier）：與使用者互動的使用介面，它是使用者實際看到的應用程式，應用程式負責商業邏輯（Business Logic）和資料處理邏輯（Data Processing Logic）。
- 資料層（Data Tier）：負責資料的儲存，以資料庫系統來說，就是管理資料庫的資料庫管理系統，因爲需要回應多位客戶端的請求，通常都是使用功能最強大的電腦來負責。

在二層式主從架構的資料層，資料庫管理系統只負責提供展示層所需的資料，眞正的資料處理是在展示層的應用程式。

1-4-4 三層式主從架構

「三層式主從架構」（Three-Tier Client/Server Architecture）擴充二層式主從架構，在之間新增「商業邏輯層」（Business Logic Tier），如圖 1-4-4 所示：

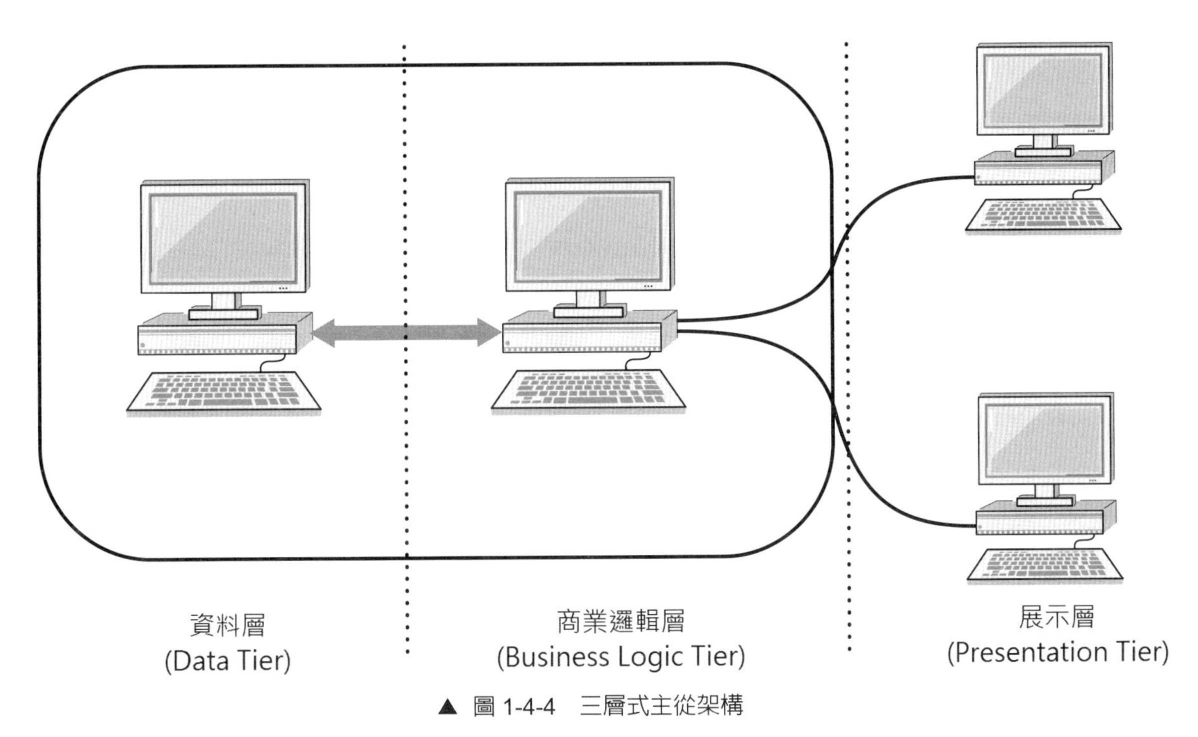

▲ 圖 1-4-4 三層式主從架構

上述圖例的商業邏輯層是將二層式主從架構展示層的資料處理和商業邏輯功能獨立成「應用程式伺服器」(Application Server),使用高速網路與資料層的資料庫伺服器進行連接。

應用程式伺服器(Application Server)如同餐廳中超高效率的服務生,從展示層的前台取得點選套餐,將它送到後台的資料庫伺 4 器取得所需的各種餐點,在處理後,送到前台的是一套完整組合的套餐。

以公司或組織來說,應用程式伺服器是資料層和展示層之間的資料轉換器,在取得展示層的請求後,將資料庫儲存的庫存或財務資料轉換成實際的商業資訊,成爲展示層顯示的資訊。

隨堂練習 1-4

1. 請問資料庫系統分成哪兩種處理架構?層(Tiers)是什麼?
2. 請問二層和三層式主從架構的差異為何?
3. 請繪出本書使用的資料庫系統架構?

本章習題

選擇題

(　　) 1. 請問資料階層一共可以分爲幾層？(A) 5　(B) 6　(C) 7　(D) 8。

(　　) 2. 請問下列哪一個並不是資料處理的操作？(A) 搜尋　(B) 排序　(C) 資訊　(D) 計算。

(　　) 3. 請問下列哪一個資料集合不能算是一種資料庫？　(A) 通訊錄資料　(B) 銀行的帳戶資料　(C) 醫院的病人資料　(D) 記事本編輯的一篇文章。

(　　) 4. 請問下列哪一種資料庫模型擁有類似父子的關聯性？　(A) 網路式　(B) 物件導向式　(C) 關聯式　(D) 階層式。

(　　) 5. 請問三層式主從架構比二層式主從架構多了下列的哪一層？(A) 展示層　(B) 資料層　(C) 前台　(D) 商業邏輯層。

實作題

1. 請試著手繪資料庫系統的基本結構？
2. 請試著手繪二層式主從架構的圖例？

Chapter

2

關聯式資料庫與正規化分析

2-1 再談關聯式資料庫模型

關聯式資料庫模型（Relational Database Model）是 1969 年 E. F. Codd 博士在 IBM 公司的研究成果，不同於其他資料庫模型，關聯式資料庫模型是使用數學集合論作爲理論基礎所建立的資料庫模型，其組成元素如下所示：

- 資料結構（Data Structures）：資料組成方式，以關聯式資料庫模型來說，就是欄和列組成表格的關聯表（Relations）。
- 資料操作或運算（Data Manipulation 或 Operations）：資料新增、更新、刪除和查詢操作的關聯式代數（Relational Algebra）和關聯式計算（Relational Calculus）。
- 完整性限制條件（Integrity Constraints）：一些維護資料完整性的條件，其目的是確保儲存資料是合法且正確的資料。

在關聯式資料庫模型的相關術語通常是用來說明資料庫系統的相關理論，在 SQL Server 或 Access 等資料庫管理系統使用的名詞另成一套術語，不過，這些名詞或術語都擁有相同意義，如表 2-1-1 所示：

▼ 表 2-1-1　關聯式資料庫模型的術語

關聯式資料庫模型	SQL Server 或 Access
關聯表（Relation）	資料表（Tables）
屬性（Attributes）	欄位（Fields）或資料行（Rows）
值組（Tuples）	記錄（Records）或資料列（Rows）

2-1-1　資料結構

關聯式資料庫是一組關聯表（Relations）的集合，關聯表就是關聯式資料庫模型的資料結構（Data Structures），使用二維表格組織資料。每一個關聯表是由 2 部分組成，如圖 2-1-1 所示：

關聯表綱要 (Relation Schema)

學生

學號:int	姓名:string	地址:string	電話:string
S001	江小魚	新北市中和區景平路1號	02-22222222
S002	劉得華	桃園市三民路1000號	03-33333333
S003	郭富成	台中市中港路三段500號	04-44444444
S004	張學有	高雄市四維路1000號	05-55555555

關聯表實例 (Relation Instance)

▲ 圖 2-1-1　關聯式資料庫的資料結構

上述二維表格是一個關聯表，位在標題列之上的屬性和關聯表名稱是關聯表綱要；之下是關聯表實例（Instance），也就是實際儲存的記錄資料。

關聯表綱要

關聯表綱要（Relation Schema）主要是指關聯表名稱、關聯表屬性（即欄位）和定義域清單（即資料類型），多個關聯表綱要集合起來就是「關聯式資料庫綱要」（Relational Database Schema）。

說明

定義域（Domains）是一組可能屬性值（即欄位值）的集合，對於 SQL Server 和 Access 來說，就是欄位定義的資料類型。

以此例的【學生】關聯表擁有【學號】、【姓名】、【地址】和【電話】屬性集合。關聯表綱要表示法的基本語法，如下所示：

```
關聯表名稱 (屬性 1, 屬性 2, 屬性 3, … , 屬性 N)
```

上述語法的說明，如下所示：

- 關聯表名稱：替關聯表命名的名稱。
- 屬性 1, 屬性 2, 屬性 3, …. 和屬性 N：括號中是屬性清單，通常省略屬性的定義域。

在屬性加上底線表示是主鍵，外來鍵可以使用虛線底線或其他表示方法。例如：【學生】關聯表的關聯表綱要，如下所示：

學生 (學號, 姓名 , 地址 , 電話)

上述【學生】關聯表的主鍵是【學號】。

關聯表實例

在定義好關聯表綱要後，我們可以將資料儲存到關聯表，稱爲關聯表實例（Relation Instance），這是指某個時間點儲存在關聯表的資料（因爲儲存資料可能隨時改變），在二維表格中的每一筆記錄稱爲「值組」（Tuples）。

更正確的說，因爲關聯表儲存的資料可能隨時改變，所以關聯表實例是指某一時間點的值組（即記錄）集合。例如：前述【學生】關聯表實例，如圖 2-1-2 所示：

S001	江小魚	新北市中和區景平路1號	02-22222222
S002	劉得華	桃園市三民路1000號	03-33333333
S003	郭富成	台中市中港路三段500號	04-44444444
S004	張學有	高雄市四維路1000號	05-55555555

▲ 圖 2-1-2 關聯表實例

上述關聯表實例是目前時間點的實例，並非永遠不變，隨時可能因新增或更新值組而改變。

關聯式資料庫模型的完整性限制條件有很多種，其中適用在所有關聯式資料庫的完整性限制條件有四種，其說明如下所示：

- 鍵限制條件（Key Constraints）：關聯表一定擁有 1 個唯一和最小的主鍵（Primary Key）。
- 定義域限制條件（Domain Constraints）：關聯表的屬性值一定是屬於定義域的值。
- 實體完整性（Entity Integrity）：關聯表的主鍵不允許是空值，這是關聯表內部的完整性條件。

說明

空值是指關聯表的屬性值是一個未知或無值，這個值是特殊符號，不是 0；也不是空字串。空值本身並沒有意義，所以不能作為眞僞的比較運算。

- 參考完整性（Referential Integrity）：當關聯表存在外來鍵時，外來鍵的值一定是來自參考關聯表的主鍵值，或空值，這是關聯表與關聯表之間的完整性條件。

鍵限制條件

關聯式資料庫模型的鍵是一個重要觀念，關聯表的「鍵」（Keys）是指關聯表綱要中單一屬性或一組屬性的集合。鍵限制條件（Key Constraints）是指關聯表一定擁有 1 個唯一和最小的主鍵（Primary Key）。

例如：【學生】關聯表的屬性有：【學號】、【身份證字號】、【英文姓名】、【中文姓名】、【郵遞區號】、【電話】和【年齡】。

在【學生】關聯表可以找出的鍵有：超鍵、候選鍵、主鍵、替代鍵和外來鍵。

- 超鍵（Superkeys）：關聯表綱要的單一屬性或屬性值集合，超鍵需滿足唯一性（Uniqueness），表示關聯表絕不會有 2 個值組擁有相同值。超鍵可以讓我們識別指定的值組。例如：學號 S0202 的學生資料；不是學號 S0203。在【學生】關聯表符合條件的超鍵有：

  (學號)、(身份證字號)、(學號, 身份證字號)、(學號, 英文姓名)、(身份證字號, 中文姓名)、(身份證字號, 郵遞區號)、(學號, 英文姓名, 中文姓名)、(身份證字號, 中文姓名, 郵遞區號)等

- 候選鍵（Candidate Keys）：一種超鍵，在每一個關聯表至少擁有 1 個候選鍵，需滿足唯一性和最小性，最小性（Minimality）是最小屬性數的超鍵，也就是說，在超鍵中沒有 1 個屬性可以刪除（因為會違反唯一性）。在【學生】關聯表符合條件的候選鍵有：

  (學號)、(身份證字號)

- 主鍵（Primary Key；PK）：關聯表各候選鍵的其中之一，而且只有 1 個。例如：【學生】關聯表的 (學號) 和 (身份證字號) 都是候選鍵，關聯表的主鍵是這 2 個候選鍵的其中之一。

- 替代鍵（Alternate Keys）: 在候選鍵中不是主鍵的其他候選鍵稱爲替代鍵（Alternate Keys），因爲這些是可以替代主鍵的候選鍵。以【學生】關聯表來說，(學號) 和 (身份證字號) 是兩個候選鍵，如果 (學號) 是主鍵；(身份證字號) 就是替代鍵。
- 外來鍵（Foreign Keys；FK）：關聯表的單一或多個屬性的集合，其屬性值是參考其他關聯表的主鍵，當然也可能參考同一關聯表的主鍵。

定義域限制條件

定義域限制條件（Domain Constraints）是指在關聯表的屬性值一定是定義域的單元值（Atomic）。例如：【年齡】屬性的定義域是整數，屬性值可以爲 5，但不可以是 4.5。單元值是指屬性值都是單一值，而不是一組值的集合。

所以，定義域限制條件就是指關聯表的屬性一定需要指派定義域，如此在新增或查詢資料庫時，資料庫管理系統可以檢查屬性值是否屬於相同定義域，以便進行有意義的比較。

實體完整性

實體完整性（Entity Integrity）是關聯表內部的完整性條件，主要是規範關聯表主鍵的使用規則。即關聯表的主鍵不可是「空值」（NULL)。

實體完整性隱含的意義是關聯表中不可儲存不可識別的值組（即不存在的記錄），因爲關聯表儲存的是實體資料，在現實生活中，實體是可以識別的，在此所謂的識別，就是指它是存在的東西。

因爲關聯表的主鍵是用來識別值組，如果【學生】關聯表的【學號】主鍵是空值，表示這位學生根本不存在，對於不存在的東西，關聯表根本沒有必要儲存這位學生的資料。

關聯式資料庫管理系統支援實體完整性，可以定義主鍵的更新規則（Update Rule），如下所示：

- 主鍵的更新規則：更新規則是當關聯表的 1 個值組更新主鍵或新增值組時，如果主鍵是空值就違反實體完整性，資料庫管理系統必須拒絕這項操作。

參考完整性

參考完整性（Referential Integrity）是關聯表與關聯表之間的完整性條件，主要是用來規範外來鍵的使用規則，即關聯表中不可包含無法對應的外來鍵。

例如：【圖書】關聯表的【出版商碼】和【作者編號】是外來鍵，這 2 個鍵值一定分別存在【出版商】和【作者】關聯表，如圖 2-1-4 所示：

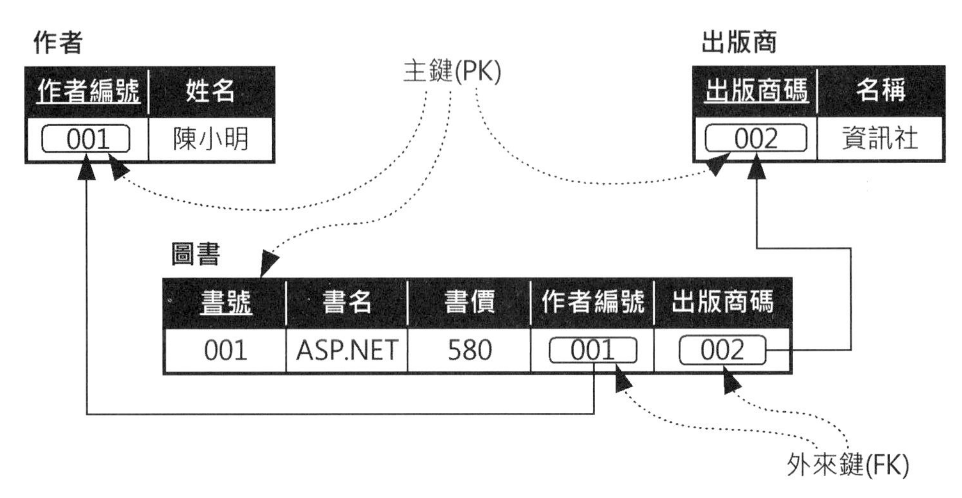

▲ 圖 2-1-4 參考完整性示意圖

上述圖例的外來鍵和其他關聯表的主鍵是對應的，可以在關聯式資料庫扮演連接關聯表的膠水功能。參考完整性主要是規範外來鍵的使用，當更新外來鍵或刪除參考主鍵時，都有可能違反參考完整性。

例如：【客戶】、【訂單】和【訂單明細】關聯表的外來鍵參考圖（Referential Diagram，使用圖形標示關聯表之間的外來鍵關係），如圖 2-1-5 所示：

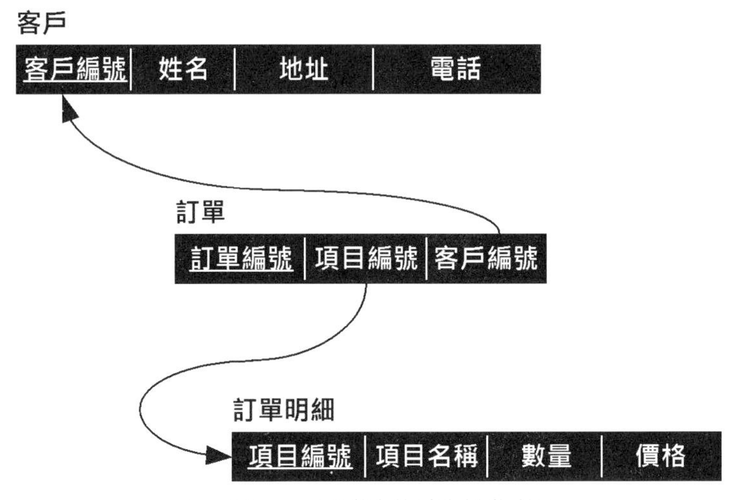

▲ 圖 2-1-5 關聯表的外來鍵參考圖

在上述外來鍵參考圖中，如果刪除【客戶】關聯表的值組，因爲【訂單】關聯表擁有參考到【客戶】關聯表的外來鍵【客戶編號】，表示主鍵的值組已經不存在，因爲外來鍵參考主鍵的值組已經不存在，所以違反參考完整性。

另一種情況是更新【訂單】關聯表的【項目編號】外來鍵，因爲此鍵參考【訂單明細】關聯表的主鍵【項目編號】，如果更新外來鍵所參考的主鍵【項目編號】不存在，一樣會違反參考完整性。由以上情況，可以定義 2 種外來鍵的使用規則，如下所示：

■ 外來鍵的更新規則（Update Rule）：如果 1 個值組擁有外來鍵，當合法使用者試圖在更新或新增值組時，更改到外來鍵的值，資料庫管理系統會如何處理？

■ 外來鍵的刪除規則（Delete Rule）：如果一個值組擁有外來鍵，當合法使用者試圖刪除參考的主鍵時，資料庫管理系統會怎麼處理？

當上述規則在刪除參考主鍵或更新外來鍵時，將會導致違反參考完整性，在資料庫管理系統可能有三種處理方式，如下所示：

■ 限制性處理方式（Restricted）：拒絕刪除或更新操作。

■ 連鎖性處理方式（Cascades）：連鎖性處理方式是當更新或刪除時，需要作用在所有影響的外來鍵，否則拒絕此操作。例如：在刪除客戶時，所有外來鍵參考的訂單資料也需一併刪除，當更改訂單項目編號，則所有訂單中擁有此項目的外來鍵也需一併更改。

■ 空值化處理方式（Nullifies）：將所有可能的外來鍵都設為空值，否則拒絕此操作。例如：當刪除客戶時，就將【訂單】關聯表中參考此客戶主鍵的外來鍵，即客戶編號都設為空值。

隨堂練習 2-1

1. 請說明何謂關聯表綱要？什麼是關聯表實例？其差異為何？
2. 請使用圖例說明 SQL 語言與關聯式代數與計算之間的關係？
3. 請說明關聯式資料庫的完整性限制條件有哪四種？

2-2 關聯式資料庫

關聯式資料庫（Relational Database）是一種使用關聯式資料庫模型的資料庫，這是使用多個已正規化的關聯表所組成的資料庫。「正規化」（Normalization）是用來決定關聯表擁有哪些屬性，其目的是建立「良好結構關聯表」（Well-structured Relation），這是一種沒有重複資料的關聯表，可以在新增、刪除或更新資料時，不會造成錯誤或資料不一致的異常情況。SQL Server 和 Access 都是一種關聯性資料庫。

在關聯式資料庫的多個關聯表之間是使用外來鍵與參考主鍵的欄位值來建立連接，以便實作一對一、一對多和多對多關聯性，如果只擁有一個關聯表，事實上，也是一個合法的關聯式資料庫。

基本上，關聯式資料庫就是使用二維表格的資料表物件來儲存記錄資料，在各資料表之間使用欄位值建立關聯性，然後透過關聯性來存取其他資料表的資料。例如：【學生】資料表和【社團活動成員】資料表，如圖 2-2-1 所示：

學號	姓名	地址	電話	生日
S0201	周傑倫	新北市板橋區中山路1號	02-11111111	1993/10/3
S0202	林俊傑	台北市光復南路1234號	02-22222222	1998/2/2
S0203	張振嶽	桃園市中正路1000號	03-33333333	1992/3/3
S0204	許慧幸	台中市台中港路三段500號	03-44444444	1991/4/4
		....		

學號	暱稱	職稱
S0201	周董	社長
S0204	小慧	副社長
S0206	阿玲	社員
S0208	小玲	社員

▲ 圖 2-2-1 【學生】資料表和【社團活動成員】資料表

上述圖例的【學生】資料表是使用【學號】欄位作爲主索引鍵，在下方【社團活動成員】資料表也擁有相同資料內容的欄位（欄位名稱不需相同），這個欄位值就是建立 2 個資料表之間關聯性的關聯欄位。

因爲資料表是透過欄位值建立連接，當在【學生】資料表找到學生【周傑倫】時，同時也可以在【社團活動成員】資料表找到一筆暱稱和職稱，這就是「一對一」關聯性。

關聯式資料庫就是將資料庫儲存的資料進行分類，將不同類別分別建立多個資料表，其主要目的是避免資料重複，例如：在資料庫建立擁有重複資料的【選課】資料表，如圖 2-2-2 所示：

學號	姓名	電話	課程編號	課程名稱	學分	生日
S0201	周傑倫	02-11111111	CS302	專題製作	2	1993/10/3
S0202	林俊傑	02-22222222	CS102	資料庫系統	3	1998/2/2
S0202	林俊傑	02-22222222	CS104	程式語言(1)	3	1998/2/2
S0203	張振嶽	03-33333333	CS201	區域網路實務	3	1992/3/3
S0203	張振嶽	03-33333333	CS102	資料庫系統	3	1992/3/3
S0203	張振嶽	03-33333333	CS301	專案研究	2	1992/3/3
S0204	許慧幸	03-44444444	CS301	專案研究	2	1991/4/4

▲ 圖 2-2-2 有重複資料的【選課】資料表

上述資料表的學生每選一門課就是一筆記錄，同一位學生的選課記錄中學生資料都是重複的，如果學生【張振嶽】更改電話號碼，我們需要同時修改 3 筆記錄的資料，這是因爲資料重複所導致的問題。

爲了避免資料表的欄位資料重複，我們可以將上述資料表分割成 2 個資料表【學生】和【選課】來建立關聯式資料庫，如圖 2-2-3 所示：

學號	姓名	電話	生日
S0201	周傑倫	02-11111111	1993/10/3
S0202	林俊傑	02-22222222	1998/2/2
S0203	張振嶽	03-33333333	1992/3/3
S0204	許慧幸	03-44444444	1991/4/4

學號	課程編號	課程名稱	學分
S0201	CS302	專題製作	2
S0202	CS102	資料庫系統	3
S0202	CS104	程式語言(1)	3
S0203	CS201	區域網路實務	3
S0203	CS102	資料庫系統	3
S0203	CS301	專案研究	2
S0204	CS301	專案研究	2

▲ 圖 2-2-3 【學生】和【選課】資料表

上述資料表是使用【學號】欄位值建立 2 個資料表之間的關聯性，在上方【學生】資料表的欄位資料沒有重複值，一位學生可以對應多筆選課記錄，即「一對多」關聯性。現在修改學生【張振嶽】的電話只需修改 1 筆記錄即可。

說明

請注意！在【選課】資料表的【學號】欄位仍然是重複資料，爲什麼不將它也刪除掉，這是因爲避免資料重複的眞正意義是儘可能減少欄位資料重複到剩下學生資料表的主鍵欄位集合，以此例學生資料表的主鍵是【學號】，也就是只有 1 個欄位，我們共減少【姓名】、【電話】和【生日】欄位的資料重複。

因爲【學號】欄位是建立關聯性的關聯欄位，如果連這個欄位都刪除掉，哪在兩個資料表之間就沒有任何連接的依據。

很明顯的！在【選課】資料表的【課程編號】、【課程名稱】和【學分】欄位資料也擁有重複值，我們還可以進一步分割資料表，分割資料表的過程就是第 2-3 節的正規化分析。

隨堂練習 2-2

1. 請問關聯式資料庫的關聯性有哪三種？
2. 請試著自行繪出學生和課程資料表之間的一對多關聯性？

2-3 正規化分析

正規化的目的就是在避免資料重複，大部分資料庫案例的正規化過程都只會使用到前三個階段：1NF、2NF 和 3NF。首先，我們來看看需要儲存到資料庫的資料，例如：一份學生選課資料報表，其內容如圖 2-3-1 所示：

選課資料報表

學號	姓名	電話	課程編號	課程名稱	學分	教授編號	教授姓名
F0201	陳志明	0211111111	N101	區域網路	3	P0203	李商隱
F0202	江小魚	0222222222	H104	進階網頁設計	4	P0201	王大毛
F0202	江小魚	0222222222	H102	網站架設	6	P0204	李不同
F0203	劉得華	0233333333	H104	進階網頁設計	4	P0201	王大毛
F0203	劉得華	0233333333	M103	多媒體設計	2	P0202	陳小毛
F0203	劉得華	0233333333	N101	區域網路	3	P0203	李商隱
F0204	郭富成	0344444444	N101	區域網路	3	P0203	李商隱

▲ 圖 2-3-1　選課資料報表

上述報表內容在本節準備使用正規化分析，將資料轉換成關聯式資料庫。請注意！整個正規化的三個階段是順序步驟，也就是當執行下一階段的正規化之前，一定需要符合前一階段的正規化，例如：資料表需要先符合 1NF；才能執行 2NF。

2-3-1 一階正規化（1NF）：資料分類與一欄一值

一階正規化的目的是將重複群組的資料獨立成資料表，而且一個欄位只能儲存單元值，即單一值，其基本規則如下所示：

規則一：將相關群組資料分類成數個資料表

從選課資料報表的內容來分析，可以很明顯的分類成學生與選課兩個群組，選課資料的每一位學生選擇一到三門課，如果 2 個群組不分割，整個學生群組的資料就會有重複資料，所以分割成兩類，第一類是【學生】資料表，如圖 2-3-2 所示：

學生

學號	姓名	電話
F0201	陳志明	0211111111
F0202	江小魚	0222222222
F0203	劉得華	0233333333
F0204	郭富成	0344444444

▲ 圖 2-3-2　【學生】資料表

接著是學生的【選課】資料表，如圖 2-3-3 所示：

選課

學號	課程編號	課程名稱	學分	教授編號	教授姓名
F0201	N101	區域網路	3	P0203	李商隱
F0202	H104,H102	進階網頁設計,網站架設	4,6	P0201,P0204	王大毛,李不同
F0203	H104,M103,N101	進階網頁設計,多媒體設計,區域網路	4,2,3	P0201,P0202,P0203	王大毛, 陳小毛,李商隱
F0204	N101	區域網路	3	P0203	李商隱

▲ 圖 2-3-3 【選課】資料表

規則二：指定資料表的主鍵

【學生】資料表是使用【學號】作爲主鍵；在選課資料新增一個【選課編號】欄位作爲主鍵，我們是在主鍵欄位後加上「*」符號來標示主鍵欄位，如圖 2-3-4 所示：

學生

學號*	姓名	電話
F0201	陳志明	0211111111
F0202	江小魚	0222222222
F0203	劉得華	0233333333
F0204	郭富成	0344444444

選課

選課編號*	學號#	課程編號	課程名稱	學分	教授編號	教授姓名
1	F0201	N101	區域網路	3	P0203	李商隱
2	F0202	H104,H102	進階網頁設計,網站架設	4,6	P0201,P0204	王大毛,李不同
3	F0203	H104,M103,N101	進階網頁設計,多媒體設計,區域網路	4,2,3	P0201,P0202,P0203	王大毛, 陳小毛,李商隱
4	F0204	N101	區域網路	3	P0203	李商隱

▲ 圖 2-3-4 使用【學號】作為主鍵

上述圖例可以看到學生資料以【學號】與選課資料的【學號】外來鍵建立關聯性，「#」符號的欄位表示是外來鍵。

說明

在將資料分割成 2 個資料表且指定主鍵後，【學生】資料表已經符合 1NF、2NF 和 3NF，所以不再需要處理此資料表。

選課

選課編號*	學號#	課程編號#
1	F0201	N101
2	F0202	H104
5	F0202	H102
3	F0203	H104
6	F0203	M103
7	F0203	N101
4	F0204	N101

▲ 圖 2-3-10 2NF 的【選課】資料表

2-3-3 三階正規化（3NF）：刪除遞移相依的欄位

當資料表符合 2NF 後，我們就可以進行三階正規化 3NF，三階正規化是在資料表刪除沒有和主鍵欄位直接相依的欄位，稱為遞移相依，其規則如下所示：

規則一：刪除沒有相依關係的欄位

現在，我們來看看【課程】資料表的欄位資料是否都有相依關係，如圖 2-3-11 所示：

課程

課程編號*	課程名稱	學分	教授編號	教授姓名
N101	區域網路	3	P0203	李商隱
H102	網站架設	6	P0204	李不同
M103	多媒體設計	2	P0202	陳小毛
H104	進階網頁設計	4	P0201	王大毛

▲ 圖 2-3-11 【課程】資料表欄位資料的相依關係

上述課程資料中的【課程編號】、【課程名稱】、【學分】和【教授編號】都相依主索引【課程編號】（簡單的說，這些是課程資料的必需欄位），【教授名稱】是相依【教授編號】，然後才相依【課程編號】，並不是直接相依課程編號，稱為「遞移相依」（Transitive Dependency），如圖 2-3-12 所示：

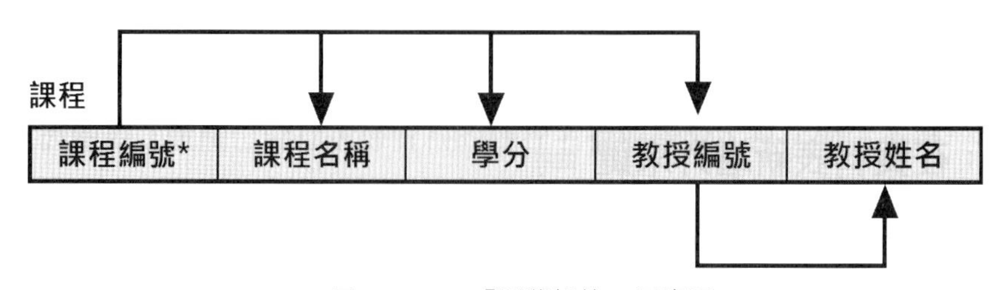

▲ 圖 2-3-12 「遞移相依」示意圖

上述圖例是【課程】資料表的欄位資料，第一個欄位是主鍵，我們可以看出教授名稱並非直接相依課程編號，而是透過【教授編號】，所以可以將課程資料再分割成 2 個資料表，一是教授資料，和將【教授編號】設為主鍵以符合 1NF，如圖 2-3-13 所示：

教授

教授編號*	教授姓名
P0203	李商隱
P0204	李不同
P0202	陳小毛
P0201	王大毛

▲ 圖 2-3-13 分割的【教授】資料表

另一個是課程資料，已經新增【教授編號】的外來鍵，如圖 2-3-14 所示：

課程

課程編號*	課程名稱	學分	教授編號#
N101	區域網路	3	P0203
H102	網站架設	6	P0204
M103	多媒體設計	2	P0202
H104	進階網頁設計	4	P0201

▲ 圖 2-3-14 3NF 的【課程】資料表

隨堂練習 2-3

1. 請問有哪 3 種方式可以處理第一階正規化型式？
2. 請在正規化分析的每一個階段試著舉出一個資料表實例來說明各階段的正規化分析。

2-4 實體關聯模型與實體關聯圖

實體關聯圖（Entity-Relationship Diagram，ERD）是一種圖形化模型，以圖形符號來表示實體關聯模型，其主要目的是顯示資料庫關聯表之間的關聯性。

2-4-1 實體關聯模型

「實體關聯模型」（Entity-Relationship Model；ERM）是 1976 年 Peter Chen 開發的一種資料塑模方法，這是目前資料庫系統分析和設計最常使用的方法。實體關聯模型是使用實體（Entity）與關聯性（Relationship）來描述資料和資料之間的關係，如圖 2-4-1 所示：

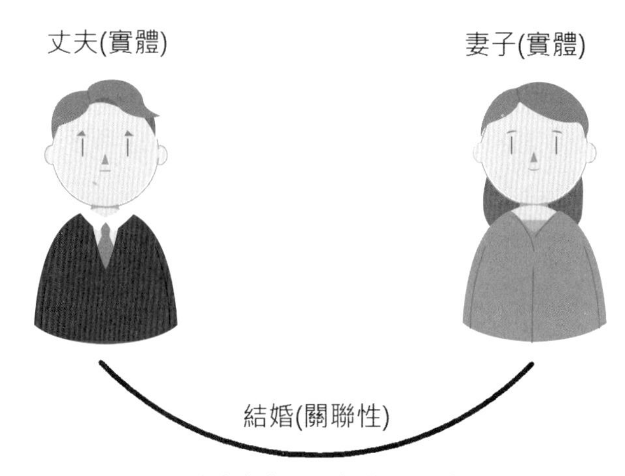

▲ 圖 2-4-1 丈夫與妻子是實體，擁有結婚的關聯性

上述圖例是眞實世界的結婚關係，丈夫與妻子是實體，在之間擁有結婚的關聯性（Relationship），實體關聯模型使用上述實體和關聯性（Relationship）來描述眞實世界，讓資料庫設計者專注於資料之間的關係，而不是實際的資料結構。

實體（Entity）

實體（Entity）是一個存在的東西，例如：【學生】實體代表扮演學生角色，屬於此角色的東西，就稱為學生實體，對比資料庫就是【學生】資料表，這個實體擁有多種特性資料，例如：學號、姓名、生日和電話等，這些特性資料稱為實體的「屬性」（Attributes）。

關聯性（Relationships）

實體關聯模型的關聯性就是關聯式資料庫的關聯性，關聯式資料庫的關聯性種類分為三種，其基本定義如下所示：

- 一對一關聯性（1:1）：指一個實體的記錄只關聯另一個實體的一筆記錄，例如：一位學生在社團活動中只擔任一個職位，同樣的，這個職位屬於一位指定的學生。
- 一對多關聯性（1:M）：指一個實體的記錄關聯另一個實體的一筆或多筆記錄，例如：一位學生實體可以選修一門到多門課程。
- 多對多關聯性（M:N）：指一個實體的多筆記錄關聯另一個實體的多筆記錄，例如：一門課程是由一位教授上課，此時一位學生實體可以選修多門課程；一位教授實體可以教授多門課程。

「實體關聯圖」（Entity-Relationship Diagram；ERD）就是一種圖形化模型，使用圖形符號來表示實體關聯模型。

2-4-2 實體關聯圖

實體關聯圖是使用圖形表示資料庫的結構，主要的目的是用來顯示資料庫各資料表之間的關聯結構。例如：選課資料庫的 ERD 圖，如圖 2-4-2 所示：

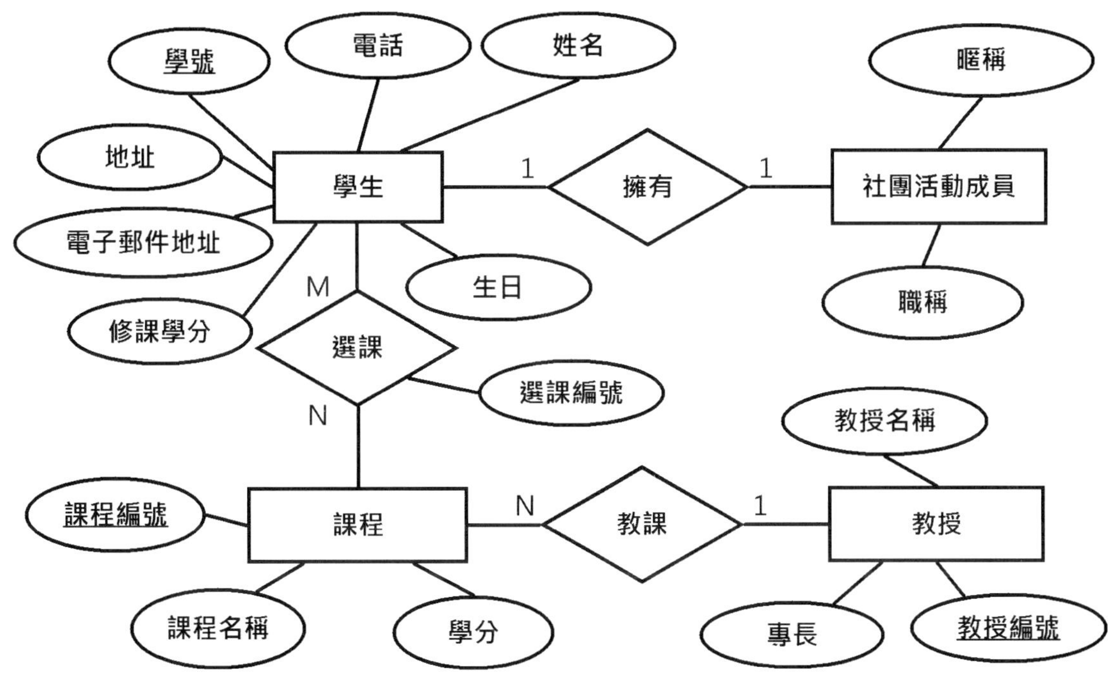

▲ 圖 2-4-2 選課資料庫的實體關聯圖

上述圖例的 ERD 圖使用圖形代表各資料表之間的關聯性，如下所示：

- 【學生】實體使用【擁有】操作和【社團活動成員】實體建立一對一關聯性。
- 【學生】實體使用【選課】操作和【課程】實體建立多對多關聯性。
- 【教授】實體使用【教課】操作和【課程】實體建立一對多關聯性。

ERD 圖形代表的資料庫元素，如表 2-4-1 所示：

▼ 表 2-4-1 ERD 圖形代表的資料庫元素

ERD 元素	說明
實體（Entity）	使用矩形代表一個資料表
屬性（Attributes）	使用圓形或隋圓形代表資料表的欄位，底線是主索引，即主鍵
關聯性（Relationship）	使用菱形，內容是關聯操作，旁邊的數字表示一對一（1:1）、一對多（1:M）和多對多（M:N）關聯性

隨堂練習 2-4

1. 請舉例說明實體關聯模型？並且自行手繪出一張實體關聯圖？

本章習題

選擇題

(　　) 1. 請問下列哪一個是關聯式資料庫模型的資料結構？(A) 值組　(B) 關聯表　(C) 關聯表實例　(D) 關聯表綱要。

(　　)2. 請問下列哪一個關於實體完整性（Entity Integrity）的說明是不正確的？
(A) 隱含的意義是關聯表中不可儲存不可識別的值組
(B) 規範關聯表主鍵的使用規則，即關聯表的主鍵不可是空值
(C) 定義主鍵的更新規則
(D) 定義主鍵的刪除規則。

(　　) 3. 請問下列哪一個是源於傳統集合論的關聯式代數運算子？(A) 選取　(B) 投影　(C) 合併　(D) 差集。

(　　) 4. 請問下列哪一個關聯式資料庫的說明是不正確的？
(A) 使用關聯式資料庫模型建立的資料庫
(B) 使用試算表儲存資料表的記錄
(C) 在資料表之間是使用欄位值建立關聯性
(D) Access 資料庫是一種關聯式資料庫。

(　　) 5. 請問通常一般資料庫的正規化過程需要幾個階段？(A) 1　(B) 2　(C) 3　(D) 4。

(　　) 6. 請問下列哪一階正規化是在刪除多重值欄位，即欄位只能是單一值？(A) 一階　(B) 二階　(C) 三階　(D) 四階。

(　　) 7. 請問下列哪一階正規化是刪除遞移相依？(A) 一階　(B) 二階　(C) 三階　(D) 四階。

(　　) 8. 請問下面哪一個關於實體關聯圖 ERD 的說明是不正確的？
(A) 以圖形符號表示實體關聯模型
(B) 使用正方形代表欄位
(C) 使用矩形代表資料表
(D) 使用菱形表示關聯性。

實作題

1. 現在有三個關聯表，【註冊】關聯表儲存註冊資料，即選修哪些課程，學生和老師資料使用同一個【教授學生】關聯表儲存，【課程】關聯表是課程資料和是哪 1 位老師授課，請繪出這三個關聯表的外來鍵參考圖，如下所示：

   教授學生 (編號, 姓名 , 地址 , 電話)
   註冊 (課程編號, 編號 , 成績)
   課程 (課程編號, 名稱 , 編號)

2. 線上串流影片資料庫擁有三個關聯表：【影片】、【看片】和【會員】，分別儲存影片、看片記錄和會員資料，其關聯表綱要如下所示：

   影片 (影片編號, 片名 , 費用 , 可看片日)
   看片 (影片編號 , 會員編號, 看片日 , 折扣)
   會員 (會員編號, 姓名 , 電話 , 預儲金)

   上述【看片】關聯表的【影片編號】和【會員編號】是外來鍵，分別參考【影片】和【會員】關聯表的同名屬性，請繪出此資料庫的實體關聯圖和外來鍵參考圖？

3. 請問下列【專案】資料表是否符合 1NF，因為專案成員有可能超過 4 人，如果不符合 1NF，請分割資料表使它符合 1NF，如下表所示：

專案編號	專案經理	成員1	成員2	成員3	成員4
001	陳允安	張無忌	張三豊	張翠山	張天師,楊過
002	江小魚	楚留香	江玉郎	江楓	長江

4. 請問下列【選課】資料表是否符合 2NF，如果不符合，請分割資料表使它符合 2NF，如下表所示：

選課編號	學生編號	教授編號	指導教授	教授研究室	課程編號
1	1001	100	張無忌	302	H101
2	1001	100	張無忌	302	H103
3	1001	100	張無忌	302	P102
4	1002	101	楚留香	304	P101
5	1002	101	楚留香	304	M103

3-1 ANSI/SPARC 三層資料庫系統架構

目前大部分市面上的資料庫系統都是使用 ANSI/SPARC 三層資料庫系統架構，這是由「ANSI」（American National Standards Institute） 和「SPARC」（Standards Planning And Requirements Committee）制定的資料庫系統架構。

雖然 ANSI/SPARC 三層資料庫系統架構從未正式成爲官方的標準規格，不過，這就是目前被廣泛接受的資料庫系統架構，如圖 3-1-1 所示：

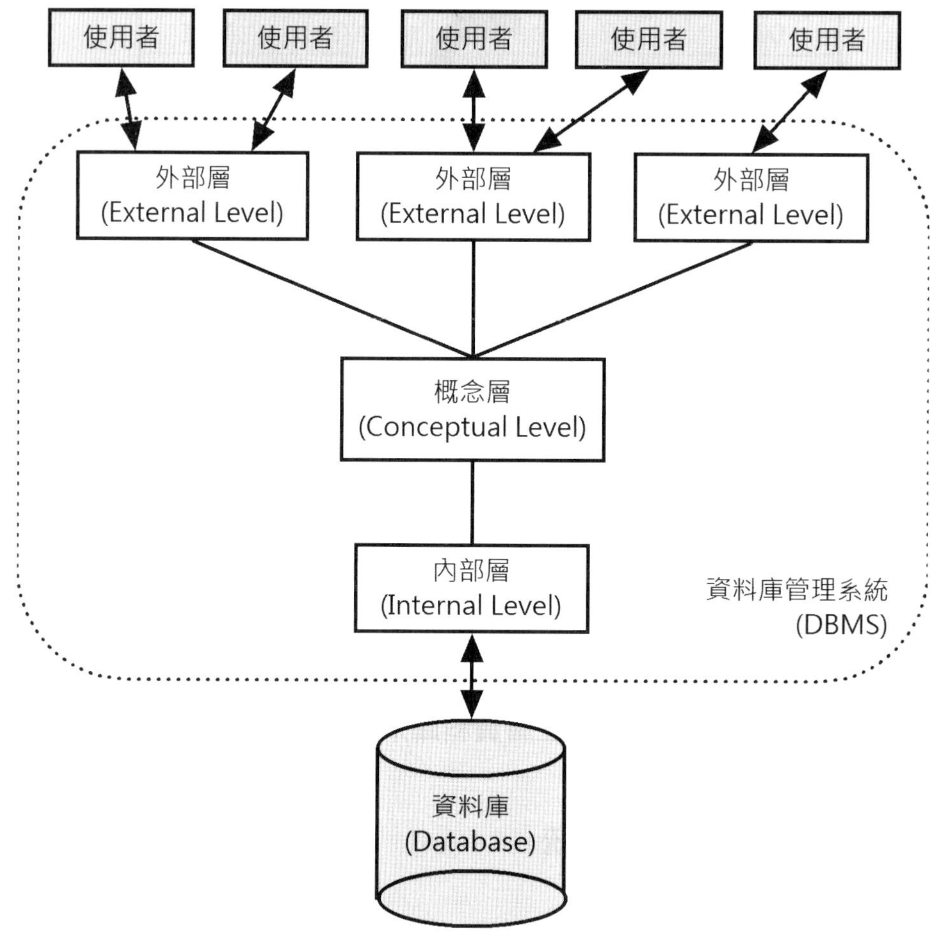

▲ 圖 3-1-1 ANSI/SPARC 三層資料庫系統架構圖

上述圖例的資料庫系統架構是在探討資料庫管理系統（虛線框部分）管理的不同觀點資料，並沒有針對特定資料庫模型（Database Model）的資料庫管理系統，所以，此架構可以適用在階層式、網路式或關聯式等不同的資料庫管理系統。

ANSI/SPARC 是以三個階層來說明資料庫管理系統的架構，分別以使用者、資料庫管理師和實際儲存的觀點來檢視資料庫儲存的資料。

概念層

在概念層（Conceptual Level）看到的是整個資料庫儲存的資料，這是資料庫管理師觀點看到的完整資料庫。因爲是概念上的資料庫，所以不用考量資料實際的儲存結構，因爲這是內部層（Internal Level）的問題。

以關聯式資料庫模型的資料庫來說，在概念層看見的是二維表格顯示的資料，如圖 3-1-2 所示：

學生

學號	姓名	地址	電話	生日
S001	江小魚	新北市中和景平路1000號	02-22222222	1998/2/2
S002	劉得華	桃園市三民路1000號	03-33333333	1992/3/3
S003	郭富成	台中市中港路三段500號	04-44444444	1998/5/5
S004	張學有	高雄市四維路1000號	05-55555555	1999/6/6

▲ 圖 3-1-2 概念層資料庫

上述圖例是關聯式資料庫的「關聯表」（Relations），也就是資料庫看到的完整資料。

外部層

在外部層（External Level）看到的是使用者觀點（User Views）的資料，代表不同使用者在資料庫系統看見的資料，通常是資料庫的部分資料，只包含使用者有興趣的資料。

事實上，資料庫系統使用者所面對的就是外部層，包含多種不同觀點的資料。例如：在一所學校可以提供多種不同使用者觀點，如下所示：

使用者觀點 (一)：學生註冊資料
使用者觀點 (二)：學生選課資料
使用者觀點 (三)：學生成績單資料

因爲每位使用者擁有不同的觀點，當然，一組使用者也可能看到相同觀點的資料。如同從窗戶看戶外的世界，不同大小的窗戶和角度，就會看到不同的景觀。

外部層並沒有眞正儲存資料，其資料都是來自概念層的資料，任何使用者看到的資料一定是源於、運算自或導出自概念層完整資料庫的資料，如下所示：

- 資料使用不同方式來呈現：外部層的資料如同裁縫師手上的布，可以將概念層的資料剪裁成不同衣服樣式的資料。例如：使用清單、表格或表單內容等方式來呈現資料。
- 只包含使用者有興趣的資料：外部層的資料只是資料庫的部分內容。例如：兩位使用者可以分別看到【學生】關聯表的部分或導出內容，其中【年齡】欄位是由生日欄位計算而得，如圖 3-1-3 所示：

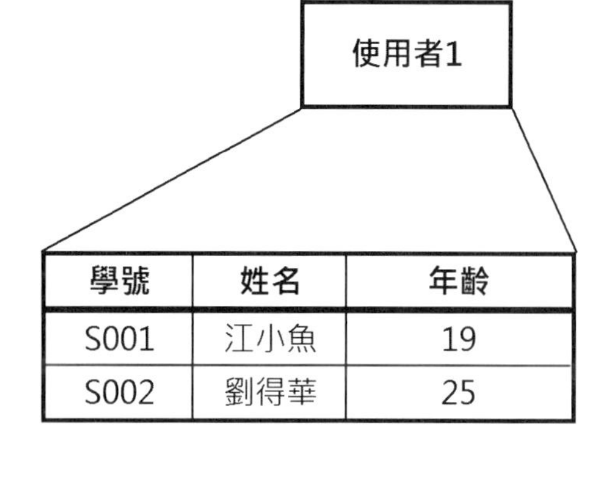

學號	姓名	年齡
S001	江小魚	19
S002	劉得華	25

使用者2

標籤編號	姓名	地址
S001	江小魚	中和景平路1000號
S002	劉得華	桃園市三民路1000號
S003	郭富成	台中市中港路三段500號
S004	張學有	高雄市四維路1000號

▲ 圖 3-1-3　外部層資料庫

- 相同資料可以使用不同的屬性名稱：因爲不同使用者觀點的屬性名稱可能不同。例如：圖書價格可能是定價，也可能是售價，上述圖例的【學號】和【標籤編號】都是學號資料，只因不同的使用者觀點，所以使用不同的屬性名稱。
- 相同資料可能顯示不同格式：雖然在資料庫儲存的資料是單一格式，不過，在顯示時我們可以使用不同格式來呈現。例如：日期資料使用 yyyy/mm/dd 格式儲存在資料庫，在外部層顯示的資料可能爲：

  dd-mm-yyyy

  yyyy-mm-dd

  dd/mm/yyyy

內部層

內部層（Internal Level）是實際儲存觀點呈現的資料，這是實際儲存在磁碟等儲存裝置的資料，而內部層就是在三層架構中扮演資料庫管理系統與作業系統的介面。

在內部層的資料是實際儲存在資料庫的資料結構或檔案組織呈現的資料。例如：使用鏈結串列的資料結構來儲存資料，如圖 3-1-4 所示：

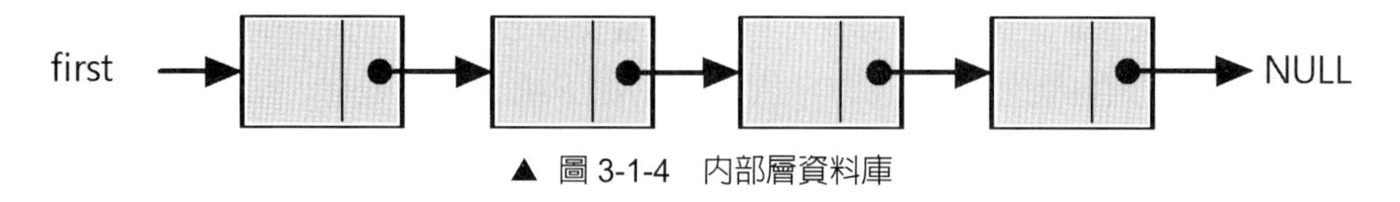

▲ 圖 3-1-4　內部層資料庫

隨堂練習 3-1

1. 請說明 ANSI/SPARC 資料庫系統架構可以分爲哪三層？每一層所呈現的資料是什麼？
2. 請使用學生資料表爲例，舉出至少三種外部層使用者觀點的資料？

3-2 資料庫綱要

ANSI/SPARC 三層資料系統架構是探討資料庫管理系統，針對不同使用觀點來說明其管理的資料。

現在，我們可以轉換主題到資料庫本身，在資料庫管理系統看到的資料是儲存在資料庫中的資料，除了資料本身外，還包含描述資料的定義，稱爲「綱要」（Schema）。

3-2-1 資料庫綱要的基礎

「資料庫綱要」（Database Schema）是指整個資料庫的描述，即描述整個資料庫儲存資料的定義資料，如圖 3-2-1 所示：

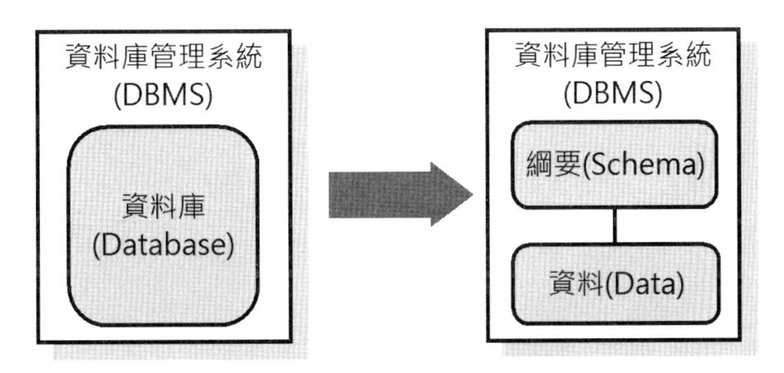

▲ 圖 3-2-1 資料庫綱要示意圖

上述圖例是資料庫管理系統管理的資料庫，可以分割成資料和描述資料的綱要，如下所示：

- 綱要（Schema）：描述資料的定義資料，對比程式語言的變數就是資料型別（Data Type）。例如：C# 語言宣告整數 age 年齡變數，如下所示：

```
int age;
```

- 資料（Data）：資料本身，也就是程式語言的變數值。例如：年齡爲 22，如下所示：

```
age = 22;
```

同樣的，對應 ANSI/SPARC 三層資料庫系統架構，資料庫綱要也分成三層資料庫綱要，所謂的「資料庫設計」（Database Design）就是針對問題依據指定資料庫模型來建立這三層資料庫綱要。

3-2-2 三層資料庫綱要

在 ANSI/SPARC 三層資料庫系統架構的每一層都可以分割成資料和綱要，所以，完整資料庫綱要也分成三層，如圖 3-2-2 所示：

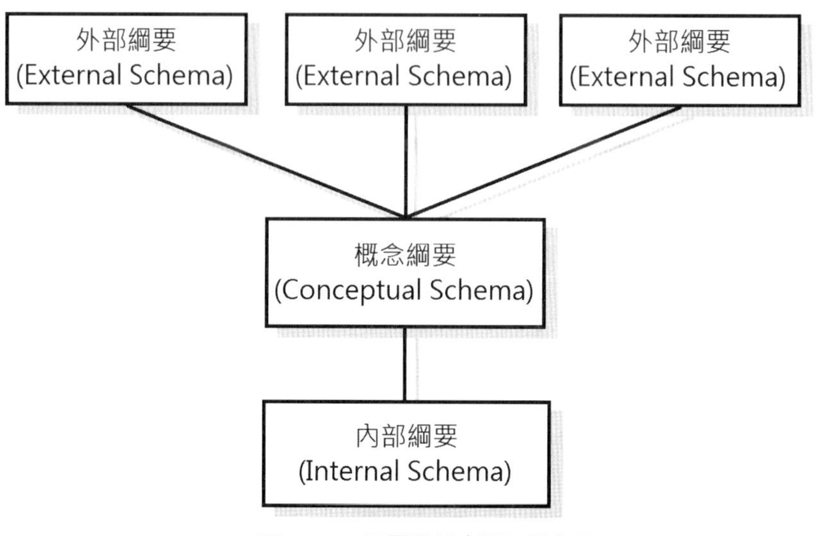

▲ 圖 3-2-2 三層資料庫綱要示意圖

概念綱要

概念綱要（Conceptual Schema）是描述概念層的完整資料庫，所以資料庫只能擁有一個概念綱要來定義資料表欄位和資料類型。概念綱要完整描述資料庫資料和其關聯性，所以資料庫只能擁有一個概念綱要，如圖 3-2-3 所示：

學生

學號	姓名	地址	電話	生日

▲ 圖 3-2-3 概念綱要示意圖

上述圖例是【學生】資料庫的概念綱要。在資料庫管理系統是使用資料定義語言（Data Definition Language；DDL）定義概念綱要。在概念綱要通常會包含：

- 資料的限制條件（Constraints）：確保資料庫中資料的正確性。
- 保密和完整性（Integrity）資訊：防止不正確的資料寫入資料庫。

外部綱要

外部綱要（External Schema）是源於概念綱要，主要是用來描述外部層顯示的資料，每一個外部層綱要只描述資料庫的部分資料，並且隱藏其他部分的資料。所以，每一個外部層使用者觀點的資料都需要一個外部綱要，在一個資料庫可以擁有多個外部綱要。

所以，每一個外部層使用者觀點的資料都需要對應一個外部綱要，同一個資料庫可以擁有多個外部綱要，如圖 3-2-4 所示：

學生_年齡_檢視表

學號	姓名	年齡

學生_標籤_檢視表

標籤編號	姓名	地址

▲ 圖 3-2-4 外部綱要示意圖

上述圖例是源自【學生】概念綱要的 2 個外部綱要，在左邊定義學生年齡資料（年齡欄位是由生日欄位計算而得的導出資料）；右邊定義郵寄標籤的學生地址資料。

資料庫管理系統是使用「次綱要資料定義語言」（Sub Schema Data Definition Language；SDDL）定義外部綱要。以 SQL 語言來說，就是建立檢視表（Views）。

內部綱要

內部綱要（Internal Schema）是描述內部層實際儲存觀點的資料，用來定義資料的儲存結構和哪些資料需要建立索引，如同概念綱要，資料庫只能擁有一個內部綱要。例如：例如：使用 C 語言宣告 Students 學生結構，如下所示：

```
struct Students {
  char id[5];
  char name[15];
  char address[40];
  char telephone[15];
  struct Date birthday;
  struct Students *next;
};
```

上述結構宣告一個鏈結串列的節點，定義學生資料的儲存結構，以此例表示資料庫是使用串列的節點來儲存資料。

隨堂練習 3-2

1. 請說明資料庫綱要可以分成幾種？這和 ANSI/SPARC 資料庫系統架構有何關係？

本章習題

選擇題

(　　) 1. 請問 ANSI/SPARC 資料庫系統架構的哪一層是使用者觀點的資料？(A) 外部層　(B) 內部層　(C) 概念層　(D) 邏輯層。

(　　) 2. 在三層資料庫綱要中，請問下列哪一層綱要是完整描述資料庫資料和其關聯性？(A) 內部綱要　(B) 概念綱要　(C) 外部綱要　(D) 全部皆是。

(　　) 3. 請問下列哪一個關於外部層的描述是不正確的？(A) 資料使用不同的方式來呈現　(B) 只包含使用者有興趣的資料　(C) 實際儲存在磁碟等外部儲存裝置的資料　(D) 相同資料可以顯示不同格式。

(　　) 4. 請問下列哪一個是綱要，並不是資料？(A) 22　(B) true　(C) 資料型別 int　(D) "int"。

(　　) 5. 請問下列哪一個是資料庫管理系統架構的主要模組？(A) 回復管理　(B) 交易管理　(C) 查詢處理模組　(D) 全部皆是。

(　　) 6. 請問資料庫管理系統的哪一模組是負責處理使用者下達的查詢語言指令敘述？(A) 儲存管理　(B) 查詢處理模組　(C) 交易管理　(D) 回復管理。

(　　) 7. 請問下列哪一項是資料庫管理師負責的工作？(A) 維護資料庫綱要　(B) 資料管理　(C) 維護和監控資料庫管理系統　(D) 全部皆是。

(　　) 8. 請問下列哪一個是資料庫系統的優點？(A) 大幅更改作業流程　(B) 安全管理的漏洞　(C) 維持資料的一致性　(D) 資料轉換的成本。

實作題

1. 請想想看！試著寫出你知道的資料庫管理系統？

2. 請讀者列出自己 Windows 電腦中是否已經擁有哪些資料庫系統？

Chapter

4

資料庫管理系統安裝

◆ 4-1　SQL Server 資料庫管理系統

◆ 4-2　SQL Server 版本與軟硬體需求

◆ 4-3　安裝 SQL Server 資料庫管理系統

上述圖例的伺服端電腦已經安裝多個執行個體，客戶端程式可以連接指定執行個體來存取資料庫。一台電腦只能擁有一個預設執行個體，其他都是具名執行個體，其說明如下所示：

- 預設執行個體（Default Instance）：預設執行個體是一個不需名稱的執行個體，在每一台電腦只能安裝一個預設執行個體。因為是電腦預設的執行個體，客戶端只需在指名電腦名稱，就可以連接此 SQL Server 執行個體。
- 具名執行個體（Named Instance）：在電腦安裝的 SQL Server 不是預設或不具名執行個體，就是具名執行個體，安裝時需要替執行個體命名。因為同一台電腦可以安裝多個具名執行個體，所以連接 SQL Server 時，除了電腦名稱外，還需要指明執行個體名稱。

例如：在 Windows 電腦安裝 SQL Server Express 版預設是安裝成具名執行個體，其名稱是【SQLEXPRESS】，如果電腦名稱是 MyComputer，客戶端工具連接此執行個體的完整名稱是「MyComputer\SQLEXPRESS」。

隨堂練習 4-1

1. 請使用圖例說明 SQL Server 資料庫系統的處理架構？
2. 請問預設執行個體和具名執行個體是什麼？其差異為何？

4-2 SQL Server 版本與軟硬體需求

SQL Server 2019 針對不同等級的資料庫環境分成多種版本，使用者可以依需求選擇所需的安裝版本，可以提供個人、中小企業、大型和跨國企業組織來建構所需的資料庫環境。

4-2-1 SQL Server 版本

SQL Server 2019 的版本分為：企業版、標準版、Web 版、開發人員版和 Express 版。事實上，這些版本都是使用相同的資料庫引擎，只是支援不同的 CPU 數、記憶體大小、不同資料庫儲存容量和更多進階功能元件等，其簡單說明如下所示：

- 企業版（Enterprise Edition）：SQL Server 功能最強大的版本，提供 SQL Server 所有功能和完整的高階資料中心功能，可以建立完整的資料管理和商業情報平台，幫助我們建立大型和跨國企業的資料庫系統或分散式資料庫系統，提供超高速效能、不受限制的虛擬化和進階的商業智慧分析、更強大資料轉換功能和更高的可用性（High Availability）。
- 標準版（Standard Edition）：此版本適合使用在部門、中型至小型企業組織建構資料管理和商業智慧分析平台，提供核心資料庫引擎、報表和資料分析功能，支援內部部署和雲端的一般開發工具，但缺少企業版的進階功能和支援較少 CPU 數，而且沒有提供完整的可用性、安全性和資料倉儲功能。

- Web 版（Web Edition）：此版本是針對需要在 Windows Server 作業系統建立 Web 環境提供的解決方案，能夠支援建立低成本、大規模和立即使用的網際網路應用程式。
- 開發人員版（Developer Edition）：提供軟體開發商開發建立各種應用 SQL Server 資料庫應用程式，其功能和企業版完全相同，不過，只授權使用在系統開發、展示與軟體測試用途。
- Express 版（Express Edition）：SQL Server 入門級的免費資料庫伺服器，可以建立桌上型或小型伺服器的資料庫應用程式，作爲個人或小型公司的資料庫解決方案。此版本只提供資料庫引擎、用戶端工具、Management Studio 管理工具和全文檢索搜尋等功能。

4-2-2 SQL Server 軟硬體需求

爲了讓安裝 SQL Server 2019 版的過程能夠更加順利，建議預先準備好符合 SQL Server 最小軟硬體需求的 Windows 電腦，並且在新購或升級硬體設備後，再執行安裝程式來安裝 SQL Server 2019 版。

SQL Server 2019 版的硬體需求

電腦 CPU 速度和記憶體大小如果不符合最小硬體需求，SQL Server 2019 版雖然可以安裝，但不能保證其執行效能。SQL Server 2019 版 CPU 和記憶體的最小與建議需求，如表 4-2-1 所示：

▼ 表 4-2-1　SQL Server 2019 版的硬體需求

規格	最小與建議需求
CPU	64 位元處理器，速度至少 1.4GHz，建議使用 2.0GHz 以上，支援的 x64 CPU 種類有：AMD Opteron、Athlon 64、Intel Xenon（支援 EM64T）和 Pentium IV（支援 EM64T）
記憶體	最少 1GB，建議最少 4GB 以上（Express 版最少 512MB，建議 1GB 以上）
螢幕	Super-VGA(800x600) 以上解析度

請注意！ SQL Server 從 2016 版開始已經不再支援 32 位元 x86 CPU。SQL Server 2019 版的硬碟空間需要至少 6 GB 的可用硬碟空間，建議安裝在 NTFS 檔案系統。實際硬碟空間需視安裝的元件而定，如表 4-2-2 所示：

▼ 表 4-2-2　SQL Server 2019 版所需的硬碟空間

安裝元件	所需硬碟空間
資料庫引擎	1480MB
資料庫引擎 +R 服務	2744MB
資料庫引擎 +PolyBase 查詢服務	4194MB
Analysis Services	698MB
Reporting Services	967MB

安裝 SQL Server 執行個體

請使用擁有系統管理者權限的使用者登入 Windows 作業系統，以便擁有足夠權限來安裝 SQL Server 2019 Express 版，其安裝步驟如下所示：

Step 1：請執行下載的【SQL2019-SSEI-Expr.exe】安裝程式後，按【是】鈕，稍等一下，可以看到選擇安裝類型的畫面，如圖 4-3-3 所示：

▲ 圖 4-3-3　安裝 SQL Server 的安裝類型畫面

Step 2：選【基本】類型後，可以看到軟體使用者授權合約，如圖 4-3-4 所示：

▲ 圖 4-3-4　軟體使用者授權合約

Step 3：按【接受】鈕同意授權條款，可以看到安裝位置的路徑和所需的硬碟空間，如圖 4-3-5 所示：

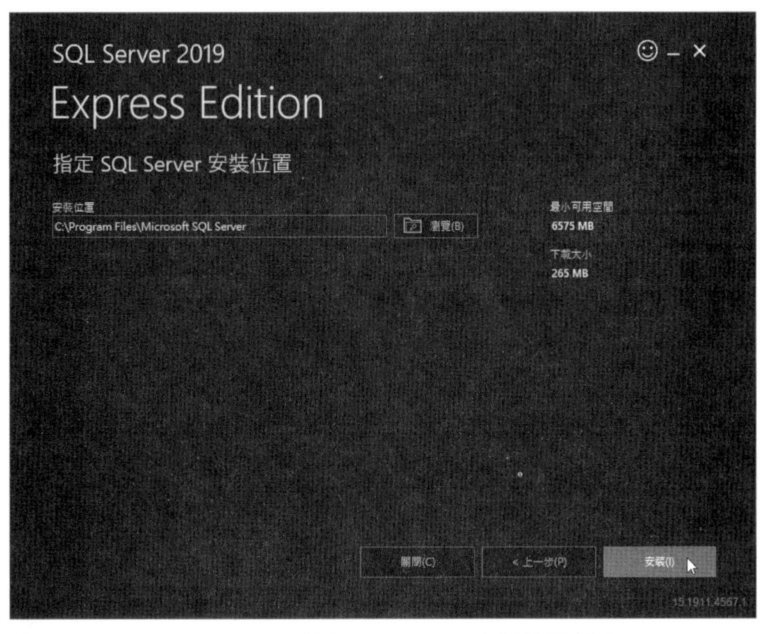

▲ 圖 4-3-5 指定 SQL Server 安裝位置畫面

Step 4：按【安裝】鈕開始進行安裝，首先下載安裝封裝，可以看到目前的下載和安裝進度（因爲封裝有些大，請耐心等候下載），如圖 4-3-6 所示：

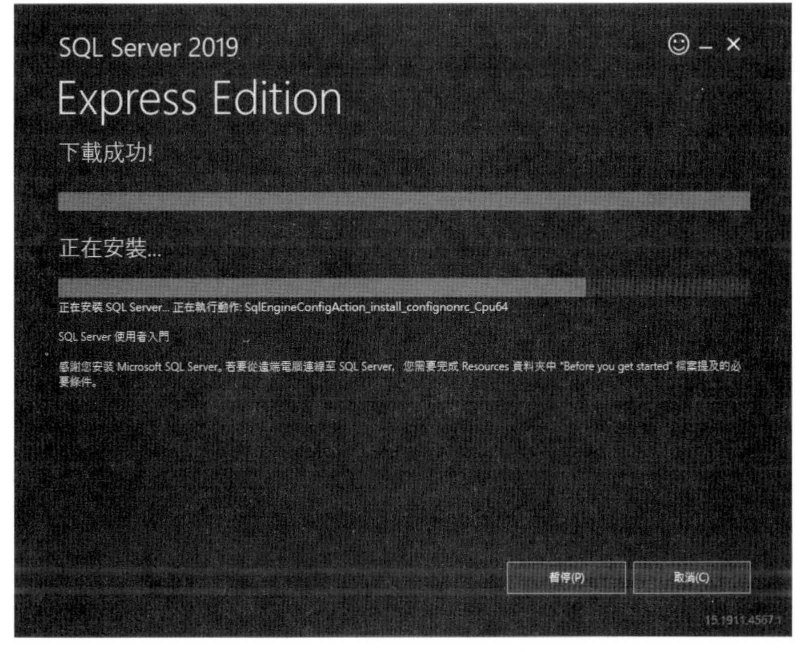

▲ 圖 4-3-6 正在安裝的畫面

Step 2：按【安裝】鈕，再按【是】鈕開始安裝 SQL Server Management Studio，可以看到目前的安裝進度，如圖 4-3-11 所示：

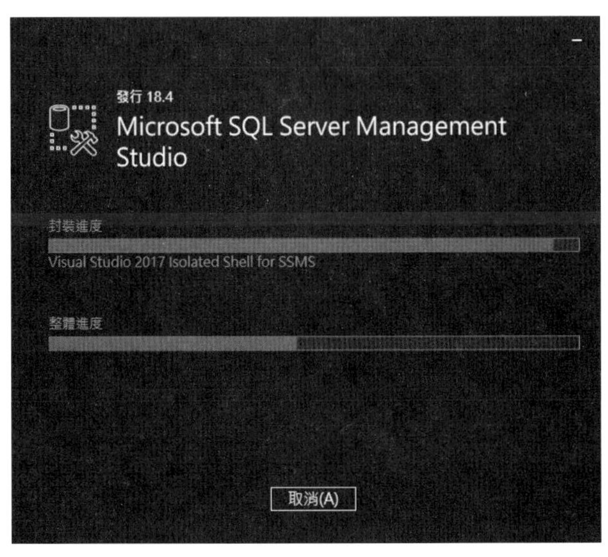

▲ 圖 4-3-11 目前的安裝進度畫面

Step 3：稍等一下，等到安裝完成，請按【關閉】鈕完成安裝，如圖 4-3-12 所示：

▲ 圖 4-3-12 完成安裝 SSMS 的畫面

隨堂練習 4-3

1. 請問完整安裝 SQL Server 2019 版需要安裝什麼東西？

本章習題

選擇題

(　　) 1. 請問在同一台電腦可以安裝幾個 SQL Server 執行個體？(A) 1　(B) 2　(C) 3　(D) 很多個。

(　　) 2. 請問在同一台電腦可以安裝幾個 SQL Server 預設執行個體？(A) 1　(B) 2　(C) 3　(D) 很多個。

(　　) 3. 請問在同一台電腦可以安裝幾個 SQL Server 具名執行個體？(A) 1　(B) 2　(C) 3　(D) 很多個。

(　　) 4. 請問 SQL Server 的哪一個版本是用來提供軟體開發商開發建立各種應用 SQL Server 資料庫的應用程式？(A) 企業版　(B) 標準版　(C) Express 版　(D) 開發人員版。

(　　) 5. 請問 SQL Server 的哪一個版本是一套免費的資料庫？(A) 企業版　(B) 標準版　(C) Express 版　(D) 開發人員版。

實作題

1. 請在讀者 Windows 10 電腦下載和安裝 SQL Server 2019 Express 版。
2. 請在讀者 Windows 10 電腦下載和安裝 SQL Server Management Studio 管理工具。

NOTE

Chapter

5

資料庫管理系統操作介面

- model 資料庫：model 資料庫是建立 SQL Server 使用者資料庫的範本，內含使用者資料庫的基本資料庫結構，當在 SQL Server 建立資料庫時，就是直接複製 model 資料庫來建立新資料庫。
- msdb 資料庫：msdb 資料庫是提供給 SQL Server 代理程式（SQL Server Agent）使用的資料庫，其內容是儲存警告（Alert）或作業（Jobs）等排程資料，例如：資料庫備份的相關工作排程。
- tempdb 資料庫：tempdb 資料庫包含所有暫存資料表和預存程序，可以儲存目前 SQL Server 使用中的暫存資料。例如：SQL Server 執行查詢時產生的一些中間結果。tempdb 資料庫是一種全域資源，連線 SQL Server 的所有使用者都可以使用此資料庫來儲存暫存資料表和預存程序。

系統檢視表

SQL Server 系統目錄是使用系統資料表來儲存，但是因爲資料庫的系統資料表已經隱藏，我們只能使用檢視下的系統檢視表來查詢，這是一些使用 sys 結構描述開頭的系統檢視表。

對於每一個使用者自行建立的資料庫或 model 資料庫，都擁有系統檢視表，可以檢視系統目錄。請在 Management Studio 的「物件總管」視窗，展開【檢視】下的【系統檢視表】物件，可以看到這些系統檢視表，如圖 5-2-1 所示：

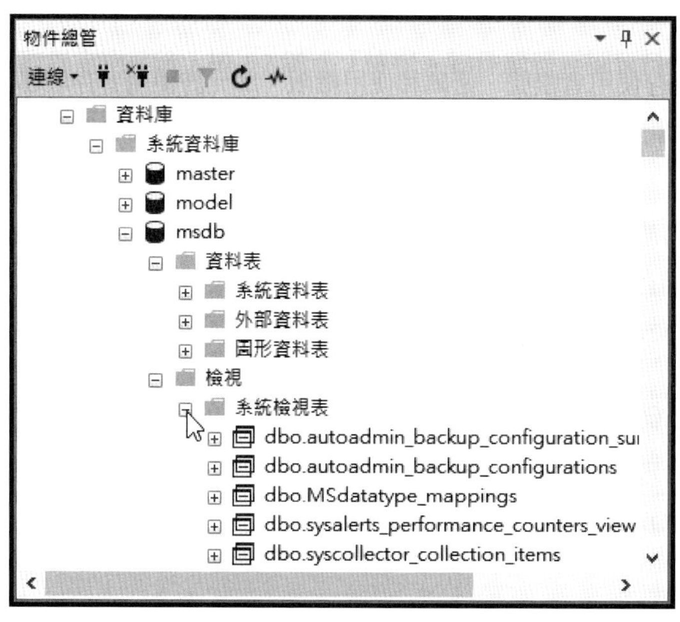

▲ 圖 5-2-1 系統檢視表

上述資料表下的【系統資料表】項目是隱藏並看不到，我們只需捲動視窗，就可以在【系統檢視表】項目下看到很多使用 sys 結構描述開頭的系統檢視表。

5-2-3 資料庫物件

SQL Server 系統或使用者資料庫是由物件組成，在 Management Studio 的「物件總管」視窗可以檢視資料庫的物件清單。例如：【銷售管理系統】資料庫（這是在第 5-3 節建立的資料庫），如圖 5-2-2 所示：

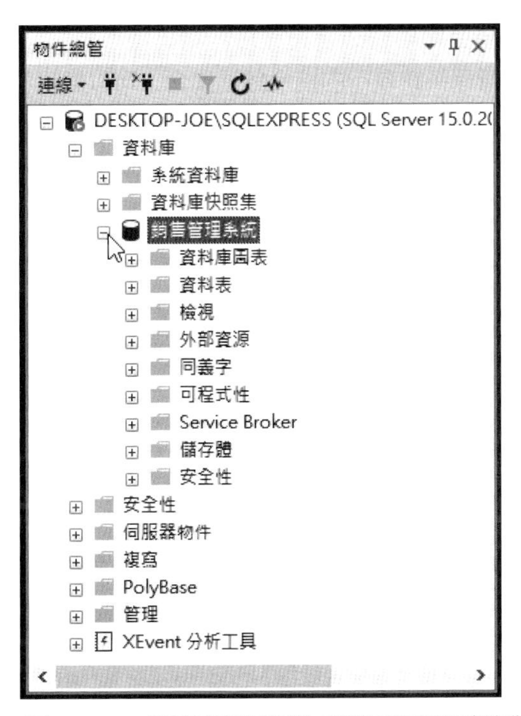

▲ 圖 5-2-2 【銷售管理系統】資料庫的資料庫物件

上述圖例 SQL Server 資料庫的常用物件說明，如表 5-2-1 所示：

▼ 表 5-2-1 SQL Server 資料庫的常用物件說明

物件	說明
資料庫圖表	使用圖形方式來顯示資料庫綱要
資料表	這是有真正儲存資料的資料表
檢視	一種沒有真正儲存資料的虛擬資料表
同義字	替本機或遠端伺服器的資料庫物件建立別名
可程式性	一些可程式化的相關物件
儲存體	全文檢索目錄、資料分割配置和函數等相關物件
安全性	安全性管理的相關物件

在 Management Studio 的「物件總管」視窗展開【資料庫】物件，可以看到我們新建立的【銷售管理系統】資料庫，如圖 5-3-3 所示：

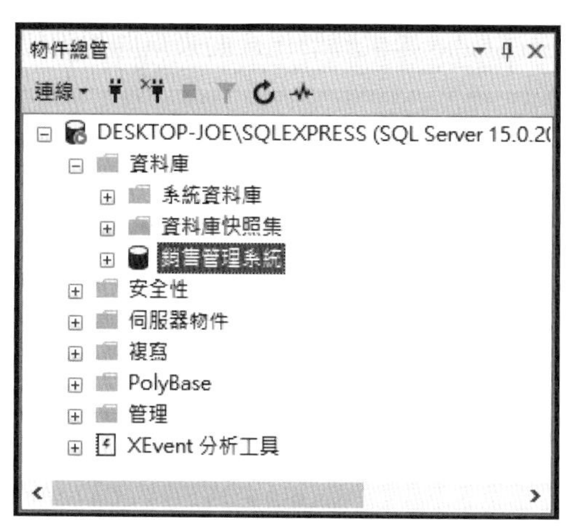

▲ 圖 5-3-3 【銷售管理系統】資料庫

刪除使用者資料庫

在 Management Studio 刪除【銷售管理系統】資料庫，請在【銷售管理系統】資料庫上，執行滑鼠【右】鍵快顯功能表的【刪除】命令，可以看到「刪除物件」對話方塊，如圖 5-3-4 所示：

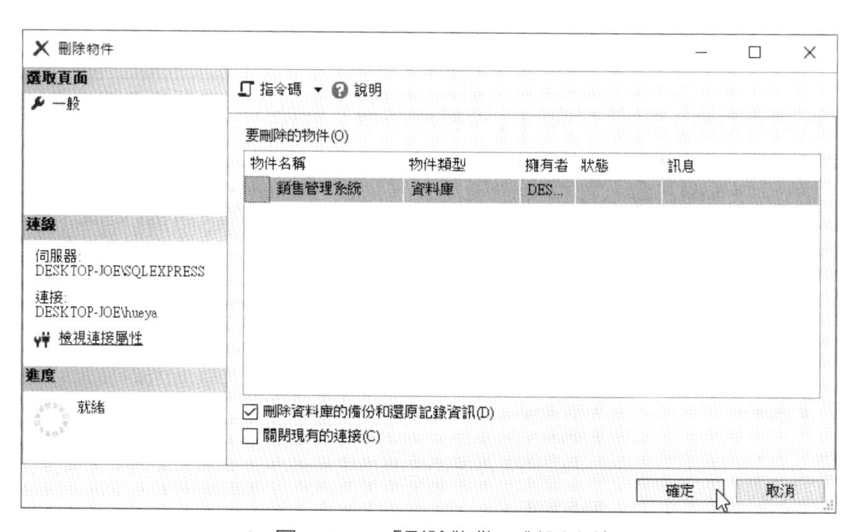

▲ 圖 5-3-4 「刪除物件」對話方塊

按【確定】鈕確認刪除資料庫（請記得需要確認已經關閉所有開啓此資料庫的標籤，或勾選最下方的【關閉現有的連接】）。

隨堂練習 5-3

1. 請使用 Management Studio 建立名爲【我的學校】資料庫。
2. 在成功建立【我的學校】資料庫後，使用 Management Studio 刪除此資料庫。

5-4 卸離與附加 SQL Server 資料庫

在 SQL Server 資料庫管理系統可以同時管理多個資料庫，為了避免不用的資料庫佔用資源，或需要將資料庫移至其他 SQL Server 伺服器，我們可以先卸離資料庫後，在其他 SQL Server 伺服器附加回去。

5-4-1 卸離資料庫

請注意！卸離資料庫並不是刪除資料庫，卸離只是將資料庫定義資料從 master 系統資料庫刪除，然後使用者才能夠複製資料庫的 .MDF（Master Data File）資料檔和 .LDF（Log Data File）交易記錄兩個檔案。

例如：在 SQL Server 卸離【我的學校】資料庫（請先實作第 5-3 節的隨堂練習 1. 建立名為【我的學校】資料庫），其步驟如下所示：

Step 1：請啓動 Management Studio，在「物件總管」視窗展開【資料庫】物件，在【我的學校】資料庫上，執行【右】鍵快顯功能表的「工作 > 卸離」命令，如圖 5-4-1 所示：

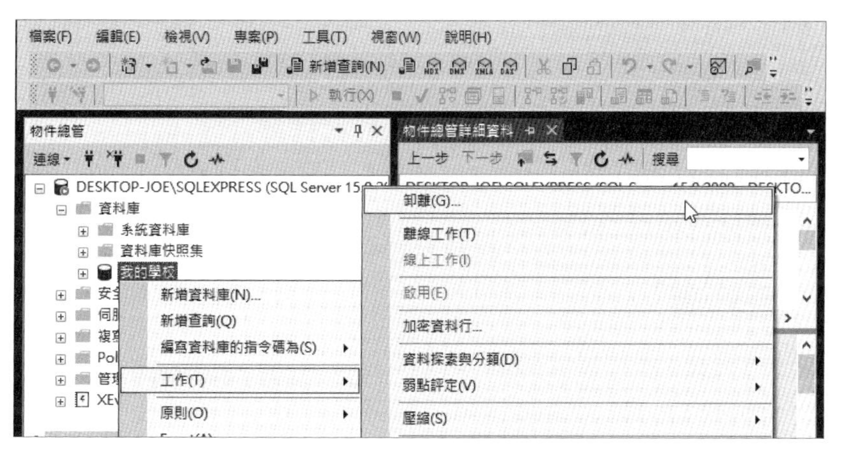

▲ 圖 5-4-1 執行卸離資料庫命令

Step 2：在「卸離資料庫」對話方塊按【確定】鈕，即可卸離【我的學校】資料庫，如圖 5-4-2 所示：

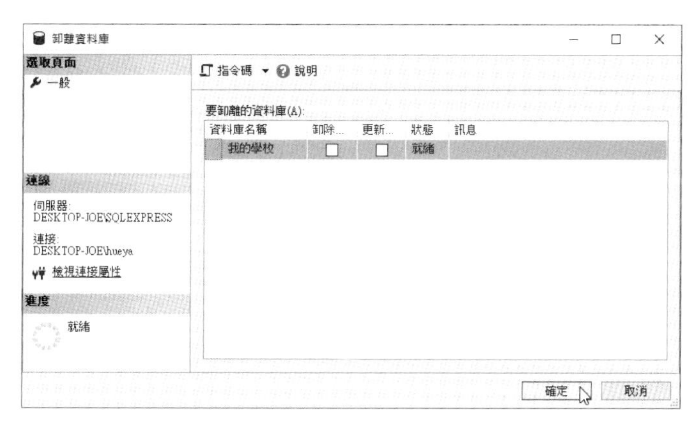

▲ 圖 5-4-2 「卸離資料庫」對話方塊

當成功卸離【我的學校】資料庫後，表示在 master 系統資料庫已經刪除此資料庫的定義資料，在 Management Studio 的【資料庫】物件，也不會再看到【我的學校】資料庫。

接著，請使用系統管理者登入 Windows 作業系統後，切換至下列路徑（圖 5-4-3），如下所示：

C:\Program Files\Microsoft SQL Server\MSSQL15.MSSQLSERVER\MSSQL\DATA

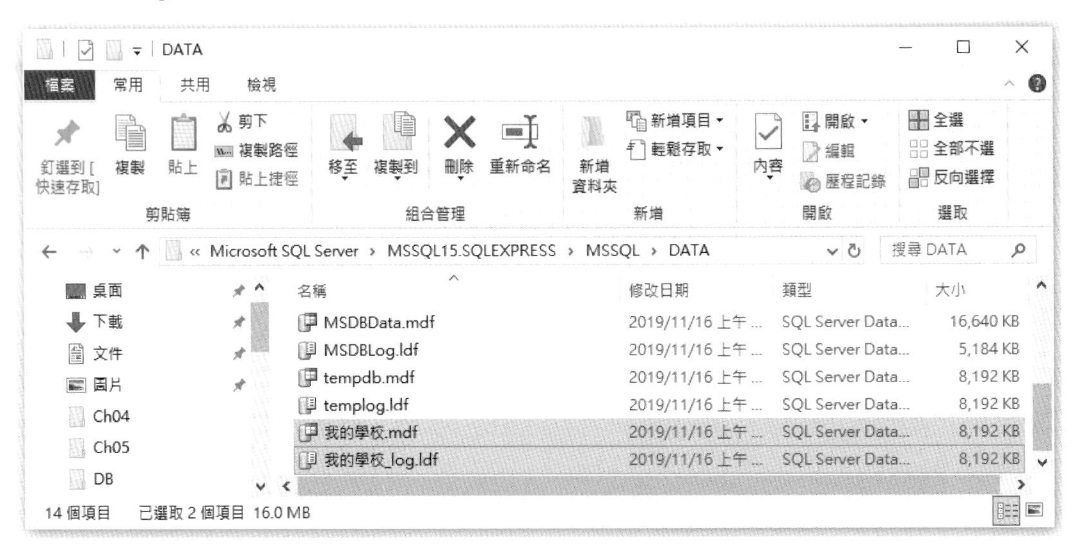

▲ 圖 5-4-3 SQL Server 資料庫檔案的路徑

請將【我的學校 .mdf】和【我的學校 _log.ldf】兩個檔案複製到其他 SQL Server 的目錄，例如：「D:\DATA」。

5-4-2 附加資料庫

在複製資料庫檔案後，我們可以在另一台電腦的 SQL Server 伺服器使用附加（Attach）方式來回存資料庫。例如：在另一台 SQL Server 伺服器附加【我的學校】資料庫，其步驟如下所示：

Step 1：將書附光碟「ch05」資料夾的【我的學校 .mdf】和【我的學校 _log.ldf】兩個檔案都複製到 SQL Server 的預設資料夾，如下所示：

C:\Program Files\Microsoft SQL Server\MSSQL15.MSSQLSERVER\MSSQL\DATA

Step 2：請啟動 Management Studio，在「物件總管」視窗展開【資料庫】物件，在【資料庫】上執行【右】鍵快顯功能表的【附加】命令，可以看到「附加資料庫」對話方塊，按游標所在【加入】鈕，如圖 5-4-4 所示：

▲ 圖 5-4-4 「附加資料庫」對話方塊

Step 3：選擇附加資料庫的【我的學校 .mdf】檔案，按【確定】鈕，如圖 5-4-5 所示：

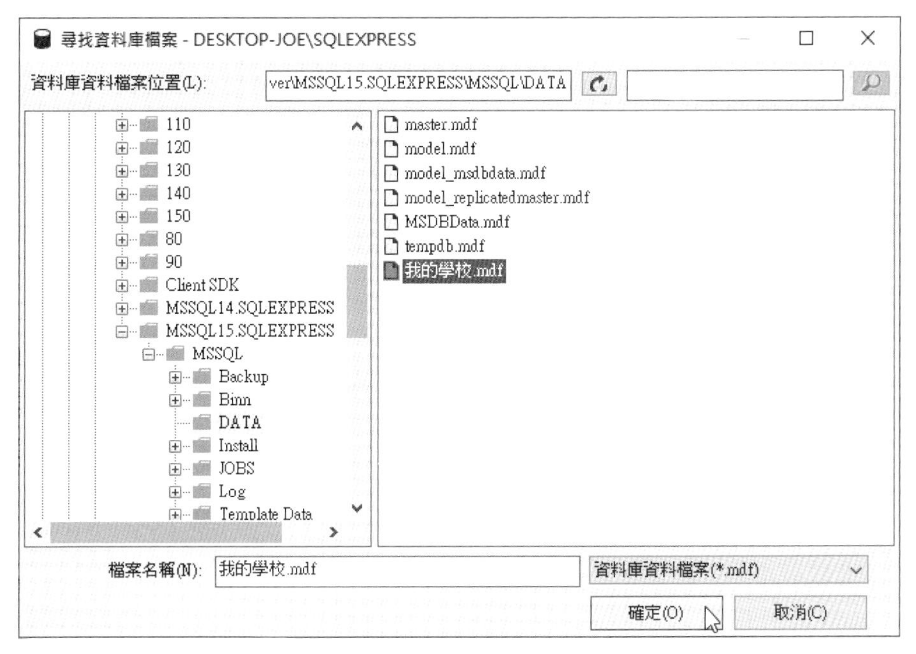

▲ 圖 5-4-5 選擇附加資料庫的【我的學校 .mdf】檔案

Step 4：可以在下方看到資料庫的詳細資料，按【確定】鈕，就可以附加【我的學校】資料庫至 SQL Server，如圖 5-4-6 所示：

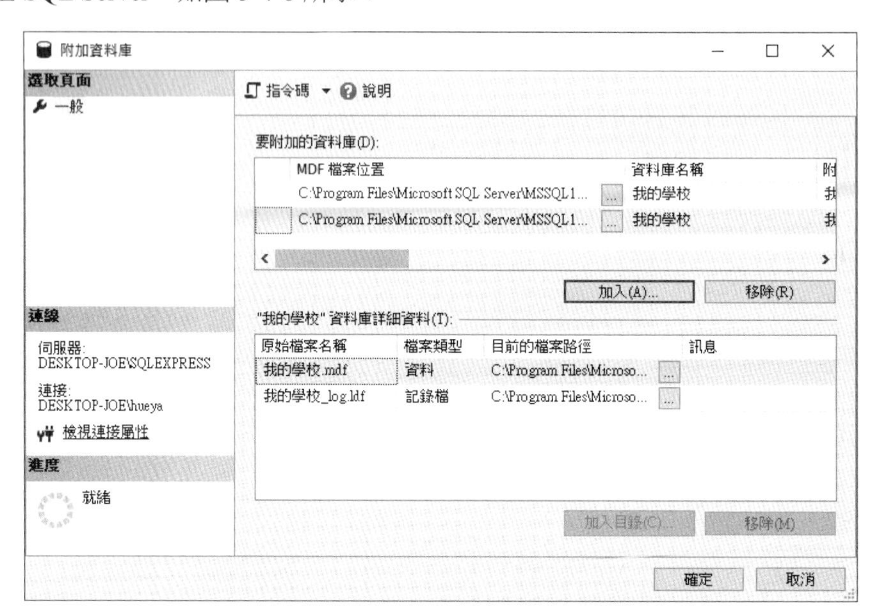

▲ 圖 5-4-6　附加【我的學校】資料庫至 SQL Server

在 Management Studio 的「物件總管」視窗，展開資料庫清單後，可以看到附加的【我的學校】資料庫。

隨堂練習 5-4

1. 請說明我們為什麼需要卸離與附加 SQL Server 資料庫？

5-5 執行 SQL 指令碼檔案

在本書各章提供 SQL Server 建立範例資料庫所需的 SQL 指令碼檔案，其副檔名為 .sql。例如：在「\ch05」目錄的【銷售管理系統 .sql】指令碼檔案可以建立 5-3 節的【銷售管理系統】資料庫，執行此 SQL 指令碼檔案的步驟，如下所示：

Step 1：請啓動 Management Studio 和連接 SQL Server 執行個體後，執行上方功能表的「檔案 > 開啓 > 檔案」命令。

Step 2：在「開啓檔案」對話方塊切換至「ch05」資料夾，選【銷售管理系統 .sql】，按【開啓】鈕，如圖 5-5-1 所示：

▲ 圖 5-5-1 開啓【銷售管理系統 .sql】

Step 3：可以看到開啓的 SQL 指令碼（詳細 T-SQL 指令的說明請參閱第 13~15 章），按上方【執行】鈕，可以在下方看到成功完成命令執行的訊息文字，如圖 5-5-2 所示：

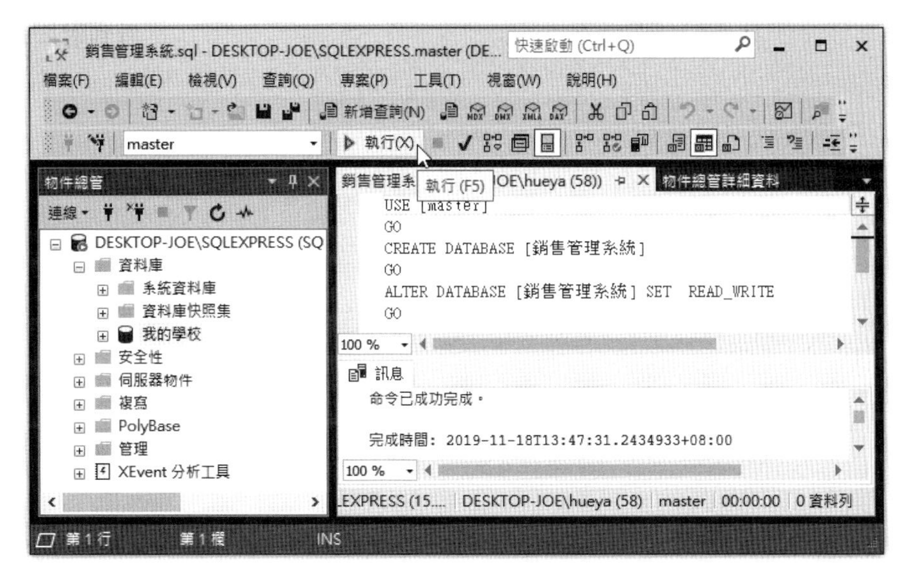

▲ 圖 5-5-2 執行 SQL 指令碼

在 Management Studio 的「物件總管」視窗，可以看到建立的【銷售管理系統】資料庫。

隨堂練習 5-5

1. 請問 SQL Server 指令碼檔案的附檔名是 ________。

本章習題

選擇題

( ) 1. 請問 SQL Server 不支援下列哪一種通訊協定？(A) VIA (B) 具名管道 (C) TCP/IP (D) 共用記憶體。

( ) 2. 請問 SQL Server 預設只會啓用下列哪一種通訊協定？(A) VIA (B) 具名管道 (C) TCP/IP (D) 共用記憶體。

( ) 3. 請問下列哪一個不是資料庫管理系統的系統目錄內容？(A) 資料庫綱要 (B) 資料庫實例 (C) 索引資訊 (D) 檢視表資訊。

( ) 4. 請問下列哪一個不是 SQL Server 的系統資料庫？(A) pubs (B) model (C) master (D) msdb。

( ) 5. 請問下列哪一個系統資料庫是當 SQL Server 建立新資料庫時，可以將此系統資料庫當成範本，複製內容來建立使用者資料庫？(A) pubs (B) model (C) master (D) msdb。

實作題

1. 請使用 Management Studio 連接安裝的 SQL Server 2019 執行個體。
2. 請使用 Management Studio 建立名爲【我的公司】資料庫。
3. 請使用 Management Studio 卸離實作題 2 建立的【我的公司】資料庫後，並且將資料庫複製至「D:\DATA」目錄。
4. 請使用 Management Studio 附加「D:\DATA」目錄下實作題 3 卸離的【我的公司】資料庫。
5. 請使用 Management Studio 執行書附 SQL 指令碼檔案【我的學校 .sql】來建立【我的學校】資料庫。

Chapter

6

資料庫使用者權限操作

6-1 資料庫的使用者權限

資料庫的使用者權限就是資料庫的存取控制（Access Control），可以控制資料或資源的讀取、寫入和刪除，明確指定誰可以存取和如何存取哪些資料或資源。

6-1-1 資料庫管理系統的存取控制

資料庫管理系統的存取控制是使用授予（Grant）或撤回（Revoke）方式來指定使用者權限，其權限層級分為兩種，如下所示：

帳戶層級權限（Account Level Privileges）

授予使用者與資料表內容無關的權限。例如：SQL Server 可以授予使用者建立資料庫、建立資料表、建立檢視和建立預存程序等權限。

關聯表層級權限（Relation Level Privileges）

授予使用者與資料表內容相關的權限。例如：授予使用者指定的資料表、檢視和欄位擁有查詢、新增、更新和刪除等權限。

6-1-2 角色基礎存取控制

角色基礎存取控制（Role-Based Access Control）的存取權限是基於使用者在公司或組織扮演的角色來決定其權限。這種存取權限是使用角色名稱來分類和組織權限，當使用者授予角色權限後，使用者就擁有該角色所授予的所有權限。

角色基礎存取控制是使用工作或任務來分類，例如：SQL Server 帳號可以使用角色來指定權限，如下所示：

- 伺服器角色：擁有 SQL Server 系統管理和維護權限的角色，可以授予使用者伺服器管理的相關權限。
- 資料庫角色：授與資料庫使用者帳戶的權限，我們可以快速使用角色來授與使用者指定資料庫的存取權限。

隨堂練習 6-1

1. 請問資料庫管理系統的權限層級可以分成哪兩種？什麼是角色基礎存取控制？

6-2 SQL Server 的使用者管理

資料庫系統使用者管理是一套與作業系統不同的使用者管理機制，各自擁有不同的使用者帳戶清單，在 SQL Server 擁有登入和資料庫使用者兩種使用者帳戶清單。

SQL Server 的使用者帳戶

在 SQL Server 的使用者帳戶分為兩種：登入（Logins）和資料庫使用者（Database Users），如圖 6-2-1 所示：

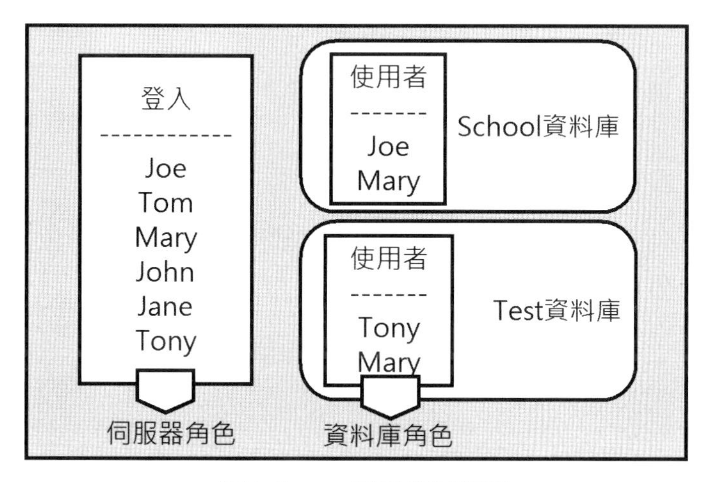

▲ 圖 6-2-1 SQL Server 的使用者帳戶類型

上述圖例的 SQL Server 資料庫伺服器建立 School 和 Test 兩個資料庫。登入使用者清單是允許連線 SQL Server 資料庫伺服器的登入帳戶，在資料庫中的使用者清單，則是擁有存取指定資料庫權限的使用者。

當使用者成功登入資料庫伺服器後，並不表示可以使用資料庫，他還需要是資料庫使用者，才能擁有使用指定資料庫的權限。在授權方面，SQL Server 可以使用角色來快速授予使用者權限，登入帳戶是使用伺服器角色；資料庫使用者是使用資料庫角色。

伺服器角色

伺服器角色是用來授與登入的權限，可以讓使用者擁有 SQL Server 系統管理和維護權限，其說明如表 6-2-1 所示：

▼ 表 6-2-1 伺服器角色的說明

伺服器角色	說明
sysadmin	SQL Server 系統管理者，擁有最大權限的使用者
securityadmin	管理登入與 CREATE DATABASE 指令的權限，可以讀取錯誤記錄檔
serveradmin	負責設定伺服器範圍的組態選項和關閉伺服器
setupadmin	管理連接伺服器的相關設定與預存程序
processadmin	管理 SQL Server 的處理程序（Process）
diskadmin	管理磁碟的資料庫檔案
dbcreator	擁有建立、更改、卸除資料庫和更改資料庫屬性的權限
bulkadmin	擁有執行 BULK INSERT 指令的權限

資料庫角色

資料庫角色是授與資料庫使用者帳戶的權限，我們可以快速使用角色來授與使用者指定資料庫的存取權限。其說明如表 6-2-2 所示：

▼ 表 6-2-2 資料庫角色的說明

資料庫角色	說明
public	所有使用者都擁有此角色的權限，可以瀏覽資料表、檢視和執行預存程序，但沒有存取權限
db_owner	資料庫的擁有者，預設資料庫使用者 dbo 就屬於此角色，擁有資料庫的全部權限
db_datareader	使用者擁有查詢資料庫記錄的權限，也就是執行 SELECT 指令
db_datawriter	使用者擁有資料表記錄的新增、刪除和更新權限，也就是執行 INSERT、DELETE 和 UPDATE 指令
db_accesadmin	此角色可以建立和管理資料庫使用者

在 SQL Server 啓用 SQL Server 驗證

SQL Server 預設只支援 Windows 驗證，如果需要使用 SQL Server 驗證，我們需要更改伺服器屬性和重新啓動 SQL Server，其步驟如下所示：

Step 1：請啓動 Management Studio 建立連接後，在「物件總管」視窗的根 SQL Server 伺服器上，執行【右】鍵快顯功能表的【屬性】命令。

Step 2：在「伺服器屬性」對話方塊左邊選【安全性】，右邊勾選【SQL Server 及 Windows 驗證模式】後，按【確定】鈕，如圖 6-2-2 所示：

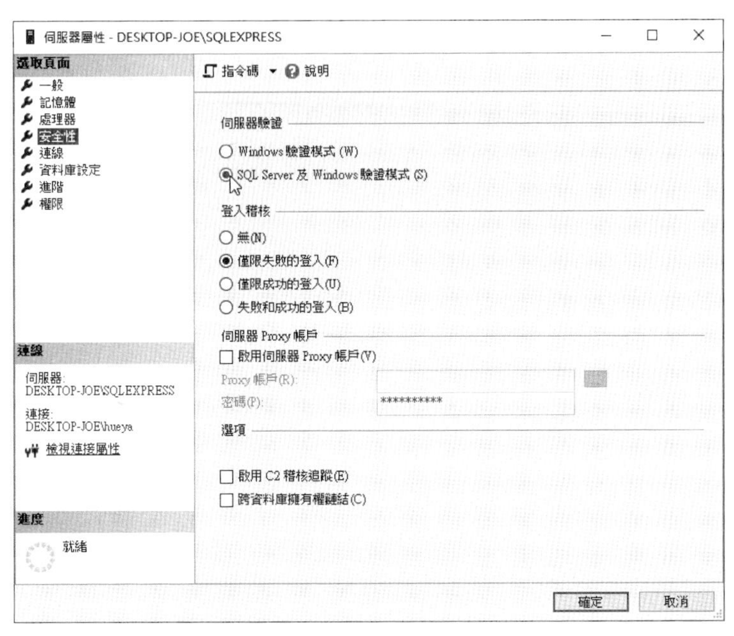

▲ 圖 6-2-2　「伺服器屬性」對話方塊

Step 3：可以看到一個警告訊息指出需重新啓動 SQL Server 才能生效，請按【確定】鈕，如圖 6-2-3 所示：

▲ 圖 6-2-3　重新啓動 SQL Server 的警告訊息

Step 4：請執行「開始 >Microsoft SQL Server 2019>SQL Server 2019 設定管理員」命令啓動 SQL Server 設定管理員，在左邊選【SQL Server 服務】後，右邊在 SQL Server (SQLEXPRESS) 上執行【右】鍵快顯功能表的【重新啓動】命令，即可重新啓動 SQL Server，如圖 6-2-4 所示：

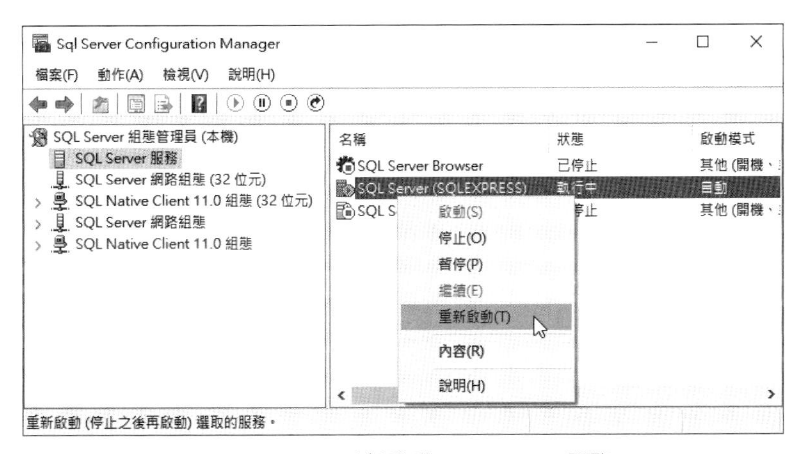

▲ 圖 6-2-4　重新啓動 SQL Server 服務

隨堂練習 6-2

1. 請使用圖例說明 SQL Server 使用者帳號分爲哪兩種？
2. 請說明 SQL Server 伺服器角色？何謂資料庫角色？其差異爲何？

6-3 新增 Windows 使用者帳戶

SQL Server 預設使用 Windows 驗證來新增登入，也就是說 SQL Server 伺服器是直接使用作業系統帳戶來登入伺服器，我們需要先在 Windows 作業系統新增使用者後，例如：Tom 後，才能在 SQL Server 新增 Windows 驗證的登入和資料庫使用者，其步驟如下所示：

Step 1：請執行「開始 > 設定」命令，可以看到「設定」視窗，請選【帳戶】，如圖 6-3-1 所示：

▲ 圖 6-3-1 「Windows 設定」視窗

Step 2：接著選【家庭與其他使用者】（某些 Windows 版本是【其他使用者】，如圖 6-3-2 所示：

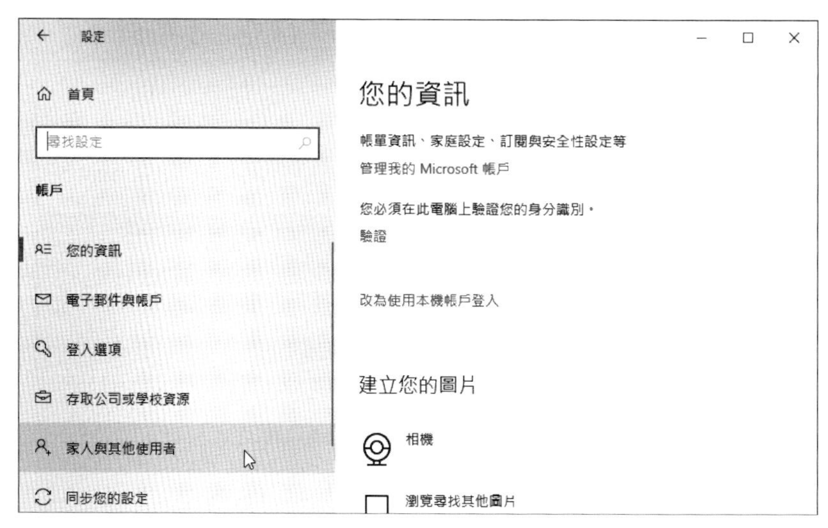

▲ 圖 6-3-2 「你的資訊」畫面

Step 3：選【將其他人新增至此電腦】，如圖 6-3-3 所示：

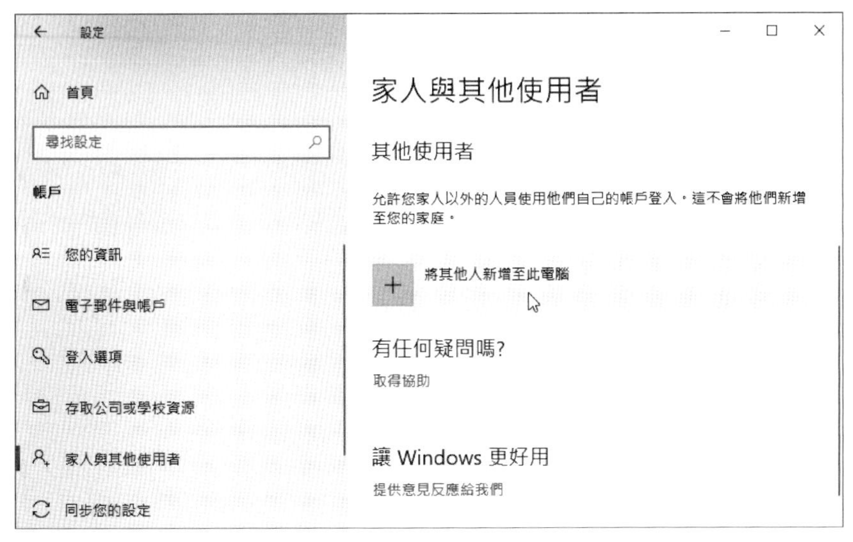

▲ 圖 6-3-3 「家人與其他使用者」畫面

Step 4：選【我沒有這位人員的登入資訊】，如圖 6-3-4 所示：

▲ 圖 6-3-4 「Windows 登入」畫面

Step 5：選【新增沒有 Microsoft 帳戶的使用者】，如圖 6-3-5 所示：

▲ 圖 6-3-5 「建立 Microsoft 帳戶」畫面

Step 6：請依序輸入使用者名稱（Tom）、密碼（12345678）、密碼提示的安全性問題後，按【下一步】鈕，如圖 6-3-6 所示：

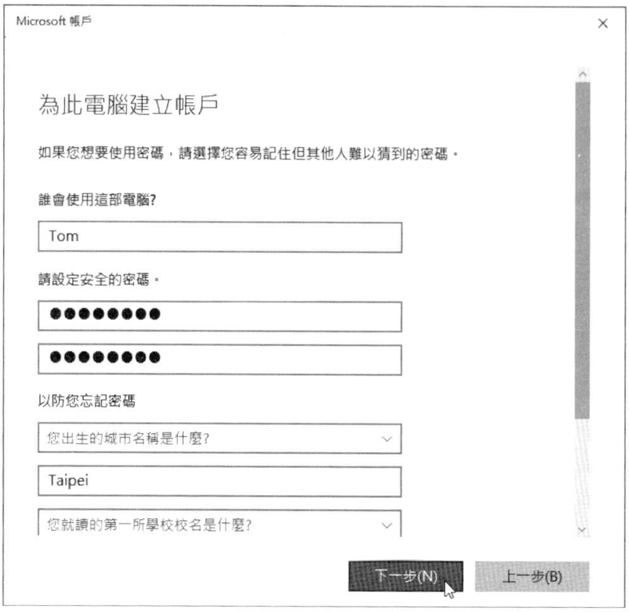

Microsoft 帳戶
為此電腦建立帳戶
如果您想要使用密碼，請選擇您容易記住但其他人難以猜到的密碼。
誰會使用這部電腦?
Tom
請設定安全的密碼。
以防您忘記密碼
您出生的城市名稱是什麼?
Taipei
您就讀的第一所學校校名是什麼?
下一步(N)
上一步(B)

▲ 圖 6-3-6　輸入帳戶資料畫面

Step 7：可以看到新增的使用者 Tom，如圖 6-3-7 所示：

家人與其他使用者
允許您家人以外的人員使用他們自己的帳戶登入。這不會將他們新增至您的家庭。
將其他人新增至此電腦
Tom
本機帳戶
變更帳戶類型
移除

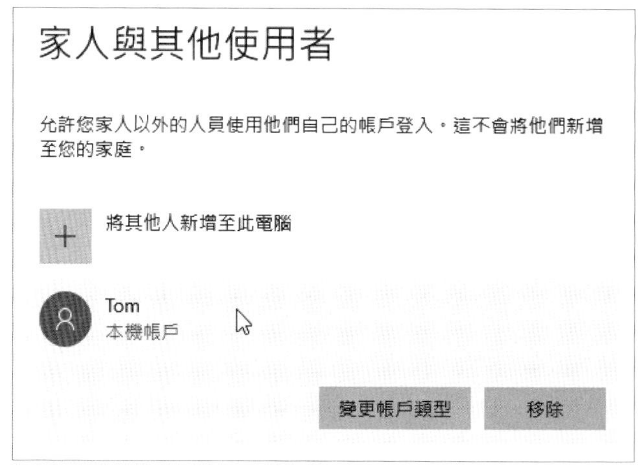

▲ 圖 6-3-7　新增 Windows 使用者 Tom

如果需要，我們可以點選【Tom】使用者後，按【變更帳戶類型】鈕，將標準使用者變更成系統管理者。

隨堂練習 6-3

1. 請在 Windows 作業系統新增一個名為【John】的使用者帳戶。

6-4 新增 SQL Server 使用者帳戶

使用者管理是資料庫管理系統的身份識別系統，因爲只有在資料庫管理系統擁有使用者帳戶和密碼的使用者，才允許建立資料庫連接，來使用、建立和維護資料庫。

SQL Server 的使用者帳戶有兩種：一是登入 SQL Server 伺服器的使用者；一是使用 SQL Server 資料庫的使用者。

6-4-1 新增登入

SQL Server 的登入（Logins）是允許登入 SQL Server 伺服器的使用者。例如：小明準備在 SQL Server 執行個體分別新增名爲 Tom 和 Mary 的登入，Tom 是使用 Windows 驗證；Mary 是使用 SQL Server 驗證。

使用 Windows 驗證新增登入

SQL Server 的 Windows 驗證登入是使用作業系統帳戶來登入伺服器。當我們在 Windows 作業系統建立 Tom 使用者後，就可以在 Management Studio 建立 Windows 使用者帳戶的登入，其步驟如下所示：

Step 1：請使用系統管理者登入 Windows 作業系統後，啓動 Management Studio 建立連接且在「物件總管」視窗展開【安全性】項目。

Step 2：在【登入】項目上，執行【右】鍵快顯功能表的【新增登入】命令，如圖 6-4-1 所示：

▲ 圖 6-4-1 執行【新增登入】命令

Step 3：在「登入 – 新增」對話方塊選【Windows 驗證】後，按【登入名稱】欄位後方的【搜尋】鈕搜尋 Windows 使用者，如圖 6-4-2 所示：

▲ 圖 6-4-2　按【搜尋】鈕搜尋 Windows 使用者

Step 4：在「選取使用者或群組」對話方塊按下方【進階】鈕，如圖 6-4-3 所示：

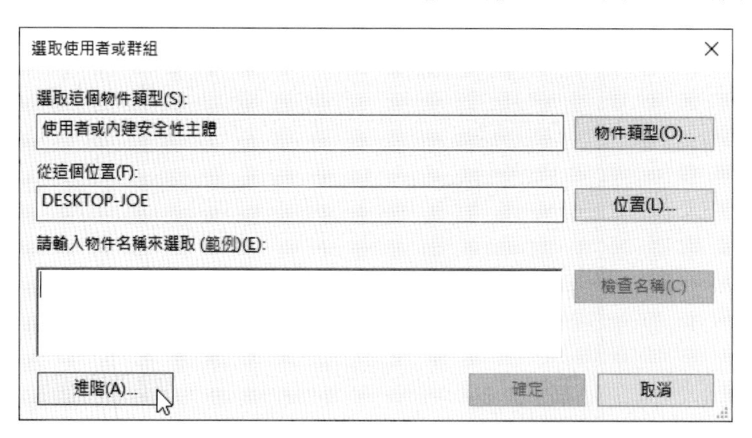

▲ 圖 6-4-3　在「選取使用者或群組」對話方塊點選【進階】鈕

Step 5：在右方中間按【立即尋找】鈕，可以在下方看到搜尋結果，請選【Tom】，按二次【確定】鈕選擇此位使用者，如圖 6-4-4 所示：

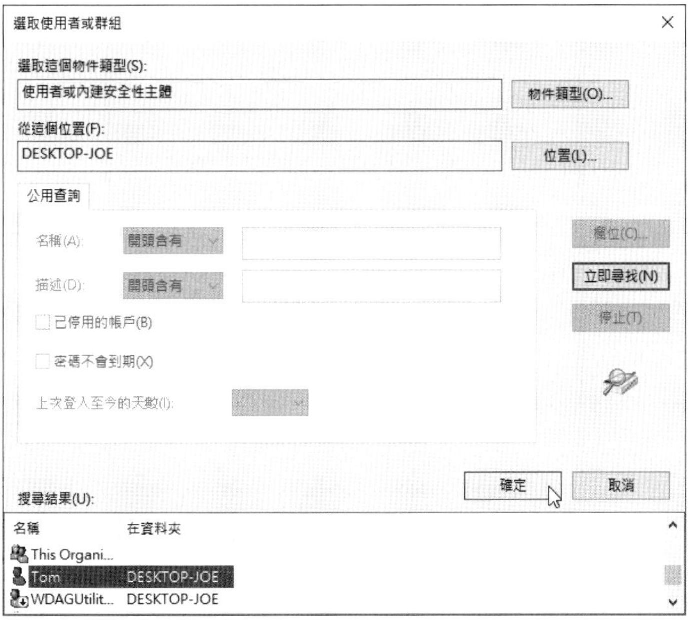

▲ 圖 6-4-4　在搜尋結果選擇【Tom】使用者

Step 6：在【登入名稱】欄位可以看到使用者名稱，如果直接輸入，其格式為「網域或電腦名稱\帳戶名稱」，以筆者電腦為例是【DESKTOP-JOE\Tom】，按【確定】鈕，如圖 6-4-5 所示：

▲ 圖 6-4-5　在【登入名稱】欄填入選擇的使用者

Step 7：稍等一下，即可建立登入，如圖 6-4-6 所示：

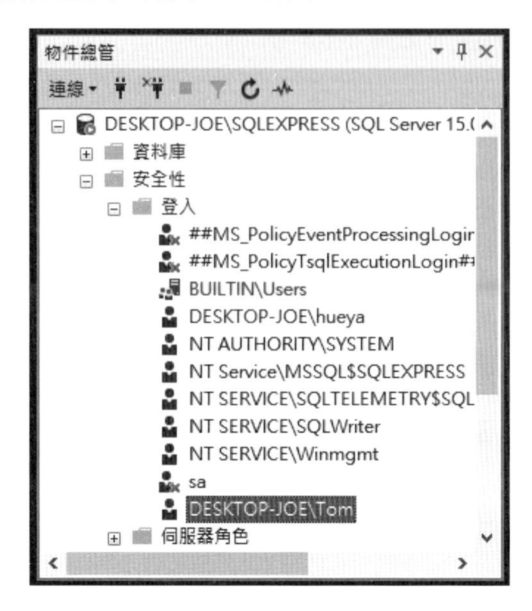

▼ 圖 6-4-6　建立登入 DESKTOP-JOE\Tom

使用 SQL Server 驗證新增登入

接著，我們可以使用 SQL Server 驗證來新增 SQL Server 登入 Mary，其步驟如下所示：

Step 1：請使用系統管理者登入 Windows 作業系統後，啟動 Management Studio 建立連接且在「物件總管」視窗展開【安全性】項目，在【登入】項目上，執行【右】鍵快顯功能表的【新增登入】命令。

Step 2：在「登入 – 新增」對話方塊的【登入名稱】欄輸入【Mary】，選【SQL Server 驗證】後，輸入 2 次密碼【12345678】，請取消勾選【強制執行密碼原則】，以避免下一次登入需更改密碼，如圖 6-4-7 所示：

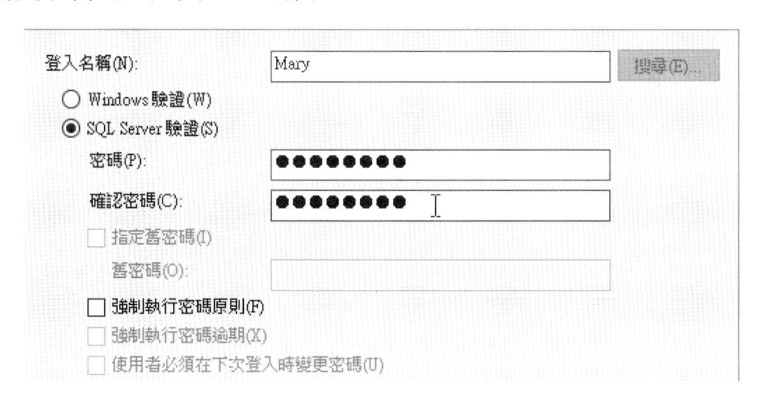

▲ 圖 6-4-7　使用 SQL Server 驗證新增登入

Step 3：按【確定】鈕，稍等一下，即可建立登入【Mary】。

6-4-2 新增資料庫使用者

SQL Server 的資料庫使用者（Database Users）是允許使用指定資料庫的使用者。在 SQL Server 新增登入後，我們可以在 Management Studio 新增對應登入的資料庫使用者和授予權限，SQL Server 資料庫使用者需要對應 Windows 驗證的登入，或 SQL Server 驗證的登入。

說明

請注意！資料庫使用者名稱和登入名稱不一定需要相同，不過，資料庫使用者一定需要有對應的登入，如此才能登入 SQL Server 資料庫伺服器來使用資料庫。

例如：小明在準備在第 5 章的【銷售管理系統】資料庫新增使用者【Tom】（登入是 Windows 驗證同名的 Tom 登入），和授予擁有 db_owner 資料庫擁有者的權限，其步驟如下所示：

Step 1：請啓動 Management Studio 和連接 SQL Server 執行個體後，在「物件總管」視窗展開【銷售管理系統】資料庫的【安全性】項目。

Step 2：在【安全性】項目上，執行【右】鍵快顯功能表的【新增使用者】命令，如圖 6-4-8 所示：

▲ 圖 6-4-8 執行【新增使用者】的命令

Step 3：在「資料庫使用者 – 新增」對話方塊的【使用者類型】欄選【Windows 使用者】（SQL Server 驗證，請選【有登入的 SQL 使用者】），然後在【使用者名稱】欄輸入資料庫使用者名稱 Tom，按【登入名稱】欄後方鈕選擇對應的 Windows 登入，如圖 6-4-9 所示：

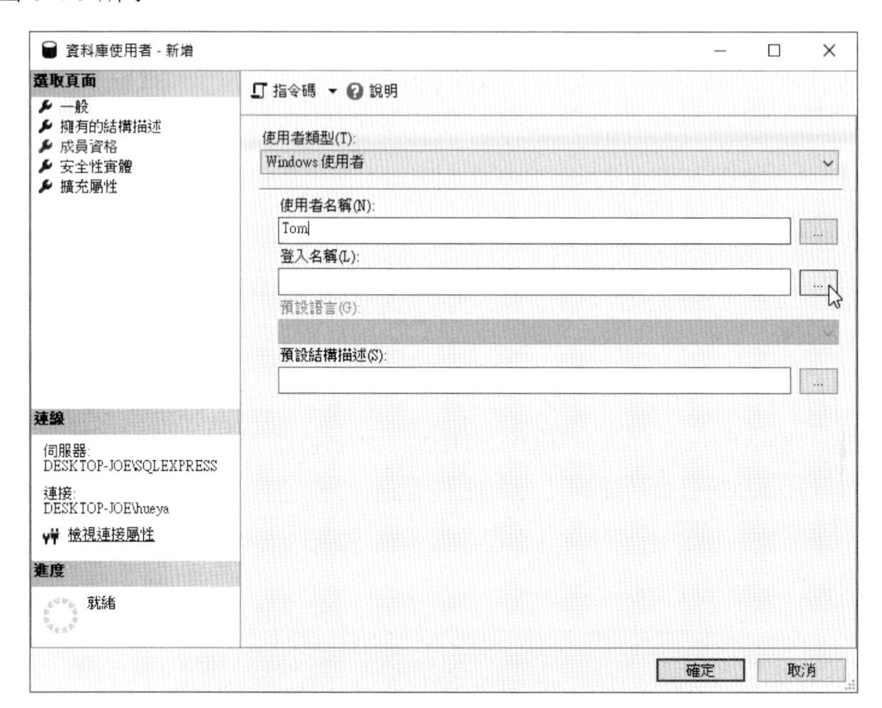

▲ 圖 6-4-9　輸入資料庫使用者名稱 Tom

Step 4：在「選取登入」對話方塊按【瀏覽】鈕，可以在右邊看到登入清單，如圖 6-4-10 所示：

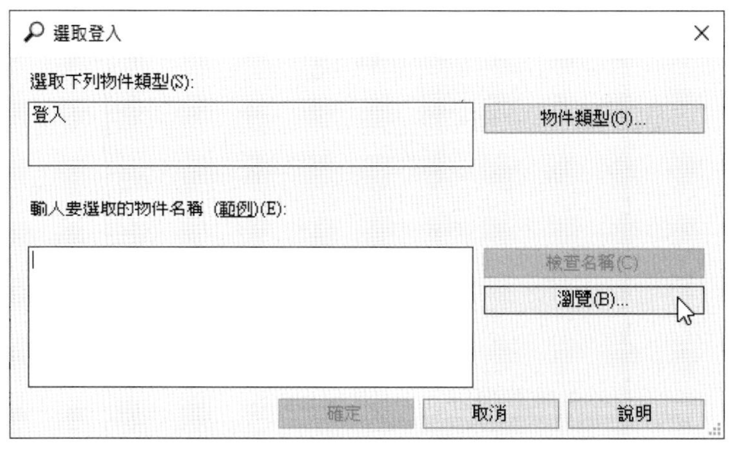

▲ 圖 6-4-10　在「選取登入」對話方塊按【瀏覽】鈕

Step 5：請勾選【[DESKTOP-JOE\Tom]】，按二次【確定】鈕，如圖 6-4-11 所示：

▲ 圖 6-4-11　勾選【[DESKTOP-JOE\Tom]】，按二次【確定】鈕

說明

如果使用 SQL Server 驗證，例如：登入 Mary，請勾選【[Mary]】，如圖 6-4-12 所示：

▲ 圖 6-4-12　勾選【[Mary]】登入

Step 6：可以看到選擇的登入【DESKTOP-JOE\Tom】，請在左邊選【成員資格】頁面，如圖 6-4-13 所示：

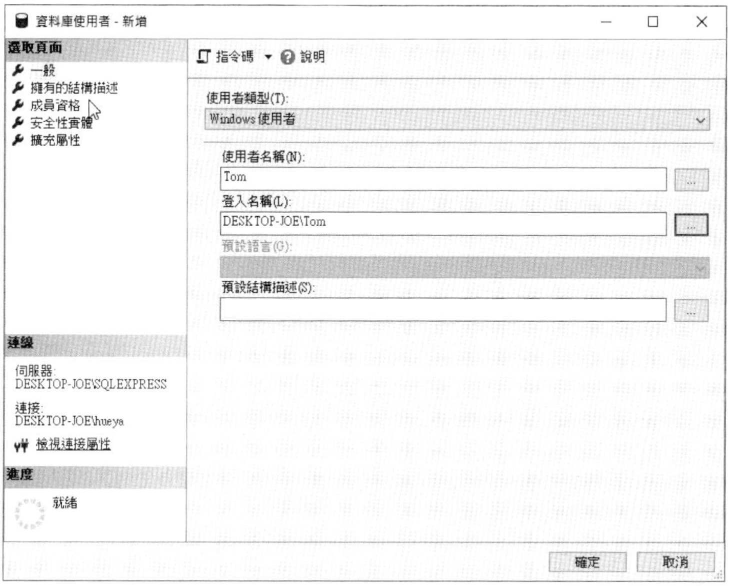

▲ 圖 6-4-13　請在左邊選【成員資格】頁面

說明

如果使用 SQL Server 驗證，可以看到選擇的登入【Mary】，如圖 6-4-14 所示：

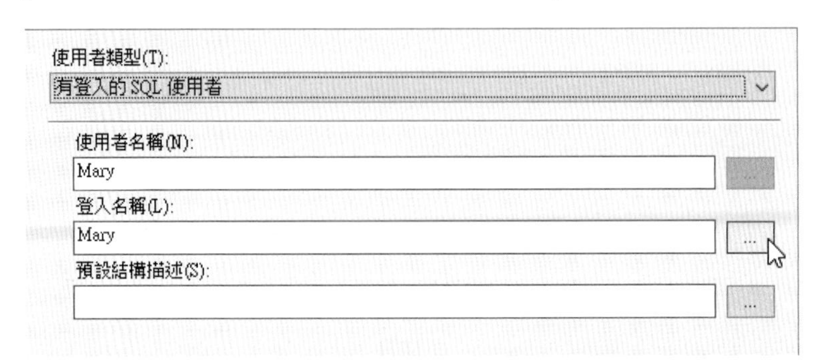

▲ 圖 6-4-14　使用 SQL Server 驗證，可以看到選擇的登入【Mary】

Step 7：在此頁面可以指定資料庫使用者的角色，即授予權限來使用資料庫，請在右邊勾選【db_owner】，按【確定】鈕完成資料庫使用者的新增，如圖 6-4-15 所示：

▲ 圖 6-4-15　指定資料庫使用者的角色

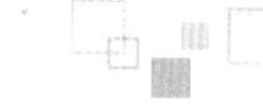

Step 8：在「物件總管」展開【安全性】下的【使用者】，可以看到新增的資料庫使用者 Tom，如圖 6-4-16 所示：

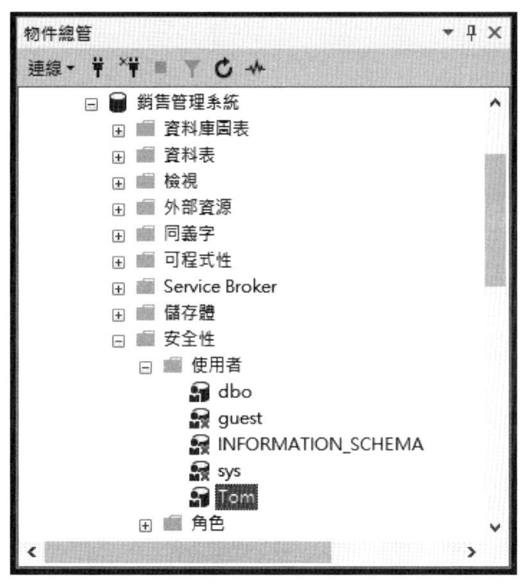

▲ 圖 6-4-16　在「物件總管」視窗看到新增的資料庫使用者 Tom

現在，我們可以改用 Tom 登入 Windows 作業系統來連接 SQL Server，即可存取【銷售管理系統】資料庫，因為 Tom 是 db_owner 角色的資料庫使用者，擁有全部權限來存取【銷售管理系統】資料庫。

隨堂練習 6-4

1. 請使用 Management Studio 在【銷售管理系統】資料庫新增名為【Mary】的資料庫使用者，其對應的登入是【Mary】。
2. 請使用 Management Studio 在【銷售管理系統】資料庫新增名為【John】的登入，使用的是 SQL Server 驗證。
3. 請使用 Management Studio 在【銷售管理系統】資料庫新增名為【Jane】的資料庫使用者，其對應的登入是隨堂練習 2. 的【John】登入。

本章習題

選擇題

(　　) 1. 請問授予使用者建立資料庫的權限是下列哪一種權限層級？(A) 作業系統層級 (B) 帳戶層級　(C) 關聯表層級　(D) 角色層級。

(　　) 2. 請問授予使用者新增、更新和刪除記錄等權限是下列哪一種權限層級？(A) 作業系統層級　(B) 帳戶層級　(C) 關聯表層級　(D) 角色層級。

(　　) 3. 請問下列哪一個關於角色基礎存取控制的存取權限說明是不正確的？(A) 基於使用者在公司或組織扮演的角色來決定其權限　(B) 當使用者授予角色權限後，就擁有該角色所授予的所有權限　(C) SQL Server 不支援角色基礎存取控制　(D) 存取權限是使用角色名稱來分類和組織權限。

(　　) 4. 請問下列哪一個 SQL Server 伺服器角色是 SQL Server 系統管理者？(A) sysadmin (B) securityadmin　(C) serveradmin　(D) setupadmin。

(　　) 5. 請問下列哪一個 SQL Server 資料庫角色是資料庫擁有者？(A) db_datareader (B) db_datawriter　(C) db_accesadmin　(D) db_owner。

實作題

1. 請啓動 Management Studio 使用 SQL Server 驗證來連接 SQL Server 執行個體。
2. 請在 Windows 作業系統新增名爲 Smith 的使用者帳戶。
3. 請使用 Management Studio 在 SQL Server 新增與 Windows 使用者帳戶 Smith 同名的登入。
4. 在第 5 章實作題 5. 建立的【我的學校】資料庫後，新增資料庫使用者 Smith（權限 db_owner 角色）；登入也是 Smith。

Chapter

7

資料表建立與欄位設計

7-1 系統規劃與資料庫設計

資料庫系統規劃的主要目的是開立資料庫系統所需的規格書，而資料庫設計就是在建立資料庫綱要，即資料庫有哪些資料表；資料表有哪些欄位。

7-1-1 系統規劃

資料庫系統規劃就是在定義系統的期望功能，在完成系統規劃後，我們可以開始進行資料庫設計，建立系統所需的資料庫綱要。請注意！系統規劃只是需求面的考量，完整系統規劃包含：系統分析與需求分析。

系統分析

系統分析的目的是分析資料庫需要儲存什麼資料，當使用者提出系統需求的同時，我們需要搜集一些資訊，如下所示：

- 資料分類。
- 資料的詳細資訊。
- 資料儲存方式。
- 增進儲存效率的方法（即關聯式資料庫的正規化）。
- 分析處理過程中資料的來源與關係（即建立關聯性）。

需求分析

需求分析的目的是爲了達成使用者所需的各項功能，也就是分析資料庫需要管理什麼東西？如下所示：

- 管理功能需求：需要符合使用者的作業流程。
- 使用者操作需求：建立使用者所需的查詢和報表功能。
- 應用程式使用者介面：替資料表建立輸入和輸出資料的操作介面。

7-1-2 資料庫設計

資料庫系統的完整資料庫設計可以分成兩大部分，其簡單說明如下所示：

- 資料庫設計（Database Design）：依照一定程序、方法和技術，使用結構化方式將概念資料模型轉換成資料庫的過程，例如：正規化。
- 應用程式設計（Application Design）：建立使用者介面和將商業處理流程轉換成應用程式執行流程，以便使用者能夠存取所需資訊。

「資料庫設計方法論」（Database Design Methodology）是使用特定程序、技術和工具的結構化設計方法，一種結構化的資料庫設計方法。簡單的說，這是一種計劃性、按部就班來進行資料庫設計。完整資料庫設計共分成三個階段：概念、邏輯和實體資料庫設計，如圖 7-1-1 所示：

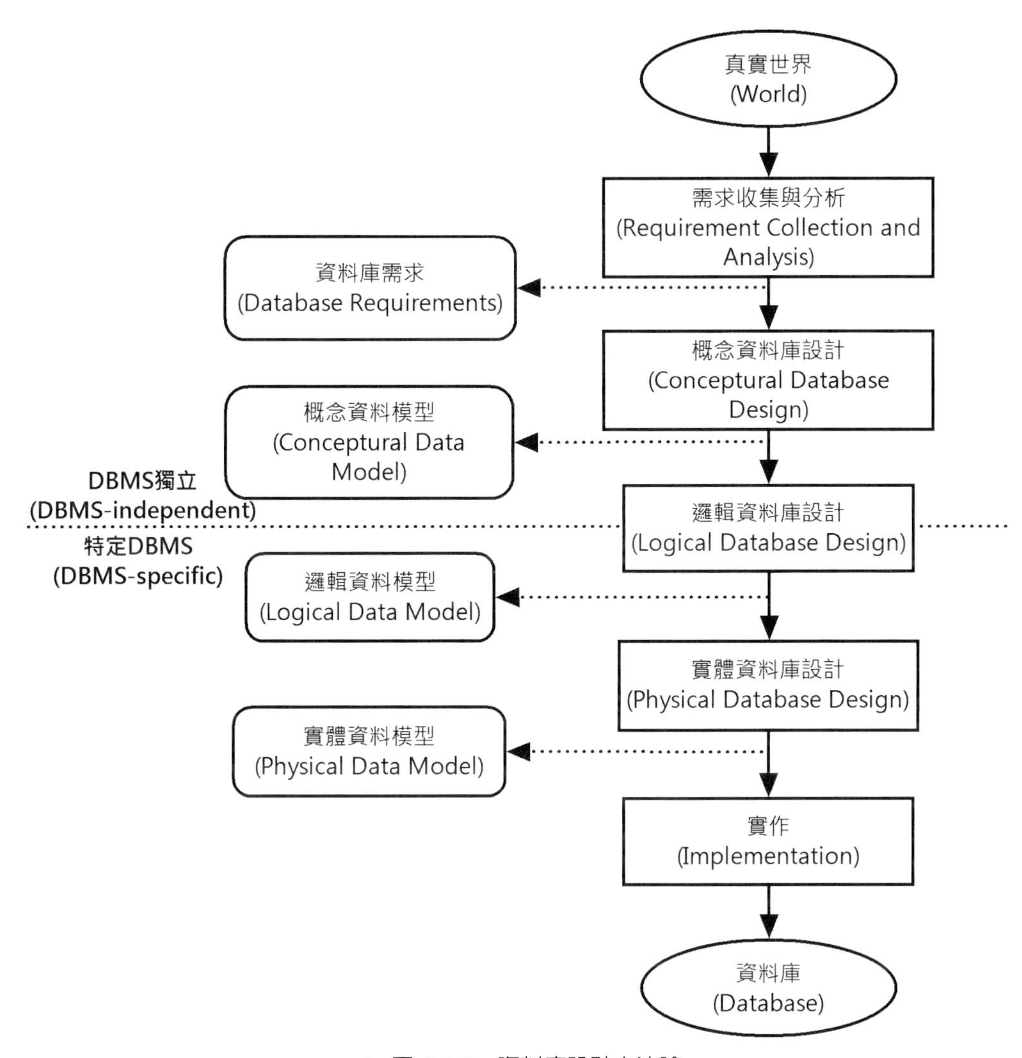

▲ 圖 7-1-1 資料庫設計方法論

上述圖例顯示當從眞實世界進行需求收集和分析後，就可以撰寫資料庫需求書，通常是使用文字描述的系統需求。然後進行三個階段的資料庫設計，以便建立所需的資料模型。

在這三個階段主要是建立概念、邏輯和實體資料模型。三個階段的資料庫設計如下所示：

概念資料庫設計（Conceptual Database Design）

概念資料庫設計是將資料庫需求轉換成概念資料模型的過程，並沒有針對特定資料庫管理系統或資料庫模型。簡單的說，概念資料模型是使用者可以了解的模型，描述眞實世界的資料如何在資料庫中呈現。實體關聯圖是目前最廣泛使用的概念資料模型。

邏輯資料庫設計（Logical Database Design）

邏輯資料庫設計是將概念資料模型轉換成邏輯資料模型的過程，邏輯資料庫設計是針對特定的資料庫模型來建立邏輯資料模型，例如：關聯式資料庫模型。簡單的說，邏輯資料模型是一種資料庫管理系統了解的資料模型，擁有完整資料庫綱要，我們可以使用第 2-1-3 節的外來鍵參考圖來建立邏輯資料模型。

事實上，實體關聯圖不只可以建立概念資料模型，也可以建立邏輯資料模型，其最大差異在於邏輯資料模型是已經正規化的實體關聯圖。

實體資料庫設計（Physical Database Design）

實體資料庫設計是將邏輯資料模型轉換成關聯式資料庫管理系統的 SQL 指令敘述，以便建立資料庫。實體資料模型是用來描述資料庫實際關聯表、檔案組織、索引設計和額外的完整性限制條件。

隨堂練習 7-1

1. 請簡單說明系統規劃？完整資料庫設計可以分成哪三個階段？

7-2 銷售管理系統的資料庫設計

小明的父親經營一家傳統家族企業，最近準備進行公司的電腦化，因為小明正在學習資料庫系統，所以準備自行處理銷售管理系統的資料庫設計。

7-2-1 銷售管理系統資料庫的正規化

小明準備從公司原來使用手寫的一張訂單作為欄位資料來源，在進行正規化分析後，找出銷售管理系統所需的資料表，如圖 7-2-1 所示：

客戶訂單

訂單編號: 1
客戶代碼: A0201
客戶名稱: 陳志明
客戶地址: 台北市中正區忠孝東路一段1000號
送貨日期: 2019/09/25　訂單日期: 2019/09/20

客戶電話: (02)1111-1111
客戶電郵: chen@ms12.hinet.net
員工編號: 001
員工姓名: 陳小毛

產品編號	產品名稱	產品定價	數量	折扣	小計
A2350	白色蘋果iPad	NT$12,500.00	1	80	NT$10,000.00
N0001	蘋果iPhone X	NT$29,500.00	3	80	NT$18,000.00
N0002	蘋果iPhone 11	NT$27,000.00	1	80	NT$5,600.00
S1234	蘋果iWatch	NT$13,500.00	1	80	NT$2,800.00

訂單金額總計: NT$ 36,400.00

▲ 圖 7-2-1　手寫客戶訂單資料示意圖

上述圖例的手寫訂單很容易可以找出兩個資料表：客戶與訂單，其主鍵分別是【客戶編號】和【訂單編號】欄位（在欄位後有「*」號），如下所示：

客戶 (客戶編號 *、客戶名稱、客戶地址、客戶電話、客戶電郵)
訂單 (訂單編號 *、客戶編號、訂單日期、送貨日期、員工編號、員工姓名、產品編號、產品名稱、產品定價、數量、折扣)

上述【訂單】資料表使用【客戶編號】欄位的外來鍵與【客戶】資料表建立一對多關聯性。

1NF：第一階正規化分析

因爲在【客戶】和【訂單】資料表並沒有重複值欄位，所以已經滿足 1NF。

2NF：第二階正規化分析

【客戶】資料表已經符合 2NF，【訂單】資料表因爲擁有訂單明細資料的子集合，所以需要分割成兩個資料表，如下所示：

訂單 (訂單編號 *、客戶編號、訂單日期、送貨日期、員工編號、員工姓名)
訂單明細 (訂單編號 *、產品編號 *、產品名稱、產品定價、折扣、數量)

上述【訂單】資料表符合 1NF 和 2NF，【訂單明細】資料表的主鍵是【訂單編號】和【產品編號】複合鍵，因爲還擁有重複記錄的產品資料子集合，所以可以再次分割訂單明細成爲兩個資料表，如下所示：

訂單明細 (訂單編號 *、產品編號 *、折扣、數量)
產品 (產品編號 *、產品名稱、產品定價)

上述【訂單明細】和【產品】資料表都符合 1NF 和 2NF。

3NF：第三階正規化分析

目前【客戶】和【產品】資料表都符合 3NF，因爲所有欄位都功能相依於主鍵，但【訂單】資料表的員工姓名並不是直接功能相依於主鍵，如圖 7-2-2 所示：

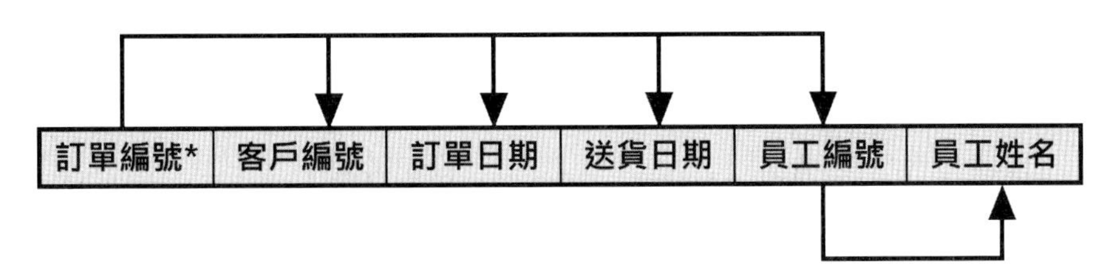

▲ 圖 7-2-2 訂單資料表的遞移相依

上述員工姓名是使用【員工編號】與主鍵建立遞移相依，所以我們可以再次分割訂單資料表成爲訂單和員工資料表，如下所示：

訂單 (訂單編號 *、客戶編號、訂單日期、送貨日期)
員工 (員工編號 *、員工姓名)

最後，【銷售管理系統】資料庫的分析結果共有 5 個資料表，這就是我們準備建立公司銷售管理系統資料庫所需的資料表，如下所示：

客戶 (客戶編號 *、客戶名稱、客戶地址、客戶電話、客戶電郵)
員工 (員工編號 *、員工姓名)
產品 (產品編號 *、產品名稱、產品定價)
訂單 (訂單編號 *、客戶編號、訂單日期、送貨日期)
訂單明細 (訂單編號 *、產品編號 *、折扣、數量)

7-2-2 使用實體關聯圖的資料庫設計

除了使用正規化，小明也準備使用實體關聯圖來進行資料庫設計，基本上，銷售管理系統的主要工作有兩項：客戶購買產品和公司員工銷售產品，轉換成實體關聯圖後，可以分析出銷售系統資料表之間的關聯性，如圖 7-2-3 所示：

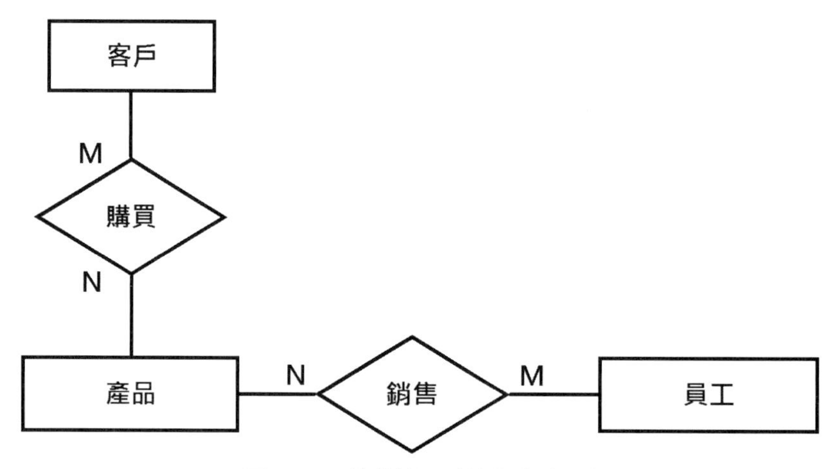

▲ 圖 7-2-3 銷售管理系統的實體關聯圖

上述實體關聯圖只有繪出實體（並沒有欄位的屬性），在各實體之間的關聯性，如下所示：

- 【客戶】實體使用【購買】操作和【產品】實體建立多對多關聯性，一個客戶可以購買多個產品；一個產品可以賣給多位客戶。
- 【員工】實體使用【銷售】操作和【產品】實體建立多對多關聯性，一名員工可以銷售很多產品；一個產品能由多位員工銷售。

因爲銷售和購買操作實際上是針對一張訂單，客戶與員工都是透過訂單來建立關聯性，我們可以改成透過訂單實體建立多個一對多關聯性，如圖 7-2-4 所示：

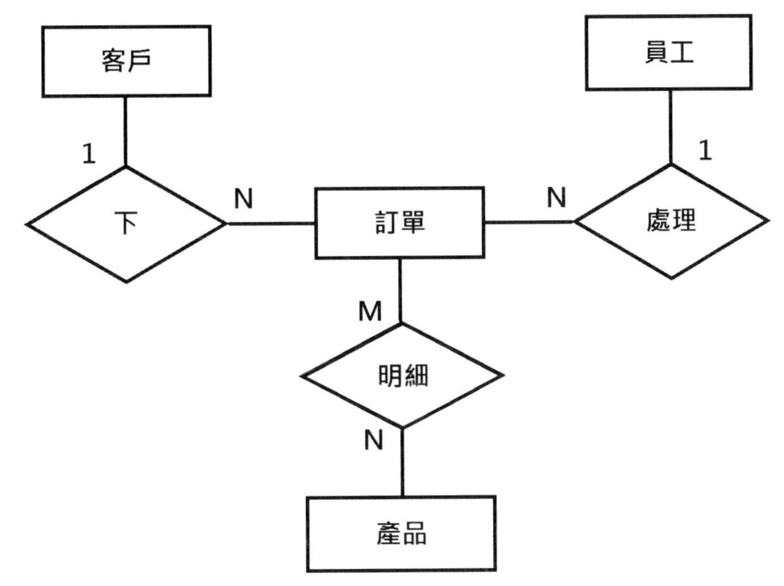

▲ 圖 7-2-3　透過訂單實體建立的實體關聯圖

上述客戶可以下多筆訂單，員工可以處理多筆訂單，訂單和產品是透過明細建立多對多關聯性，因爲一張訂單可以有多筆產品；同一項產品可以出現在不同訂單上。

最後，我們可以分析出銷售系統資料庫擁有的資料表爲：【客戶】、【員工】、【產品】和【訂單】共四個資料表，再加上多對多關聯性的【訂單明細】結合資料表。

隨堂練習 7-2

1. 請比較小明使用正規化和實體關聯圖進行資料庫設計的差異？

7-3 資料類型

資料庫的資料類型（Data Type）也稱爲資料型別或資料型態，相當於是程式語言的資料型別（稱爲資料型態），資料類型就是關聯式資料庫模型的定義域（Domains），定義資料表欄位能夠儲存哪一種資料，和使用多少位元組來儲存資料，即資料範圍。

基本上，資料庫的定義域就是下列值的集合，如下所示：

- 空值（NULL Value）：欄位值沒有指定或未知值（不知道儲存的是什麼資料），在 SQL Server 的資料表欄位需勾選【允許 Null】。
- 非空值（Non-NULL Value）：欄位值是字元、字串、數值、日期 / 時間、布林值或二進位資料。

SQL Server 的常用資料類型

SQL Server 預設資料類型就是關聯式資料庫理論的定義域，常用的預設資料類型，如表 7-3-1 所示：

▼ 表 7-3-1　SQL Server 的常用資料類型

資料類型	說明
bit	值為 0、1 或空值（NULL），用來儲存布林資料
int	整數資料，使用 4 位元組儲存的整數，其範圍為 -2147483648~2147483647
decimal	數值資料，儲存整數和小數部分的數字，最大可以達到 38 位數
float	浮點數值資料，使用 8 位元組儲存，其範圍為 -1.79E+308~1.79E+308
datetime	日期 / 時間資料
money	貨幣資料，儲存金額的數目，其範圍為 -922337203685477.5808~922337203685477.5807
char(n)	固定字串 n 個字元，最大的字串長度達 8000 個字元
varchar(n)	變動字串的 n 個字元，它和 char 的差別在字串長度是變動的，如果字串沒有填滿，空白的部分會刪除掉，最長為 8000 個字元
nvarchar(n)	類似 varchar，儲存的是統一字碼（Unicode）的字串，最長 4000 個字元，如果欄位值是中文內容，建議使用此資料類型
varchar(max)	變動長度字串，可儲存 2G 個字元或 1G 中文字
text	變動長度字串，可儲存 2G 個字元或 1G 中文字
varbinary(max)	儲存二進位資料，最大 2G 位元組，可以用來儲存圖片資料
image	儲存二進位資料，最大 2G 位元組，可以用來儲存圖片資料
xml	儲存 XML 文件或片段資料

說明

統一字碼（Unicode）是由 Unicode Consortium 組織所制定的一個能包括全世界文字的字碼集，它包含 GB2312 和 Big5 字碼集的所有字集，即 ISO 10646 字集。

ANSI-SQL 的日期 / 時間資料類型

SQL Server 的日期 / 時間資料類型和 ANSI 有些不同，ANSI-SQL 92 共提供三種日期 / 時間的資料類型，如表 7-3-2 所示：

▼ 表 7-3-2　ANSI-SQL 的日期 / 時間資料類型

資料類型	說明
date	日期資料，格式為 YYYY-MM-DD
time	時間資料，格式為 HH:MM:SS.nn
timestamp	日期 / 時間資料，格式為 YYYY-MM-DD HH:MM:SS.nn

SQL Server 的 datetime 資料類型可以儲存 ANSI-SQL 的 date、time 和 timestamp 三種資料類型的日期 / 時間資料。

隨堂練習 7-3

1. 請問什麼是空值？空值的值是什麼？為什麼資料庫需要資料類型？
2. 請問 ANSI-SQL 的日期 / 時間資料有哪三種資料類型？

7-4 銷售管理系統資料庫的欄位定義資料

基本上，在第 7-2 節的正規化就是在進行【銷售管理系統】的資料庫設計，在完成後，我們可以進一步規劃各資料表的欄位定義資料，以便在 SQL Server 資料庫新增這些資料表。銷售管理系統資料庫 5 個資料表的欄位定義資料，如下所示：

客戶資料表

欄位名稱	資料類型	長度	允許 Null	欄位說明
客戶編號	char	5	不勾選	客戶編號，主鍵
客戶名稱	nvarchar	50	不勾選	客戶的名稱
客戶地址	nvarchar	80	勾選	客戶的地址
電話號碼	varchar	16	不勾選	客戶的電話號碼
傳真號碼	varchar	16	勾選	客戶的傳真號碼
聯絡人姓名	nvarchar	20	不勾選	客戶的聯絡人姓名
分機號碼	varchar	6	勾選	客戶聯絡人的分機號碼
電郵地址	varchar	30	勾選	客戶聯絡的電子郵件地址

員工資料表

欄位名稱	資料類型	長度	允許 Null	欄位說明
員工編號	char	5	不勾選	員工編號，主鍵
員工姓名	nvarchar	16	不勾選	員工的姓名
部門名稱	nvarchar	16	不勾選	員工所屬部門
員工職稱	nvarchar	16	不勾選	員工的職稱
分機號碼	varchar	6	勾選	員工的電話分機號碼
電郵地址	varchar	30	勾選	員工的電子郵件地址
住家地址	nvarchar	50	勾選	員工的居住地址
住家電話	varchar	16	勾選	員工的住家電話

產品資料表

欄位名稱	資料類型	長度	允許 Null	欄位說明
產品編號	char	5	不勾選	產品編號，主鍵
產品名稱	nvarchar	50	不勾選	產品的名稱
產品說明	nvarchar	100	勾選	產品的簡單描述
庫存量	int	N/A	不勾選	產品目前的庫存量
安全庫存	int	N/A	不勾選	產品的安全庫存量
定價	money	N/A	不勾選	產品的定價

訂單資料表

欄位名稱	資料類型	長度	允許 Null	欄位說明
訂單編號	char	5	不勾選	訂單編號，主鍵
客戶編號	char	5	不勾選	客戶編號，外來鍵
員工編號	char	5	不勾選	員工編號，外來鍵
訂單日期	datetime	N/A	不勾選	下訂單的日期
送貨日期	datetime	N/A	勾選	送貨的日期

訂單明細資料表

欄位名稱	資料類型	長度	允許 Null	欄位說明
訂單編號	char	5	不勾選	訂單編號，主鍵也是外來鍵
產品編號	char	5	不勾選	產品編號，主鍵也是外來鍵
數量	int	N/A	不勾選	產品的購買數量
折扣	int	N/A	不勾選	產品的折扣，值 80 就是 8 折；79 就是 79 折

隨堂練習 7-4

1. 請使用本節銷售管理系統資料庫的欄位定義資料，參考第 2-1-3 節的外來鍵參考圖，繪出銷售管理系統資料庫的外來鍵參考圖，而這就是資料庫設計的邏輯資料模型。

7-5 建立資料表

在 SQL Server 可以使用 Management Studio 圖形使用介面或直接使用 SQL 指令來建立資料表，關於 SQL 指令的資料外定義語言說明請參閱第 13 章。

7-5-1 在資料庫新增資料表

Management Studio 提供圖形化使用介面來建立資料表的定義資料，例如：小明在完成【銷售管理系統】資料庫設計和欄位定義資料後，就可以在第 5 章建立的【銷售管理系統】資料庫新增設計的資料表和欄位定義資料。

新增客戶資料表

在【銷售管理系統】資料庫的客戶資料表是用來儲存公司的客戶資料，其建立步驟如下所示：

Step 1：請啟動 Management Studio 和連接 SQL Server 執行個體後，在「物件總管」視窗展開【資料庫】下的【銷售管理系統】，在【資料表】上執行【右】鍵快顯功能表的「新增 > 資料表」命令，如圖 7-5-1 所示：

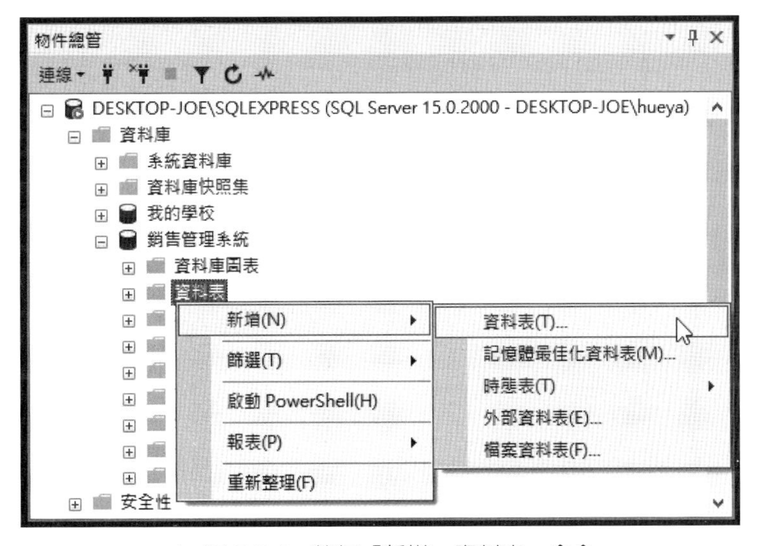

▲ 圖 7-5-1 執行「新增 > 資料表」命令

Step 2：在標籤頁上方【資料行名稱】欄輸入欄位名稱【客戶編號】，【資料類型】欄選【char(10)】，取消勾選【允許 Null】，表示欄位值不允許 Null 值，如圖 7-5-2 所示：

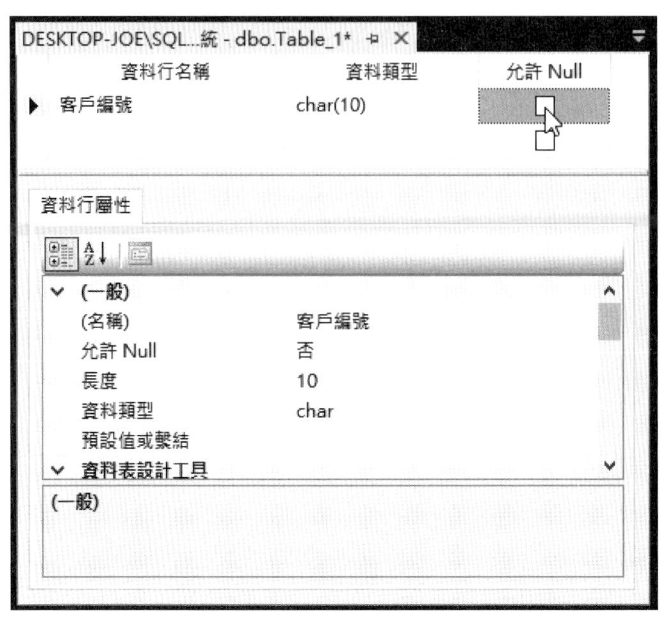

▲ 圖 7-5-2　輸入【客戶編號】欄位的定義資料

Step 3：在下方【資料行屬性】標籤編輯欄位屬性，將【長度】欄位改為【5】，可以看到資料類型也同步改為【char(5)】，如圖 7-5-3 所示：

▲ 圖 7-5-3　資料類型的長度改為【char(5)】

Step 4：請依序輸入第 7-4 節【客戶】資料表設計的欄位定義資料，如圖 7-5-4 所示：

DESKTOP-JOE\SQL...統 - dbo.Table_1*

資料行名稱	資料類型	允許 Null
客戶編號	char(5)	☐
客戶名稱	nvarchar(50)	☐
客戶地址	nvarchar(80)	☑
電話號碼	varchar(16)	☐
傳真號碼	varchar(16)	☑
聯絡人姓名	nvarchar(20)	☐
分機號碼	varchar(6)	☑
電郵地址	varchar(30)	☑
		☐

▲ 圖 7-5-4 依序輸入第 7-4 節【客戶】資料表設計的欄位定義資料

Step 5：執行「檔案 > 儲存 Table_1」命令儲存資料表定義資料，可以看到「選擇名稱」對話方塊，在【輸入資料表名稱】欄輸入【客戶】的資料表名稱後，按【確定】鈕儲存資料表定義資料，如圖 7-5-5 所示：

選擇名稱

輸入資料表名稱(E):

客戶

確定 取消

▲ 圖 7-5-5 輸入資料表名稱【客戶】

在「物件總管」視窗展開【資料庫】下【銷售管理系統】資料庫（可能需要執行右鍵快顯功能表的【重新整理】命令），可以在【資料表】下看到新增的【dbo. 客戶】資料表，dbo 是系統預設的結構描述名稱，如圖 7-5-6 所示：

▲ 圖 7-5-6 【dbo. 客戶】資料表

7-5-2　新增資料表的條件約束

對於資料表的欄位值，我們可以新增條件約束來限制資料表的欄位值是否在特定範圍內，這是一個條件運算式，當運算結果是 True，就允許存入欄位；False 就不允許存入欄位。

小明在設計【銷售管理系統】資料庫時，為了公司出貨的順暢，每一樣產品至少需要有 10 個以上的安全庫存量，即【產品】資料表的【安全庫存】欄位。

銷售管理系統可以使用【安全庫存】欄位檢查公司產品的庫存量是否足夠，因為欄位值一定需要大於等於 10，所以需要在【產品】資料表新增【安全庫存 >= 10】條件運算式的條件約束，其步驟如下所示：

Step 1：在 Management Studio 的「物件總管」視窗展開【產品】資料表，在其上執行【右】鍵快顯功能表的【設計】命令，可以再次看到欄位定義資料的編輯畫面，如圖 7-5-11 所示：

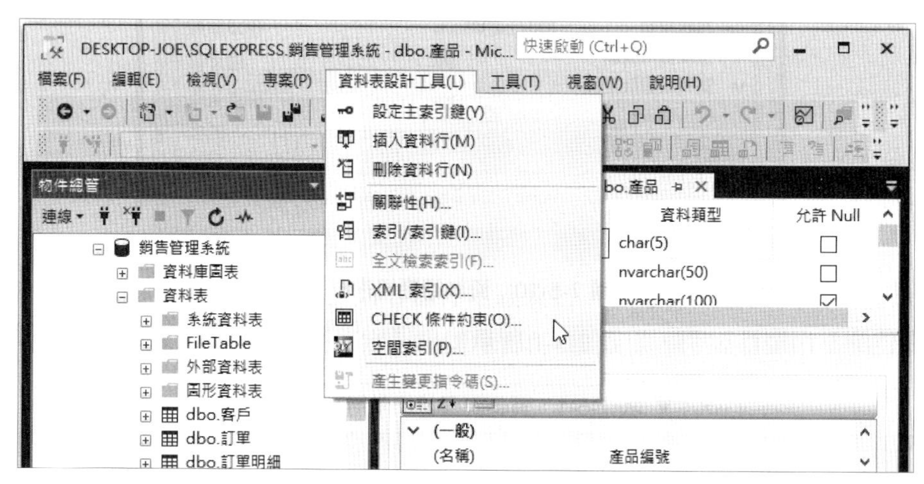

▲ 圖 7-5-11　在欄位定義資料的編輯畫面執行命令

Step 2：執行「資料表設計工具 >CHECK 條件約束」命令，可以看到「檢查條件約束」對話方塊，按左下角【加入】鈕新增條件約束，如圖 7-5-12 所示：

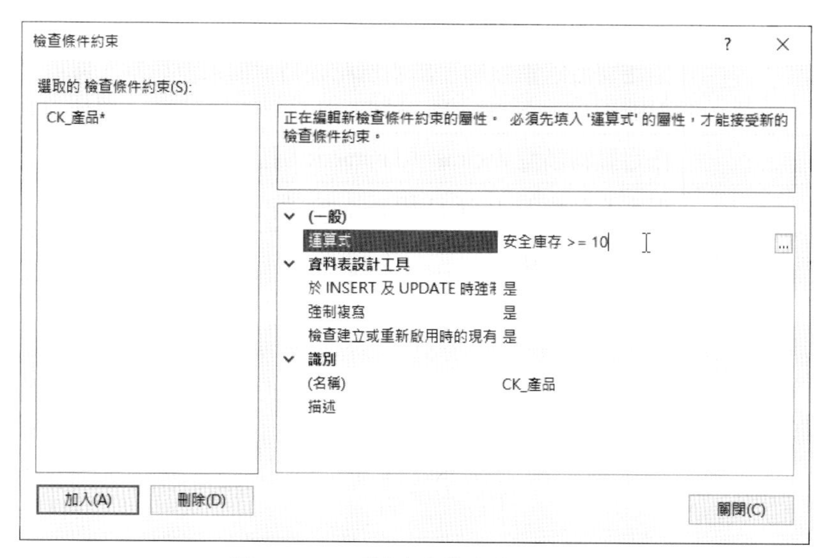

▲ 圖 7-5-12　「檢查條件約束」對話方塊

Step 3：在右邊【運算式】屬性輸入條件運算式【安全庫存 >= 10】，下方【(名稱)】屬性是 SQL Server 自動產生的條件約束名稱，如果需要可自行更改名稱，在新增後，請按【關閉】鈕關閉對話方塊。

Step 4：請執行「檔案 > 儲存 產品」命令儲存【產品】資料表，就可以儲存在資料表新增的條件約束。

刪除條件約束請開啟「檢查條件約束」對話方塊，然後在左邊選欲刪除的條件約束後，按下方【刪除】鈕刪除條件約束。

隨堂練習 7-5

1. 請問 SQL Server 資料表欄位屬性【允許 Null】的用途爲何？如果是資料表的主鍵欄位，是否需要勾選【允許 Null】屬性。
2. 請舉例說明資料表的條件約束是什麼？

本章習題

選擇題

(　　) 1. 請問在資料庫設計的三個階段中，下列哪一個階段並沒有針對特定的資料庫管理系統或資料庫模型？ (A) 概念資料庫設計　(B) 邏輯資料庫設計　(C) 實體資料庫設計　(D) 全部皆是。

(　　) 2. 請問在本章的銷售管理系統，其資料庫設計共進行到第幾階的正規化分析？ (A) 1NF　(B) 2NF　(C) 3NF　(D) 4NF。

(　　) 3. 請問資料表欄位值是下列哪一個值時，表示是空值（Null）？ (A) 0　(B) 未知值　(C) 布林值 False　(D) 二進位值。

(　　) 4. 請問下列哪一個不是 SQL Server 的 datetime 資料類型可以儲存的 ANSI-SQL 日期 / 時間資料類型？ (A) date　(B) time　(C) timestamp　(D) timeoffset。

(　　) 5. 請問下列哪一個 SQL Server 資料表的欄位屬性可以指定欄位資料的長度？ (A) 允許 Null　(B) 長度　(C) 位數　(D) 預設值。

實作題

1. 請使用 Management Studio 在【銷售管理系統】資料庫新增第 7-4 節的【訂單】資料表。
2. 請使用 Management Studio 在【銷售管理系統】資料庫新增第 7-4 節的【訂單明細】資料表。
3. 小明在設計【銷售管理系統】資料庫時，規定客戶購買每一項產品的最低數量需要大於等於 1，現在，請在實作題 2. 的【訂單明細】資料表新增【數量 >= 1】條件運算式的條件約束。

建立資料表主鍵、關聯性與索引

- 8-1　編輯資料表的欄位設計
- 8-2　資料表的主鍵與索引
- 8-3　建立資料表的關聯性
- 8-4　資料庫圖表

8-1　編輯資料表的欄位設計

SQL Server 的 Management Studio 除了新增資料表，一樣可以修改資料表名稱、欄位設計的定義資料、預設值和編輯條件約束。

8-1-1　修改資料表名稱

在建立資料表後，如果因為變更設計或輸錯名稱，我們可以使用 Management Studio 修改資料表名稱。例如：小明在第 7 章建立【員工】資料表時，不小心將名稱輸錯成【員工主檔】。現在，小明準備將資料表名稱【員工主檔】改為【員工】，其步驟如下所示：

Step 1：請啓動 Management Studio 和連接 SQL Server 執行個體後，在「物件總管」視窗選【員工主檔】資料表，在其上執行【右】鍵快顯功能表的【重新命名】命令，如圖 8-1-1 所示：

▲ 圖 8-1-1　執行【重新命名】命令

Step 2：在項目上輸入新名稱【員工】後，按 Enter 鍵完成資料表名稱的更改，如圖 8-1-2 所示：

▲ 圖 8-1-2　更名成【員工】資料表

8-1-2 修改資料表的欄位定義資料

在 Management Studio 的「物件總管」視窗展開資料表，然後在資料表上，執行【右】鍵快顯功能表的【設計】命令，即可開啓資料表欄位定義的編輯標籤來修改欄位定義資料。

說明

請注意！ Management Studio 資料表定義資料的編輯介面只能更改欄位名稱，並不允許更改成不同的資料類型，如需更改資料類型，我們只能重建資料表。

修改欄位名稱

小明在第 7 章建立【產品】資料表時，不小心將【產品編號】欄位輸入成【產品代碼】。現在，小明準備將【產品】資料表的【產品代碼】欄位更名爲【產品編號】，其步驟如下所示：

Step 1：請在 Management Studio 開啓【產品】資料表欄位定義的編輯標籤，點選第 1 欄後，直接更改名稱成爲【產品編號】，如圖 8-1-3 所示：

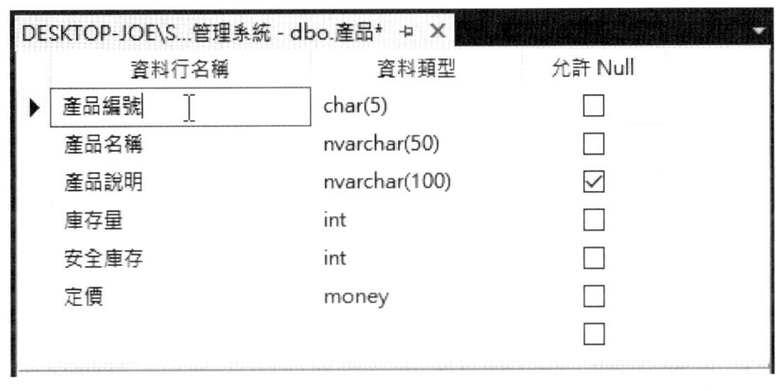

▲ 圖 8-1-3 修改定義資料的欄位名稱

Step 2：執行「檔案 > 全部儲存」命令儲存資料表的欄位定義資料。

新增欄位的預設值

資料表的欄位定義資料如果沒有勾選【允許 Null】，表示欄位一定需要輸入資料，爲了避免忘了輸入資料，我們可以替欄位指定預設值，如果沒有輸入資料就自動填入預設值。

因爲訂單日期大多是下單的當日，所以小明準備在【訂單】資料表的【訂單日期】新增欄位預設值是今天，在 SQL Server 是使用 GETDATE() 函數，其步驟如下所示：

索引的基礎

在資料表的索引包含兩個欄位值：索引欄位和指標（Pointer），指標是用來指向對應到資料表的哪一筆記錄，如圖 8-2-1 所示：

▲ 圖 8-2-1　資料表索引的示意圖

上述成績索引是使用【成績】欄位排序，索引資料的指標可以指向眞正儲存的位置，當進行搜尋時，因爲已經建立索引資料，搜尋範圍縮小到只有索引資料的【成績】欄位，而不是整個資料表，因爲搜尋範圍縮小，可以加速搜尋。例如：找到成績是 62，可以透過指標馬上找到哪一筆記錄資料。

資料表的索引就是預先將資料進行整理來縮小搜尋範圍，以便在大量資料中可以快速的找到資料。例如：圖書附錄的索引資料，可以讓我們依照索引的主題和頁碼，馬上找到指定主題所在的頁。同理，在資料表選擇一些欄位建立索引資料，例如：【員工】資料表的【員工編號】欄位，透過員工編號的索引，就可以加速員工記錄的搜尋。

索引的種類

一般來說，在資料表建立的索引分爲三種：主索引、唯一索引和一般索引，如下所示：

- 主索引（Primary Index）：主索引是將資料表的主鍵建立成索引，一個資料表只能擁有一個主索引。在資料表建立主索引的索引欄位，其欄位值一定不能重覆，即欄位值是唯一，而且不允許是空値（NULL）。例如：由【流水序號】和【姓名】欄位組成的主索引，單獨的姓名欄位可能有重複値，但【流水序號＋姓名】就一定是唯一値。
- 唯一索引（Unique Index）：唯一索引的欄位值也是唯一的，不同於主索引只能有一個，同一資料表可以擁有多個唯一索引，這也是與主索引最主要的差別。
- 一般索引（Regular Index）：一般索引的索引欄位値並不需要是唯一的，其主要目的是加速資料表搜尋與排序。在同一資料表可以擁有多個一般索引，我們可以在資料表選擇一些欄位建立成一般索引，其目的就是增加查詢效能。

8-2-2　建立資料表的主索引

在 SQL Server 資料表只能有一個主索引，主索引的索引欄位可以是單一欄位，或多欄位的複合索引。

資料表的主鍵

資料表的主索引鍵就是所謂的「主鍵」（Primary Key），在 SQL Server 也稱爲叢集索引。主鍵是由一到數個欄位組成的集合，主鍵欄位值需要是唯一值（Unique），當主鍵只有單一欄位時稱爲「簡單鍵」（Simple Key），如果主鍵是多個欄位組合而成，稱爲「複合鍵」（Composite Key）。在資料表選擇主鍵的基本原則，如下所示：

- 欄位值需要唯一：主鍵的欄位值需要唯一且不能重複。
- 必須有資料：主鍵的欄位一定有資料，如果是複合鍵的欄位集合，每一個欄位值都保證一定要有資料。
- 永遠不會改變：欄位值永遠不會改變。例如：【學生】資料表的學號不會改變，如果姓名不重複，姓名也可以作爲主鍵，不過姓名是有可能改變，而且可能同名。
- 簡短且簡單值：儘量選擇單一欄位的主鍵，主鍵愈短，不但可以節省儲存空間，更可以加速資料查詢。簡單是指主鍵的欄位值不包括一些特殊符號。
- 欄位需要可代表性：主鍵是資料表記錄的一家之主，所以在選擇欄位時，需要選擇一個足以代表資料表的欄位作爲主鍵。

例如：在【客戶】資料表的【客戶編號】和【客戶姓名】兩個欄位中選擇一個作爲主鍵，姓名雖然滿足大部分條件，但是姓名可能同名，所以，客戶編號是最佳的主鍵選擇，因爲客戶編號是唯一、簡單、不會改變且具代表性。

建立單一欄位的主鍵

在【銷售管理系統】資料庫的【客戶】資料表，其規劃的主鍵是【客戶編號】的單一欄位，其建立步驟如下所示：

Step 1：請啓動 Management Studio 和連接 SQL Server 執行個體後，在「物件總管」視窗展開【客戶】資料表，在其上執行【右】鍵快顯功能表的【設計】命令，可以看到欄位定義資料的編輯畫面，如圖 8-2-2 所示：

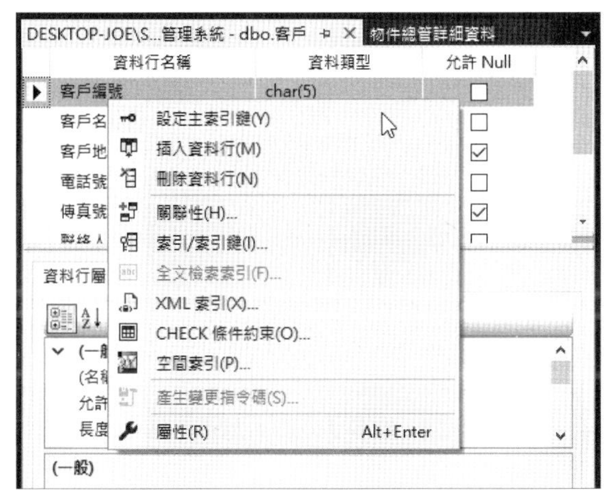

▲ 圖 8-2-2 在欄位定義資料畫面執行命令

Step 2：請選【客戶編號】欄位，在之上執行【右】鍵快顯功能表的【設定主索引鍵】命令，即可將此欄位指定成主鍵。

Step 3：在欄位前可以看到鑰匙符號，表示此欄位是主鍵，如圖 8-2-3 所示：

資料行名稱	資料類型	允許 Null
客戶編號	char(5)	☐
客戶名稱	nvarchar(50)	☐
客戶地址	nvarchar(80)	☑
電話號碼	varchar(16)	☐
傳真號碼	varchar(16)	☑
聯絡人姓名	nvarchar(20)	☐

▲ 圖 8-2-3　將【客戶編號】欄位設為主鍵

Step 4：請執行「檔案 > 全部儲存」命令儲存【客戶】資料表，就可以儲存資料表新增的主鍵。

建立多欄位的主鍵

如果資料表需要使用多個欄位作爲主鍵，其主要原因是爲了資料唯一，因爲有些欄位值會重複。例如：【訂單明細】資料表如果只使用【訂單編號】欄位，因爲同一筆訂單會訂購多項產品，所以在【訂單明細】資料表就會有多筆相同的【訂單編號】。

我們需要同時設定【訂單編號】和【產品編號】兩個欄位作爲主鍵，才能解決多筆相同訂單編號的問題，其步驟如下所示：

Step 1：請啟動 Management Studio 和連接 SQL Server 執行個體後，在「物件總管」視窗展開【訂單明細】資料表，在其上執行【右】鍵快顯功能表的【設計】命令，可以看到欄位定義資料的編輯畫面，如圖 8-2-4 所示：

▲ 圖 8-2-4　在欄位定義資料畫面執行命令

Step 2：請使用[Ctrl]鍵配合選取【訂單編號】和【產品編號】兩個欄位後，在之上執行【右】鍵快顯功能表的【設定主索引鍵】命令，將這 2 個欄位指定成主鍵。

Step 3：在 2 個欄位前都可以看到鑰匙符號，表示這 2 個欄位是主鍵，如圖 8-2-5 所示：

資料行名稱	資料類型	允許 Null
訂單編號	char(5)	☐
產品編號	char(5)	☐
數量	int	☐
折扣	int	☐

▲ 圖 8-2-5　將兩個欄位設為主鍵

Step 4：請執行「檔案 > 全部儲存」命令儲存【訂單明細】資料表，就可以儲存資料表新增的主鍵。

8-2-3　建立唯一索引或一般索引

在 SQL Server 資料表可以建立多個唯一索引或一般索引，除了單一欄位，也可以是多索引欄位的複合索引。Management Studio 除了建立主鍵，一樣可以建立資料表的唯一索引或一般索引（在 SQL Server 稱爲非叢集索引）。

因爲業務需要常常使用客戶名稱來查詢電話號碼，所以小明準備替【客戶】資料表建立【客戶名稱】欄位的非叢集索引來增進查詢效率，其步驟如下所示：

Step 1：請啓動 Management Studio 和連接 SQL Server 執行個體後，在「物件總管」視窗展開【客戶】資料表，在【索引】上執行【右】鍵快顯功能表的「新增索引 > 非叢集索引」命令，如圖 8-2-6 所示：

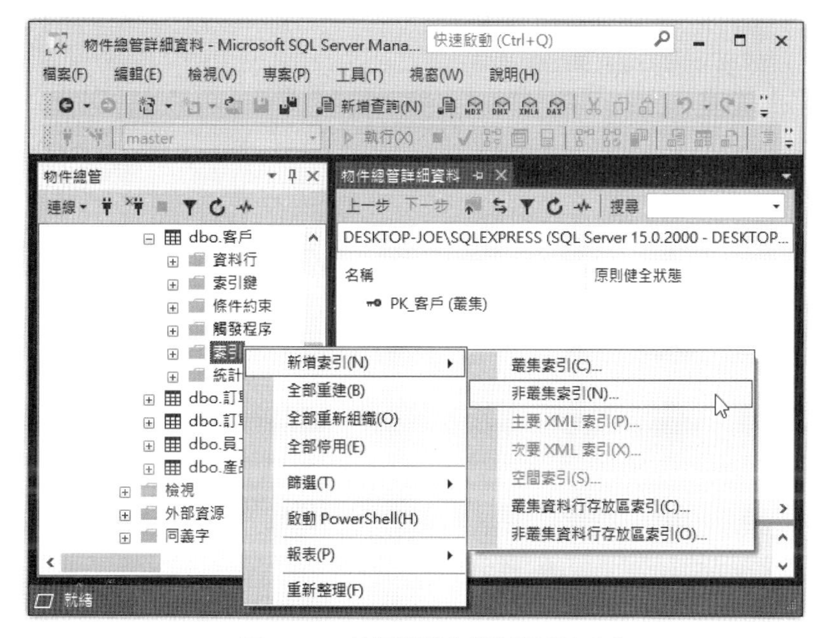

▲ 圖 8-2-6　執行新增非叢集索引的命令

Step 2：在「新增索引」對話方塊的【索引名稱】欄位輸入【客戶名稱 _ 索引】，如果勾選中間的【唯一】，表示索引欄位值需唯一，以此例不需勾選，按【加入】鈕新增索引欄位，如圖 8-2-7 所示：

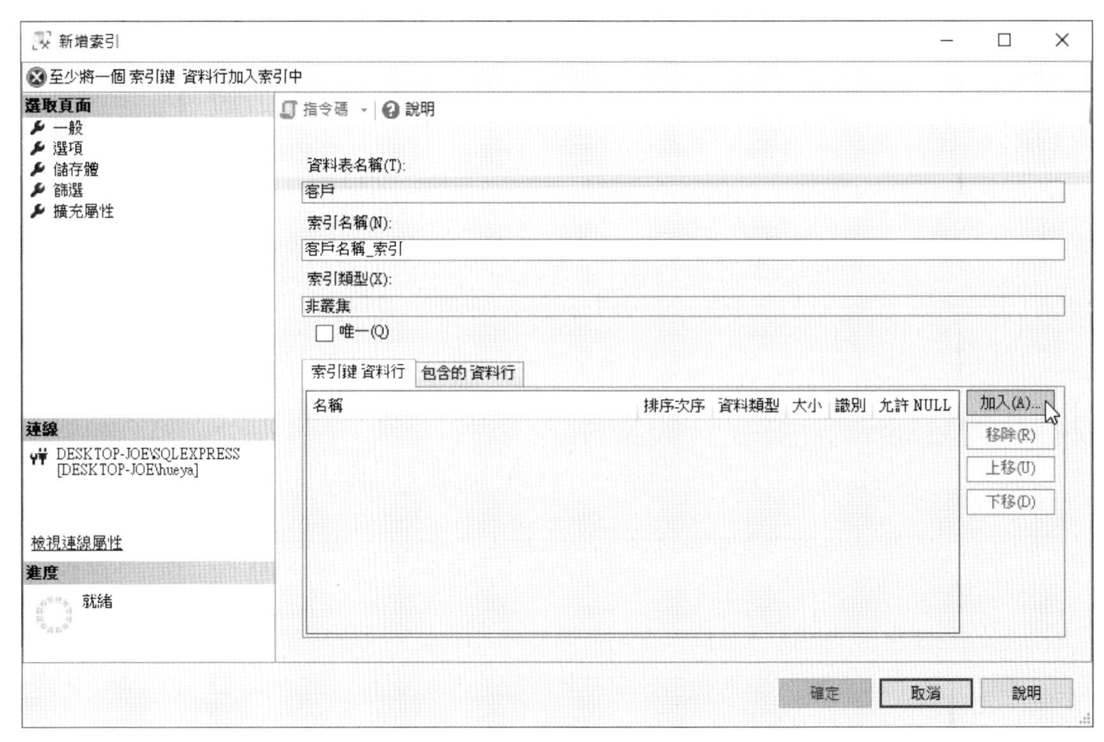

▲ 圖 8-2-7 「新增索引」對話方塊

Step 3：請勾選【客戶名稱】欄位，如果是複合索引，可以同時勾選多個欄位，在完成後按【確定】鈕，如圖 8-2-8 所示：

從 'dbo.客戶' 選取資料行

就緒

選取要加入索引的資料表資料行:

	名稱	資料類型	大小	識別	允許 NULL
☐	客戶編號	char(5)	5	否	否
☑	客戶名稱	nvarchar(50)	100	否	否
☐	客戶地址	nvarchar(80)	160	否	是
☐	電話號碼	varchar(16)	16	否	否
☐	傳真號碼	varchar(16)	16	否	是
☐	聯絡人姓名	nvarchar(20)	40	否	否
☐	分機號碼	varchar(6)	6	否	是
☐	電郵地址	varchar(30)	30	否	是

確定　取消　說明

▲ 圖 8-2-8 勾選索引欄位

Step 4：可以看到選取加入的索引欄位清單，在【排序次序】欄可以切換索引是遞增或遞減排序，如果是複合索引，可以按右方【上移】和【下移】鈕來調整索引欄位的順序，如圖 8-2-9 所示：

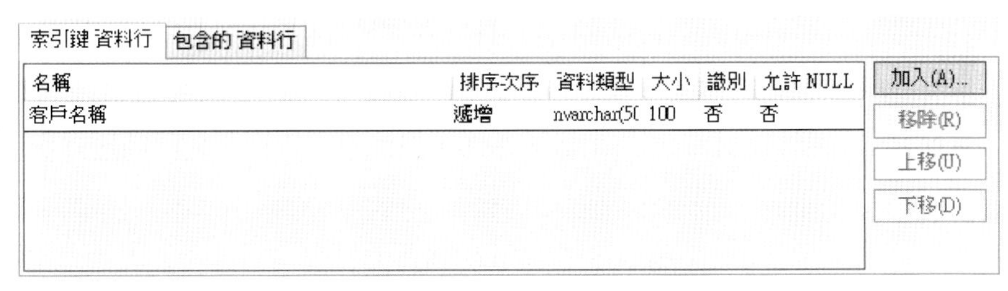

▲ 圖 8-2-9 選取的索引欄位清單

Step 5：接著加入索引包含的欄位，請先選上方【包含的資料行】標籤後，按【加入】鈕新增索引包含的欄位，如圖 8-2-10 所示：

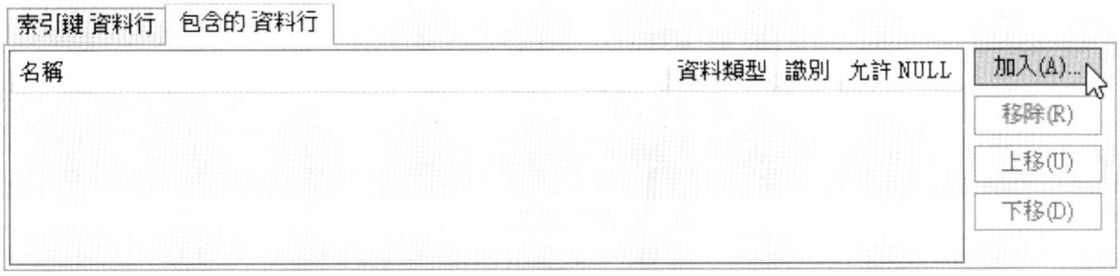

▲ 圖 8-2-10 加入包含的資料行

Step 6：請勾選【電話號碼】和【聯絡人姓名】欄位，這 2 個是使用【客戶名稱】索引欄位搜尋時最常查詢的欄位，按【確定】鈕，如圖 8-2-11 所示：

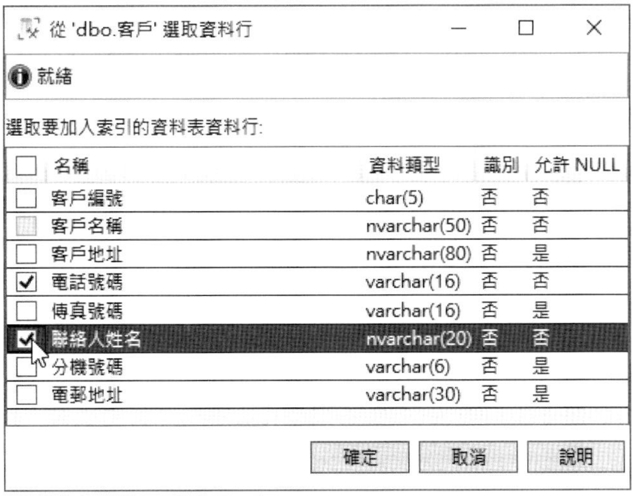

▲ 圖 8-2-11 勾選索引包含的欄位

Step 2：在「外部索引鍵關聯性」對話方塊右邊點選【資料表及資料行規格】欄後的小按鈕，如圖 8-3-2 所示：

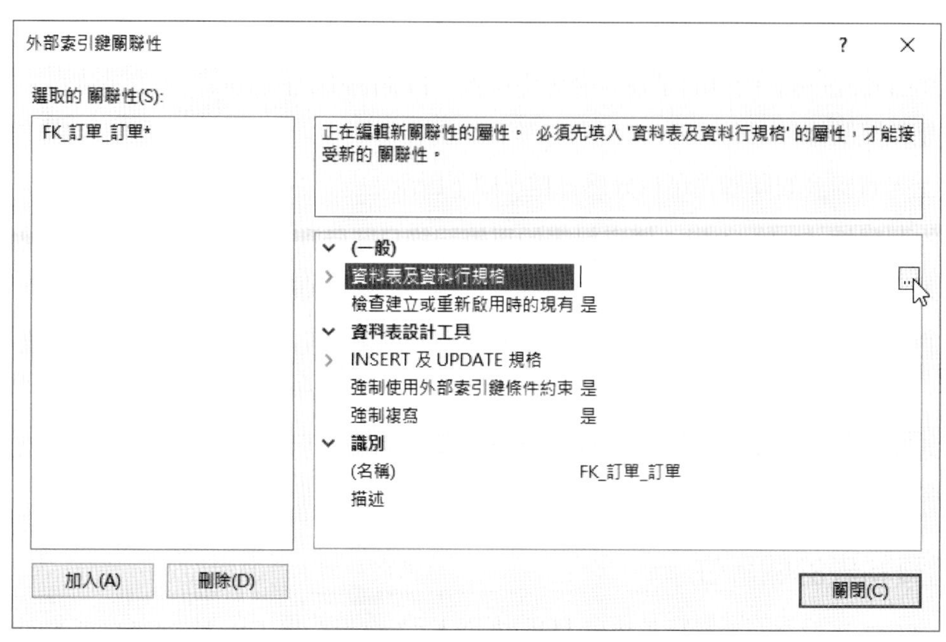

▲ 圖 8-3-2　「外部索引鍵關聯性」對話方塊

Step 3：在【關聯性名稱】欄輸入關聯性名稱（SQL Server 預設會自動產生名稱），下方左邊是主索引鍵資料表【客戶】和欄位名稱【客戶編號】，右邊是外部索引鍵資料表【訂單】，請選擇外來鍵欄位【客戶編號】後，按【確定】鈕，如圖 8-2-3 所示：

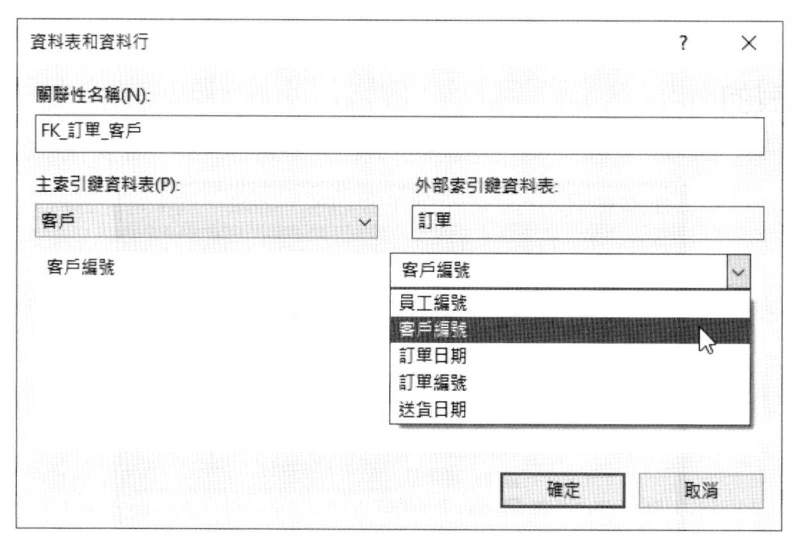

▲ 圖 8-3-3　選擇外來鍵欄位【客戶編號】後，按【確定】鈕

Step 4：回到「外部索引鍵關聯性」對話方塊展開【資料表及資料行規格】屬性欄，可以看到建立的關聯性資訊，請按【關閉】鈕，如圖 8-2-4 所示：

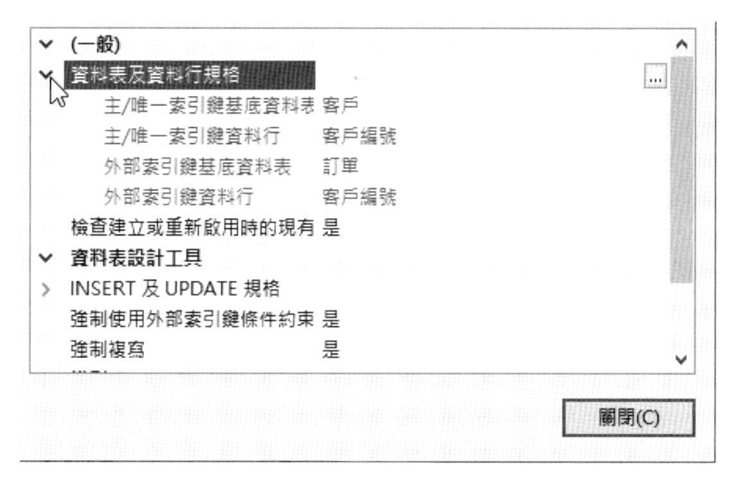

▲ 圖 8-3-4　顯示建立的關聯性資訊

Step 5：在儲存【訂單】和【客戶】資料表的欄位定義資料後，就完成一對多關聯性的建立，如圖 8-2-5 所示：

▲ 圖 8-3-5　完成一對多關聯性的建立

刪除資料表的關聯性

刪除關聯性請展開資料表的【索引鍵】項目，在欲刪除索引鍵上，執行【右】鍵快顯功能表的【刪除】命令刪除關聯性。

隨堂練習 8-3

1. 請使用 Management Studio 在【銷售管理系統】資料庫新增【員工】資料表的【員工編號】主鍵後，建立【員工】對【訂單】資料表的一對多關聯性，因為一位員工可以處理多筆訂單。

8-4 資料庫圖表

Management Studio 提供資料庫圖表功能，可以使用方框和連接線來顯示資料庫的資料表內容與其關聯性。而且，資料庫圖表一樣提供編輯功能，我們可以在資料庫圖表的編輯畫面建立關聯性和條件約束。

新增資料庫圖表

因為 SQL Server 的資料庫圖表可以視覺化顯示資料表之間的關聯性，所以小明準備在【銷售管理系統】資料庫加入 5 個資料表來建立資料庫圖表，其步驟如下所示：

Step 1：在 Management Studio 的「物件總管」視窗展開【銷售管理系統】資料庫後，在【資料庫圖表】上執行【右】鍵快顯功能表的【新增資料庫圖表】命令，如圖 8-4-1 所示：

▲ 圖 8-4-1 執行【新增資料庫圖表】命令

Step 2：如果是第一次執行會看到需要建立支援物件的訊息視窗，請按【是】鈕建立支援物件，如圖 8-4-2 所示：

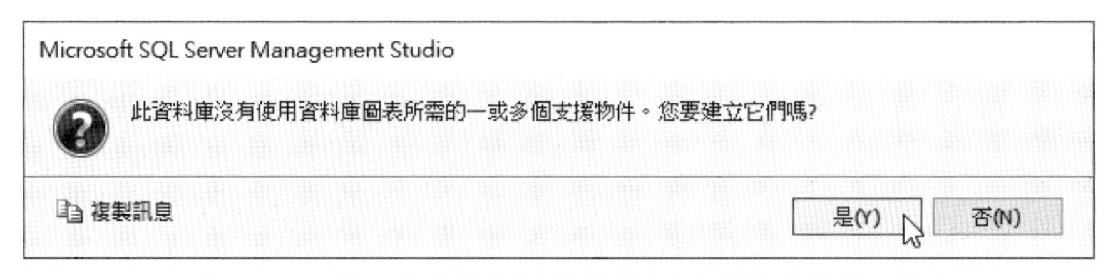

▲ 圖 8-4-2 第一次執行會看到需要建立支援物件的訊息視窗

Step 3：稍等一下，可以看到「加入資料表」對話方塊，請使用Ctrl或Shift鍵配滑鼠選取【客戶】、【訂單】、【訂單明細】、【員工】和【產品】共五個資料表後，按【加入】鈕加入資料庫圖表，然後按【關閉】鈕，如圖 8-4-3 所示：

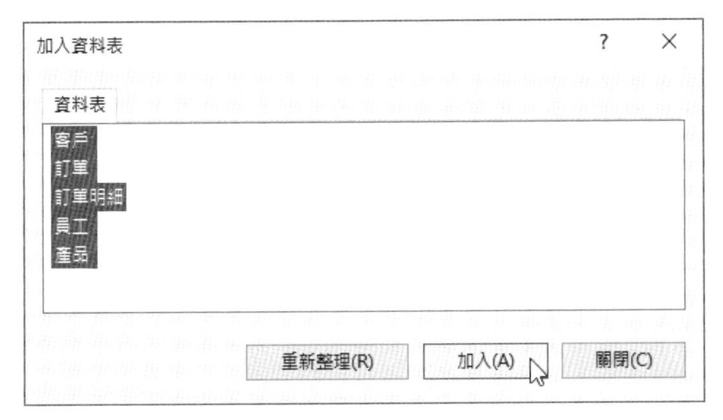

▲ 圖 8-4-3 選取五個資料表

Step 4：可以在標籤頁看到建立的資料庫圖表，如圖 8-4-4 所示：

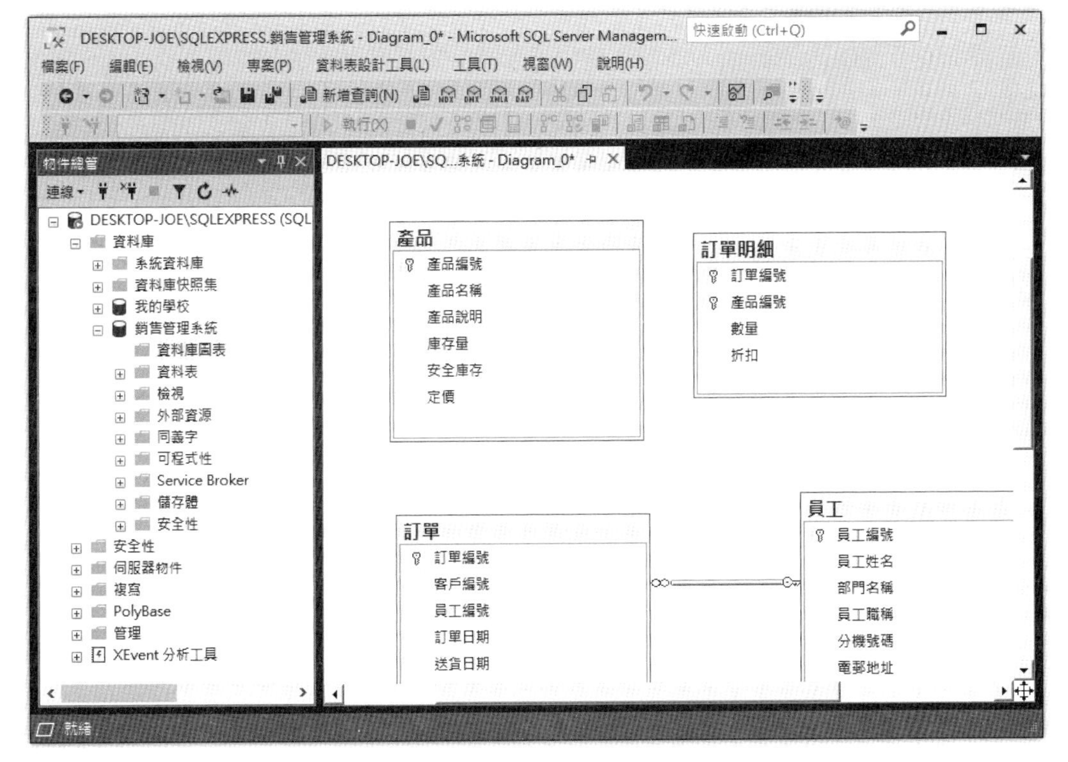

▲ 圖 8-4-4 看到建立的資料庫圖表

在上述資料庫圖表標籤頁的空白部分，執行【右】鍵快顯功能表的命令，可以再次新增資料表或加入資料表。選資料表圖示的特定欄位，可以編輯其定義資料，按上方工具列按鈕可以新增條件約束。

Step 5：請執行「檔案 > 儲存 Diagram_??」指令儲存資料庫圖表，可以看到「選擇名稱」對話方塊，在輸入資料庫圖表名稱後，按【確定】鈕儲存 SQL Server 資料庫圖表，如圖 8-4-5 所示：

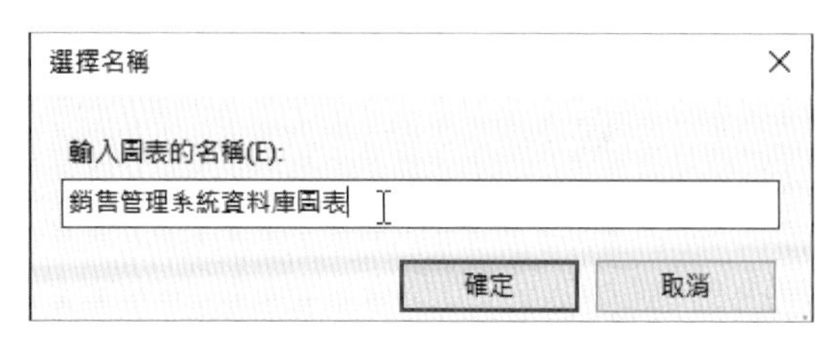

▲ 圖 8-4-5　輸入資料庫圖表名稱

使用資料庫圖表建立關聯性

SQL Server 資料庫圖表可以在圖示之間拖拉欄位來建立關聯性，例如：產品和訂單是多對多關聯性，這是透過 2 個一對多關聯性建立的多對多關聯性，如下所示：

- 【產品】對【訂單明細】資料表的一對多關聯性，關聯欄位【產品編號】。
- 【訂單】對【訂單明細】資料表的一對多關聯性，關聯欄位是【訂單編號】。

小明準備使用 SQL Server 資料庫圖表建立【產品】對【訂單明細】資料表的一對多關聯性，其步驟如下所示：

Step 1：請開啓銷售管理系統的資料庫圖表後，選【產品】方框的【產品編號】欄位後，拖拉至【訂單明細】方框的同名欄位上，如圖 8-4-6 所示：

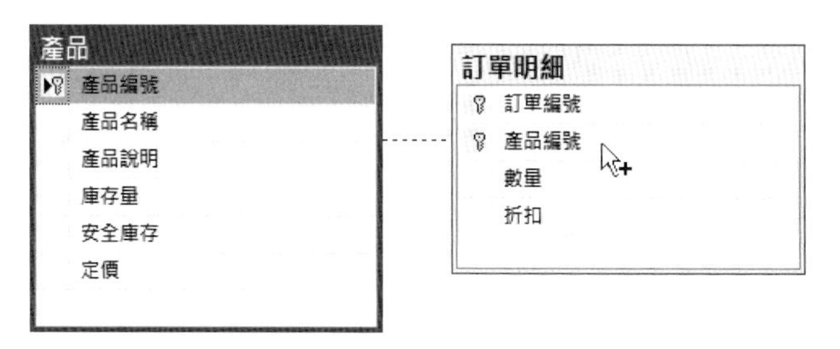

▲ 圖 8-4-6　拖拉【產品編號】欄位建立一對多關聯性

Step 2：可以在「資料表和資料行」對話方塊看到主索引鍵已經選好【產品】下的【產品編號】；外部索引選【訂單明細】下的【產品編號】，如圖 8-4-7 所示：

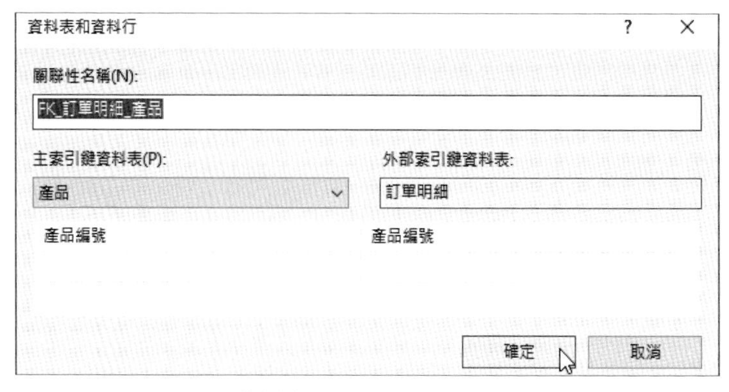

▲ 圖 8-4-7　「資料表和資料行」對話方塊的關聯欄位

Step 3：按二次【確定】鈕建立一對多關聯性，如圖 8-4-8 所示：

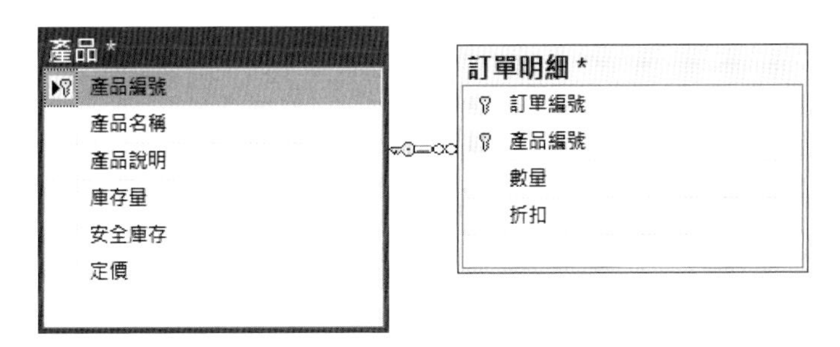

▲ 圖 8-4-8 建立【產品編號】欄位的一對多關聯性

上述連接線是關聯性，鑰匙是主鍵【一】；【∞】符號是多筆，這是【產品】對【訂單明細】資料表的一對多關聯性。

Step 4：在儲存【產品】和【訂單明細】資料表的欄位定義資料後，就完成關聯性的建立。

隨堂練習 8-4

1. 在多對多關聯性中還有另一個【訂單】對【訂單明細】資料表的一對多關聯性，關聯欄位是【訂單編號】，請使用資料庫圖表來建立此關聯性。

本章習題

選擇題

(　　) 1. 請問下列哪一個關於資料表索引的說明是不正確的？(A) 索引的目的是加速資料搜尋　(B) 索引包含兩個欄位值：索引欄位和指標（Pointer）　(C) 索引欄位只能是單一的資料表欄位　(D) SQL Server 資料表可以建立多個唯一索引。

(　　) 2. 請問下列哪一種索引就是資料表的主鍵？(A) 主索引　(B) 唯一索引　(C) 一般索引　(D) 次索引。

(　　) 3. 請問下列哪一個並不是在資料表選擇主鍵的基本原則？(A) 欄位值需要唯一　(B) 必須有資料　(C) 永遠不會改變　(D) 必定是複合鍵。

(　　) 4. 請問下列哪一種關聯性是指一個資料表的單筆記錄只關聯到另一個資料表的單筆記錄？(A) 一對一　(B) 一對多　(C) 多對多　(D) 以上皆是。

(　　) 5. 請問下列哪一種關聯性是指一個資料表的多筆記錄關聯到另一個資料表的多筆記錄？(A) 一對一　(B) 一對多　(C) 多對多　(D) 以上皆是。

實作題

1. 在第 8-1-3 節已經修改【產品】資料表的【CK_ 產品】條件約束，將安全庫存量需調高成 15，請再次編輯此條件約束，改回成原來的 10。
2. 請使用 Management Studio 在【銷售管理系統】資料庫新增【產品】資料表的主鍵是【產品編號】。
3. 請使用 Management Studio 在【銷售管理系統】資料庫新增【訂單】資料表的主鍵是【訂單編號】。
4. 請使用書附 SQL 指令碼檔案【我的學校 .sql】建立【我的學校】資料庫後，替【我的學校】資料庫新增資料庫圖表。

Chapter

9

新增、編輯和刪除資料表記錄

- 9-1　使用 Access 連接 SQL Server 資料庫
- 9-2　新增、編輯和刪除記錄資料
- 9-3　匯入和匯出資料表記錄

9-1　使用 Access 連接 SQL Server 資料庫

「ODBC」（Open Database Connectivity）提供標準介面來存取關聯式資料庫的記錄資料，Access 可以使用 ODBC 連接支援 ODBC 介面的資料庫，例如：SQL Server、MySQL 和 Oracle 等。

9-1-1　使用 ODBC 連結 SQL Server 資料庫

我們可以使用 Access 連接伺服端 SQL Server 資料庫來開發客戶端應用程式。在 Windows 作業系統使用 Access 連接 SQL Server 資料庫【銷售管理系統】的步驟，如下所示：

Step 1：請啟動 Access 建立名為 ch9_1.accdb 資料庫，在上方功能區選【外部資料】索引標籤，執行「新增資料來源 > 從其他來源 >ODBC 資料庫」命令，如圖 9-1-1 所示：

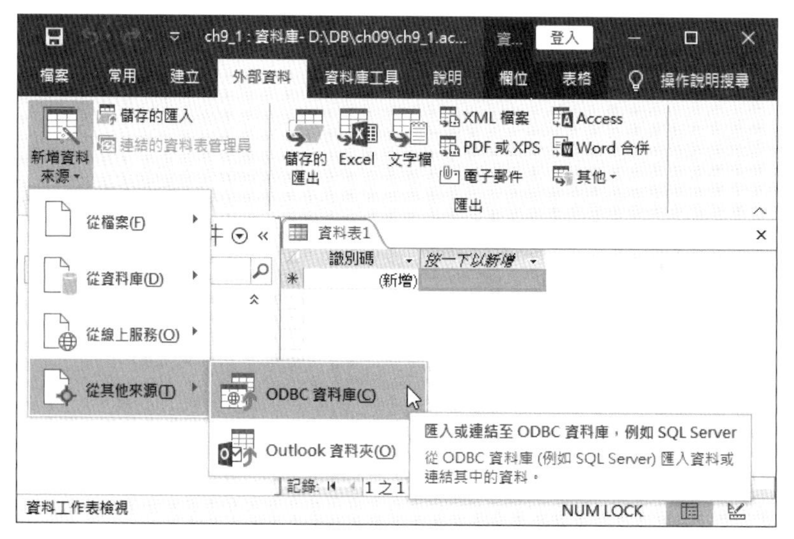

▲ 圖 9-1-1　執行「新增資料來源 > 從其他來源 >ODBC 資料庫」命令

Step 2：選【以建立連結資料表的方式，連結至資料來源。】（第 1 個選項是匯入成 Access 資料表），按【確定】鈕，如圖 9-1-2 所示：

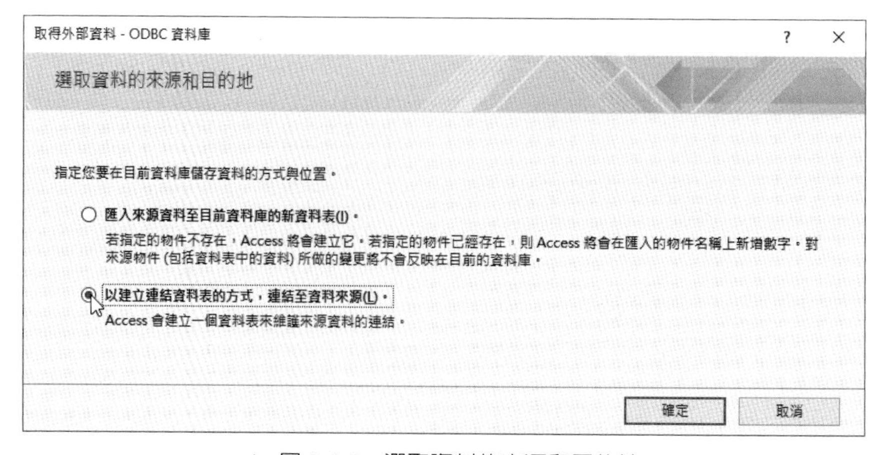

▲ 圖 9-1-2　選取資料的來源和目的地

Step 3：在「選擇資料來源」對話方塊選擇存在的資料來源 .dsn 檔案，如果沒有，請按【新增】鈕新增資料來源，如圖 9-1-3 所示：

▲ 圖 9-1-3 「選擇資料來源」對話方塊

Step 4：在「建立新資料來源」精靈畫面選【SQL Server】，按【下一步】鈕，如圖 9-1-4 所示：

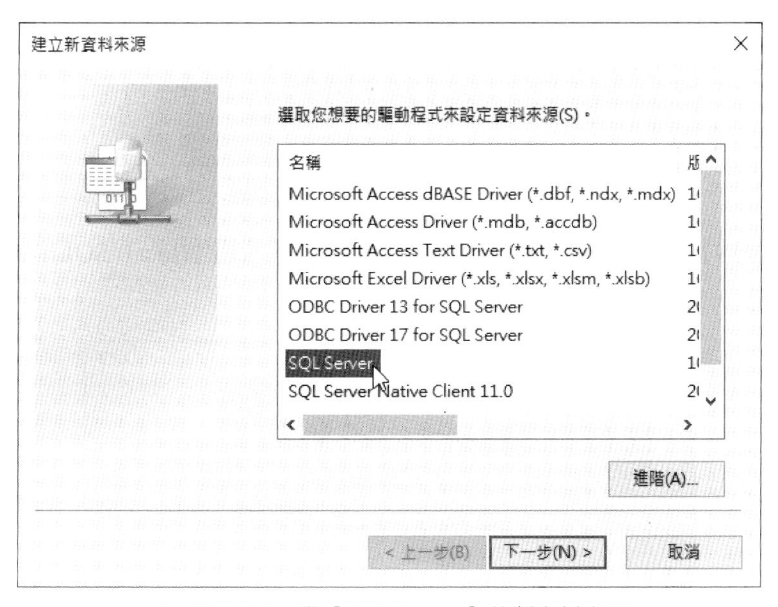

▲ 圖 9-1-4 選【SQL Server】的新資料來源

Step10：然後設定相關參數，不用更改，請按【完成】鈕，如圖 9-1-10 所示：

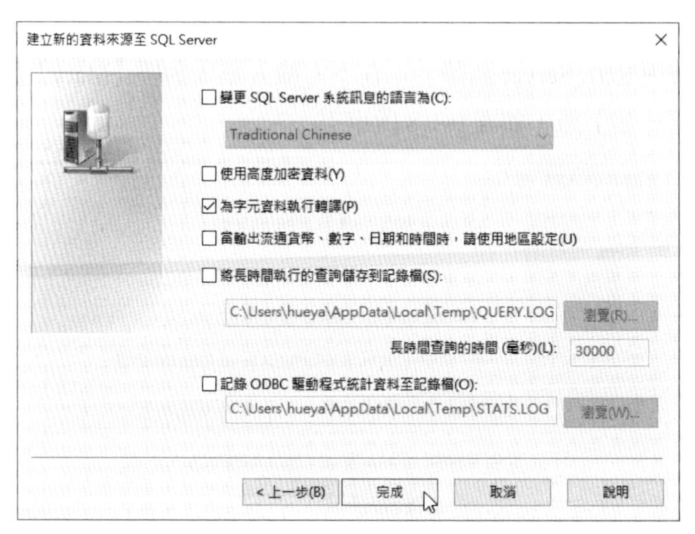

▲ 圖 9-1-10　設定相關參數

Step11：可以看到 ODBC 資料來源的設定，按【測試資料來源】鈕測試連接，如果沒有問題，請按【確定】鈕，如圖 9-1-11 所示：

▲ 圖 9-1-11　檢視 ODBC 資料來源的設定

Step12：然後在「選擇資料來源」對話方塊的【DSN 名稱】欄，可以看到填入我們剛新增的資料來源【銷售管理系統】，請按【確定】鈕完成設定，如圖 9-1-12 所示：

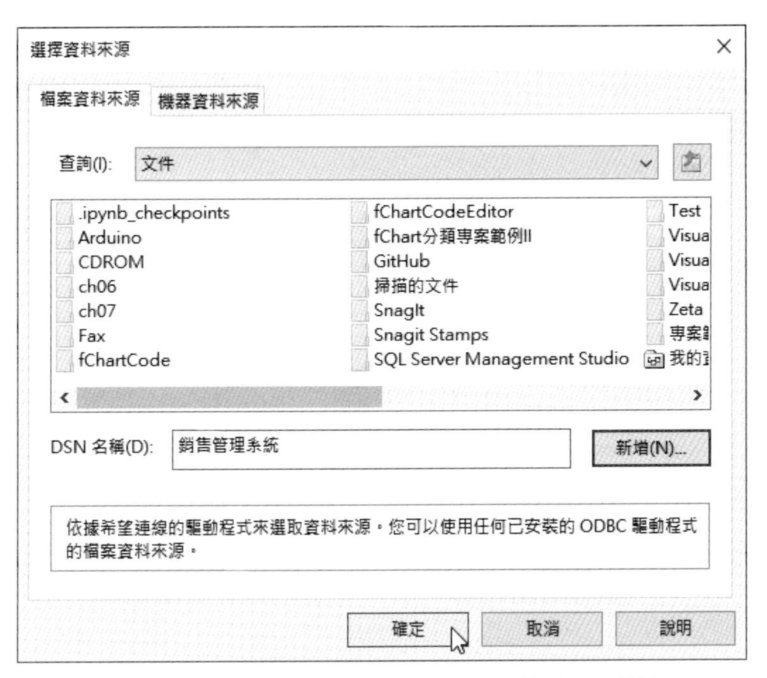

▲ 圖 9-1-12　填入剛新增的資料來源【銷售管理系統】

Step13：在「SQL Server 登入」對話方塊勾選【使用信任連線】，按【確定】鈕登入 SQL Server，如圖 9-1-13 所示：

▲ 圖 9-1-13　勾選【使用信任連線】登入 SQL Server

Step14：在「連結資料表」對話方塊使用Ctrl鍵選擇連接的【客戶】、【訂單】、【訂單明細】、【員工】和【產品】共五個資料表，爲了方便操作，請勾選【儲存密碼】後，按【確定】鈕，如圖 9-1-14 所示：

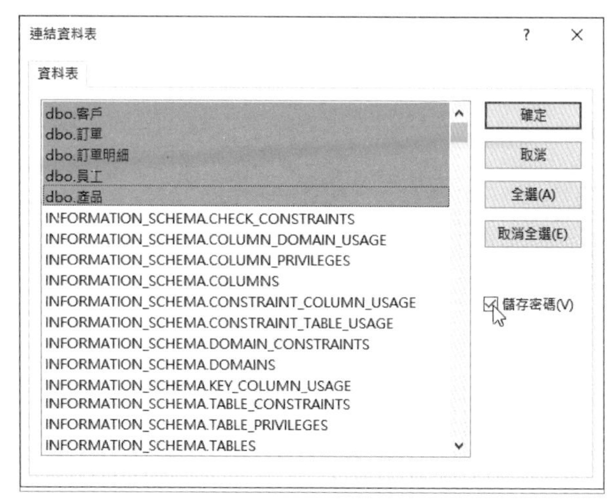

▲ 圖 9-1-14 連接【客戶】、【訂單】、【訂單明細】、【員工】和【產品】五個資料表

Step15：因爲勾選儲存密碼，會顯示密碼不會加密的警告訊息視窗，我們共選 5 個資料表，需要按 5 次【儲存密碼】鈕來確認儲存密碼，如圖 9-1-15 所示：

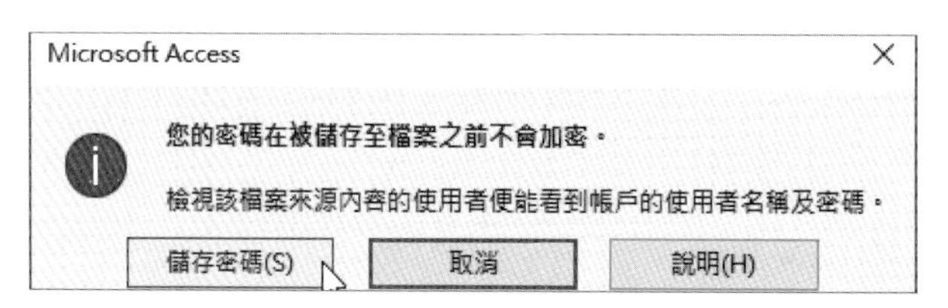

▲ 圖 9-1-15 按【儲存密碼】鈕 5 次

Step16：可以在 Access 看到連接 5 個 SQL Server 資料表，如圖 9-1-16 所示：

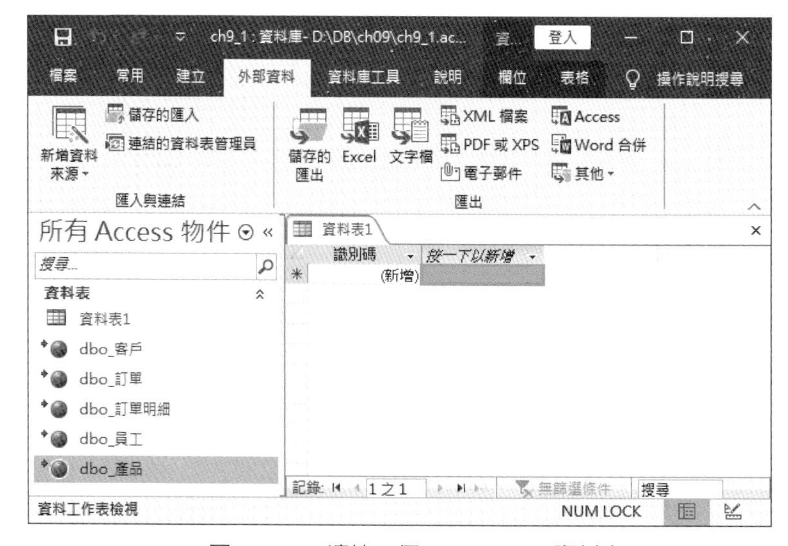

▲ 圖 9-1-16 連接 5 個 SQL Server 資料表

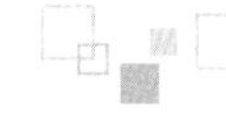

請關閉【資料表 1】標籤，就完成使用 Access 連接 SQL Server 資料庫【銷售管理系統】的 5 個資料表，可以看到字首「dbo_」的結構描述。

9-1-2 建立資料庫關聯圖

請注意！使用 Access 連接和匯入 SQL Server 資料表並不會自動建立資料表之間的關聯性，我們需要自行在 Access 資料庫關聯圖建立資料表的關聯性。

例如：在【銷售管理系統】建立【客戶】與【訂單】資料表之間的一對多關聯性，和【員工】與【訂單】資料表之間的一對多關聯性，其步驟如下所示：

Step 1：請啓動 Access 開啓「ch09\ch9_1a.accdb」資料庫檔案，在上方【資料庫工具】功能區選【資料庫關聯圖】，可以看到「資料庫關聯圖」標籤頁，如圖 9-1-17 所示：

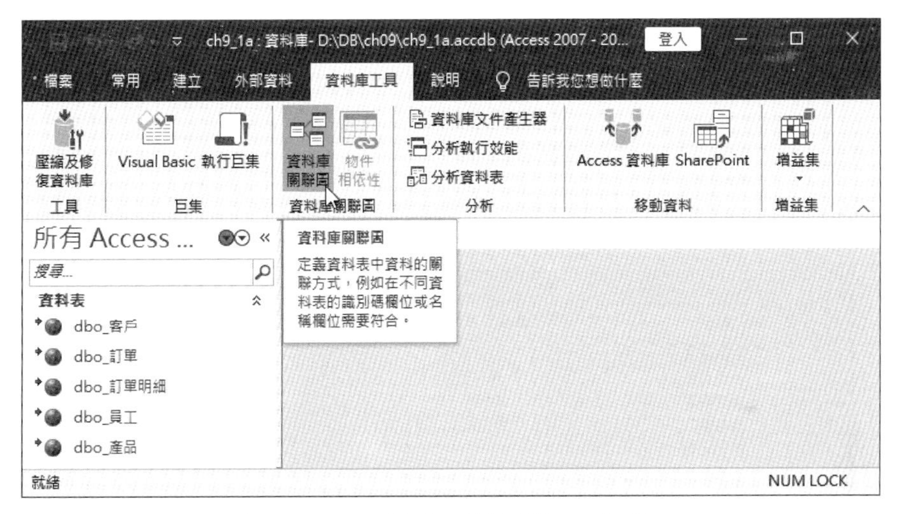

▲ 圖 9-1-17 選「資料庫關聯圖」標籤頁

Step 2：因為需要新增資料表，請在上方功能區點選【新增表格】，如圖 9-1-18 所示：

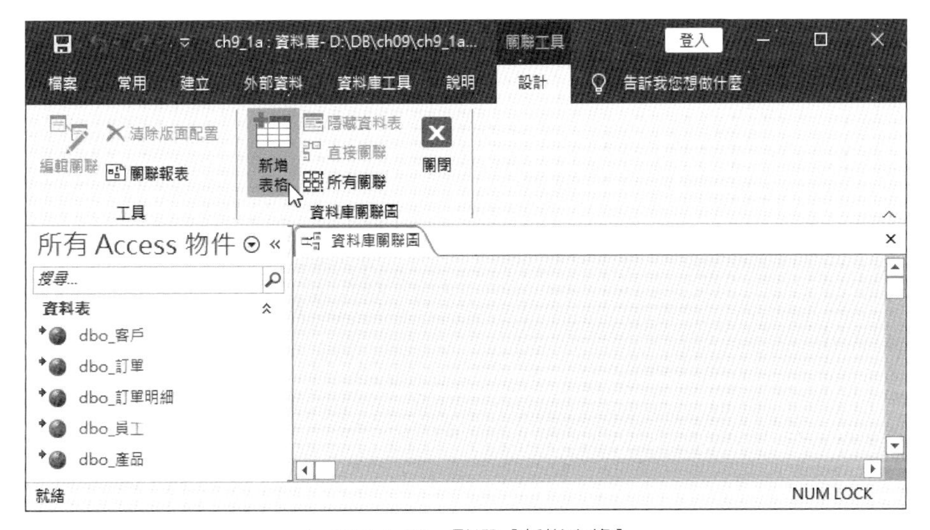

▲ 圖 9-1-18 點選【新增表格】

Step 3：在「顯示資料表」對話方塊使用 Ctrl 鍵選取 5 個資料表後，按【新增】鈕，然後按【關閉】鈕，如圖 9-1-19 所示：

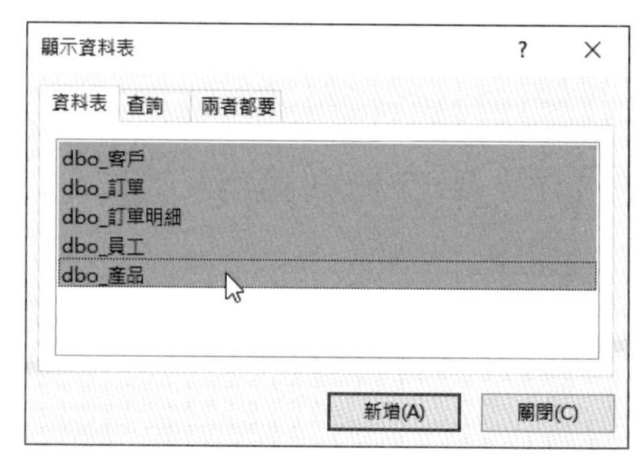

▲ 圖 9-1-19 選取 5 個資料表後，按【新增】鈕

Step 4：可以在【資料庫圖表】標籤頁看到新增的 5 個資料表，在拖拉方框重新排列後，如圖 9-1-20 所示：

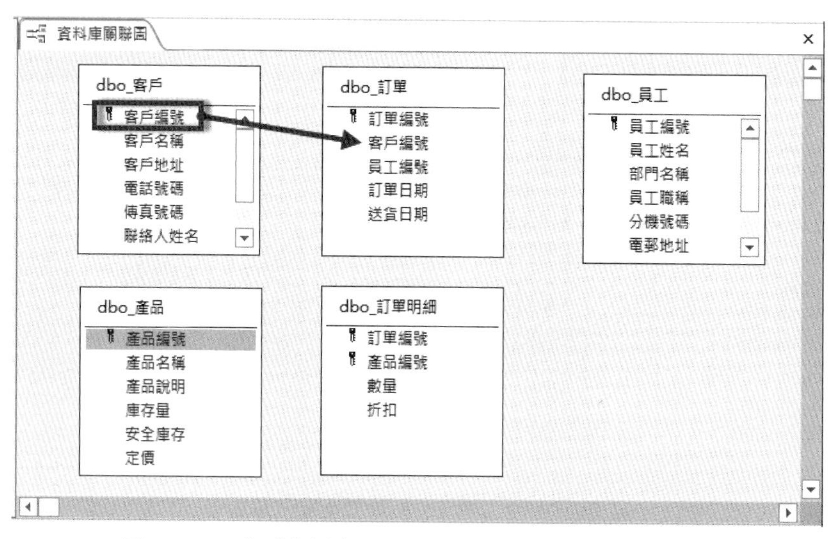

▲ 圖 9-1-20 在【資料庫圖表】標籤頁可看到新增的 5 個資料表

Step 4：在【dbo_ 客戶】資料表選【客戶編號】，拖拉到【dbo_ 訂單】資料表的【客戶編號】欄位，放開滑鼠按鍵，可以看到「編輯關聯」對話方塊，如圖 9-1-21 所示：

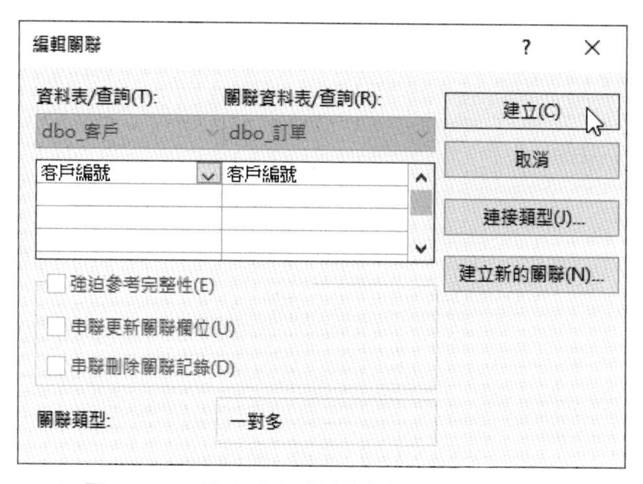

▲ 圖 9-1-21 建立【客戶編號】欄位的一對多關聯性

Step 5：在上方可以看到 2 個資料表選擇的欄位【客戶編號】，下方【關聯類型】欄為【一對多】，按【建立】鈕建立關聯性，可以看到 2 個欄位已經連接在一起，如圖 9-1-22 所示：

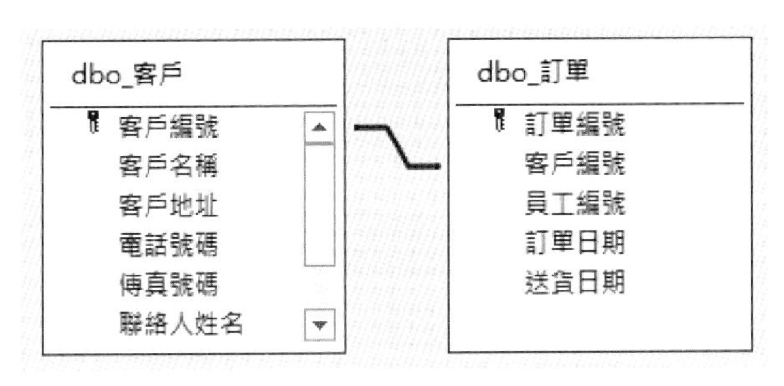

▲ 圖 9-1-22 建立關聯性的連接線

Step 6：同樣方式，請建立從【dbo_ 員工】至【dbo_ 訂單】資料表之間的一對多關聯性，使用的是【員工編號】欄位，如圖 9-1-23 所示：

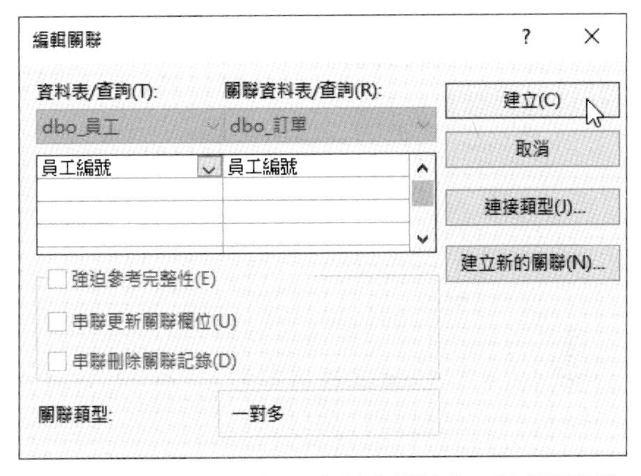

▲ 圖 9-1-23 建立【員工編號】欄位的一對多關聯性

Step 7：在上方可以看到 2 個資料表選擇的欄位【員工編號】，下方【關聯類型】欄為【一對多】，按【建立】鈕建立關聯性，可以看到 2 個欄位已經連接在一起，如圖 9-1-24 所示：

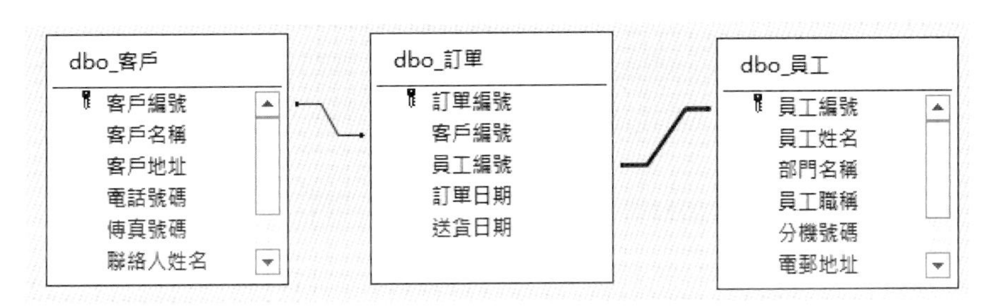

▲ 圖 9-1-24 建立關聯性的連接線

Step 8：按右上角【X】鈕，再按【是】鈕儲存資料庫關聯圖的變更。

隨堂練習 9-1

1. 請使用圖例來說明 ODBC 在 SQL Server 和 Access 之間扮演的角色。
2. 請使用 Access 開啓 ch9_1b.accdb，在【資料庫圖表】新增下列 2 個一對多關聯性，如圖 9-1-25 所示：

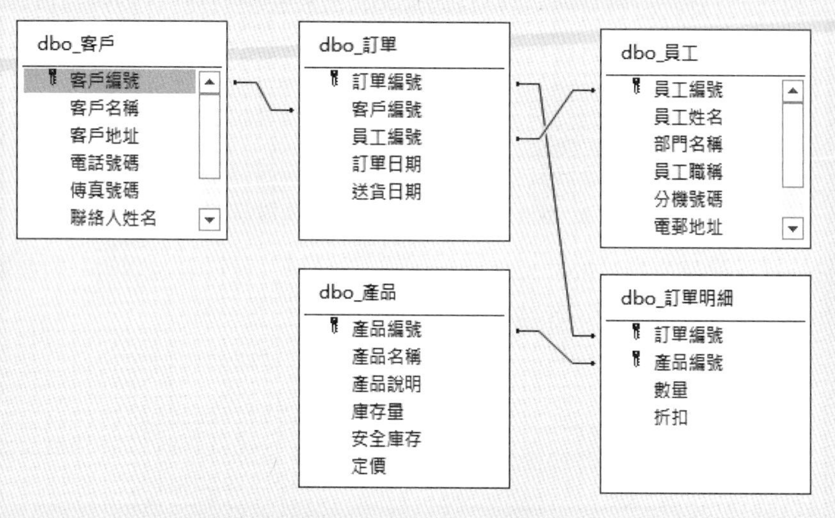

▲ 圖 9-1-25 資料庫圖表

上述資料庫關聯圖新增的關聯性，如下所示：

- 建立從【dbo_ 訂單】至【dbo_ 訂單明細】資料表之間的一對多關聯性，使用的是【訂單編號】欄位。
- 建立從【dbo_ 產品】至【dbo_ 訂單明細】資料表之間的一對多關聯性，使用的是【產品編號】欄位。

9-2 新增、編輯和刪除記錄資料

SQL Server 和 Access 都提供有圖形使用介面來新增、編輯和刪除記錄資料，在 SQL Server 是使用 Management Studio；Access 是使用資料工作表或表單物件。

9-2-1 使用 Management Studio 編輯記錄

在 SQL Server 建立【銷售管理系統】資料庫和新增資料表後，就可以使用 Management Studio 圖形化介面來編輯記錄資料。例如：編輯【銷售管理系統】資料庫的【產品】資料表的記錄資料，其步驟如下所示：

Step 1：請啓動 Management Studio 工具後，在「物件總管」視窗展開【銷售管理系統】資料庫，選【產品】資料表，如圖 9-2-1 所示

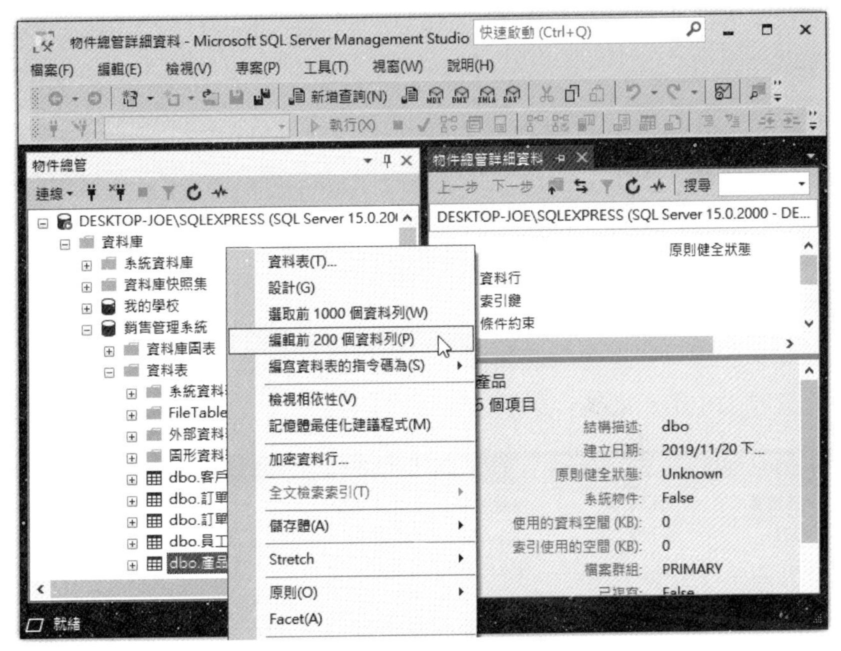

▲ 圖 9-2-1 選【產品】資料表執行命令

Step 2：在資料表上執行【右】鍵快顯功能表的【編輯前 200 個資料列】命令，可以看到每一列爲一筆記錄的編輯標籤頁，目前資料表並沒有記錄，如圖 9-2-2 所示：

DESKTOP-JOE\S...管理系統 - dbo.產品 物件總管詳細資料

	產品編號	產品名稱	產品說明	庫存量	安全庫存	定價
▶*	NULL	NULL	NULL	NULL	NULL	NULL

1 /1

▲ 圖 9-2-2 記錄資料編輯標籤頁

上述編輯標籤頁的下方是工具列，可以顯示目前資料表的記錄數和目前是第幾筆，我們可以使用工具列前後的箭頭鈕來移動和新增記錄。

新增記錄

在最後「*」號列的欄位輸入記錄的欄位值，就可以新增記錄，如圖 9-2-3 所示：

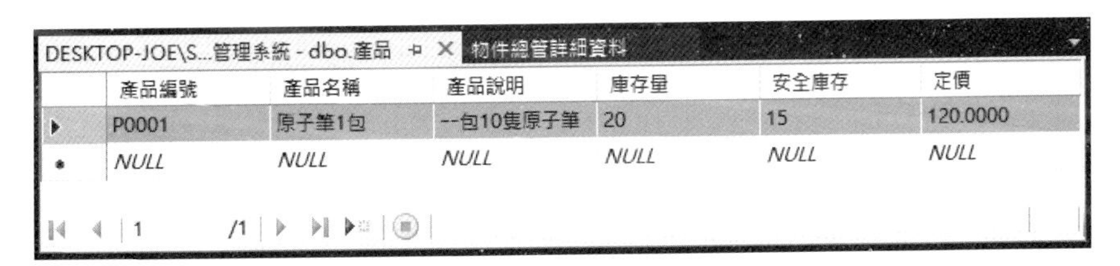
DESKTOP-JOE\S...管理系統 - dbo.產品 物件總管詳細資料

	產品編號	產品名稱	產品說明	庫存量	安全庫存	定價
▶	P0001	原子筆1包	--包10隻原子筆	20	15	120.0000
*	NULL	NULL	NULL	NULL	NULL	NULL

1 /1

▲ 圖 9-2-3 新增記錄

當選取記錄後，即可點選欄位來重新編輯欄位資料，此時可以按下方工具列倒數第 2 個【移至新資料列】鈕來新增記錄。一些新增記錄的注意事項，如下所示：

- 輸入欄位值如果是 NULL 或擁有預設值，我們並不用輸入欄位資料，在儲存後，就會自動填入 NULL 空值或預設值。
- 如果不想新增記錄，請按 Esc 鍵放棄新增記錄。
- 如果在預設值欄需要輸入 NULL 空值，此時不能保留空白，請按 Ctr+0 鍵強制輸入 NULL 欄位值。

更新記錄

如果欄位值輸入錯誤，只需重新編輯欄位值就可以更新記錄，例如：產品定價輸入錯誤，請直接將 120 元改成 110 元，如圖 9-2-4 所示：

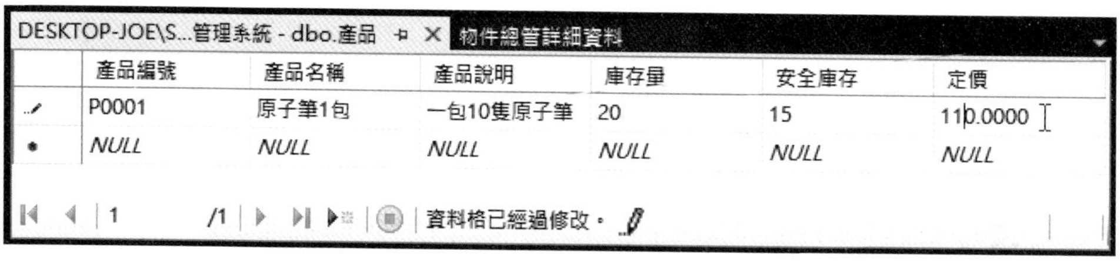

DESKTOP-JOE\S...管理系統 - dbo.產品 物件總管詳細資料

	產品編號	產品名稱	產品說明	庫存量	安全庫存	定價
✎	P0001	原子筆1包	一包10隻原子筆	20	15	110.0000
*	NULL	NULL	NULL	NULL	NULL	NULL

1 /1 資料格已經過修改。

▲ 圖 9-2-4 更新記錄

一些更新記錄的注意事項，如下所示：

- 如果需要輸入欄位值的部分內容，按 F2 鍵或使用滑鼠左鍵在欄位上點選，就可以看到插入點的游標。
- 如果不想更新記錄，請按 Esc 鍵放棄更新記錄。
- 如果需要將欄位值改為 NULL 空值，此時不能保留空白，請按 Ctr+0 鍵強制輸入 NULL 欄位值。
- 如果是其他資料表參考的欄位，我們並無法更新欄位值。

刪除記錄

請在編輯視窗最左邊的點選該筆的第 1 個欄位，可以選擇整筆記錄的資料列後，按 Del 鍵刪除記錄，或執行【右】鍵快顯功能表的【刪除】命令。

如果需要同時刪除多筆記錄，請搭配滑鼠左鍵在第 1 個欄位來拖曳選取多筆記錄，可以看到選取的記錄列都是反白顯示後，就可以同時刪除多筆記錄。

9-2-2 使用 Access 的資料工作表編輯記錄

Access 提供資料表記錄的編輯標籤頁，稱爲【資料工作表】，我們可以開啓指定資料表的資料工作表來編輯資料表的記錄資料。

資料庫範例：ch9_2.accdb

小明準備使用資料工作表輸入【dbo_ 產品】資料表的產品資料，其步驟如下所示：

Step 1：請啓動 Access 開啓 ch9_2.accdb 資料庫檔案，選【dbo_ 產品】資料表物件，執行【右】鍵快顯功能表的【開啓】指令或按兩下開啓資料表物件，如圖 9-2-5 所示：

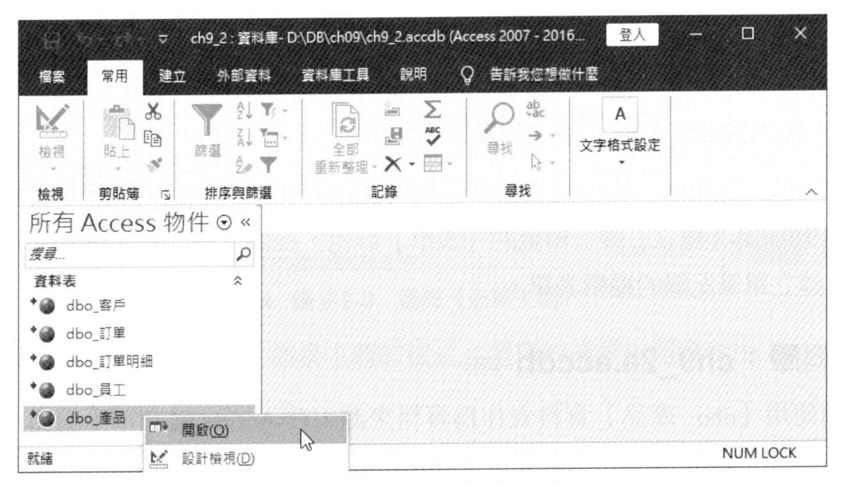

▲ 圖 9-2-5 開啓資料表物件

Step 2：可以在右邊標籤頁看到以一列爲一筆記錄的資料工作表，請點選第 1 個欄位有「*」符號的列，開始輸入第 2 筆記錄，請依序輸入各欄位值，如圖 9-2-6 所示：

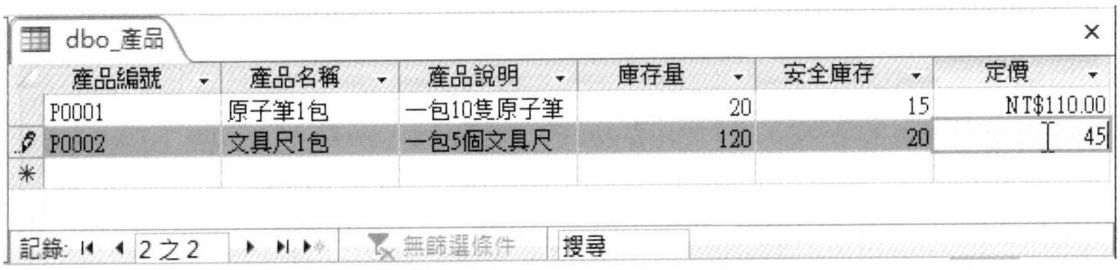

dbo_產品

	產品編號	產品名稱	產品說明	庫存量	安全庫存	定價
	P0001	原子筆1包	一包10隻原子筆	20	15	NT$110.00
✎	P0002	文具尺1包	一包5個文具尺	120	20	45
*						

記錄: 2 之 2　無篩選條件　搜尋

▲ 圖 9-2-6 輸入第 2 筆記錄資料

Step 3：在輸入第 2 筆記錄後，點選第二列的第 1 個欄位即可新增和輸入第 3 筆記錄，如圖 9-2-7 所示：

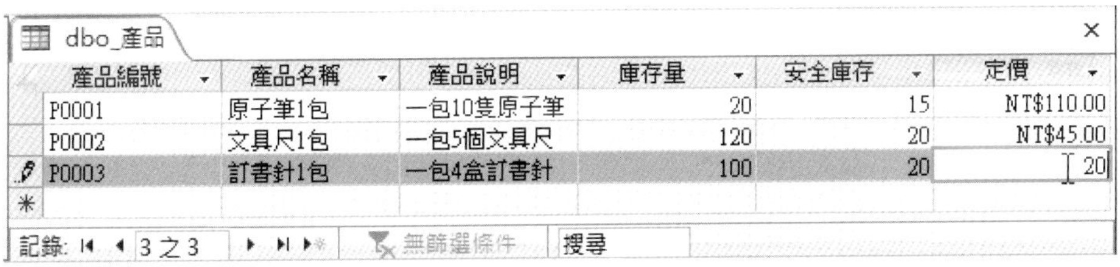

dbo_產品

	產品編號	產品名稱	產品說明	庫存量	安全庫存	定價
	P0001	原子筆1包	一包10隻原子筆	20	15	NT$110.00
	P0002	文具尺1包	一包5個文具尺	120	20	NT$45.00
✎	P0003	訂書針1包	一包4盒訂書針	100	20	20
*						

記錄: 3 之 3　無篩選條件　搜尋

▲ 圖 9-2-7 輸入第 3 筆記錄資料

Step 5：在「另存新檔」對話方塊的【表單名稱】欄輸入表單名稱【產品單筆記錄表單】，按【確定】鈕，如圖 9-2-12 所示：

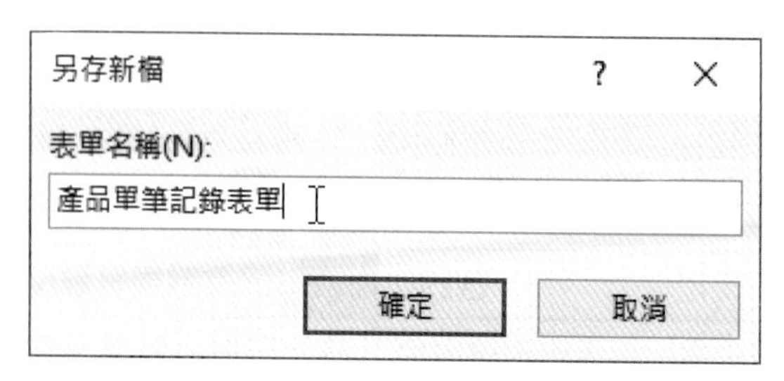

▲ 圖 9-2-12　輸入表單名稱

在 Access 左邊的「功能窗格」可以看到新增的表單物件，如圖 9-2-13 所示：

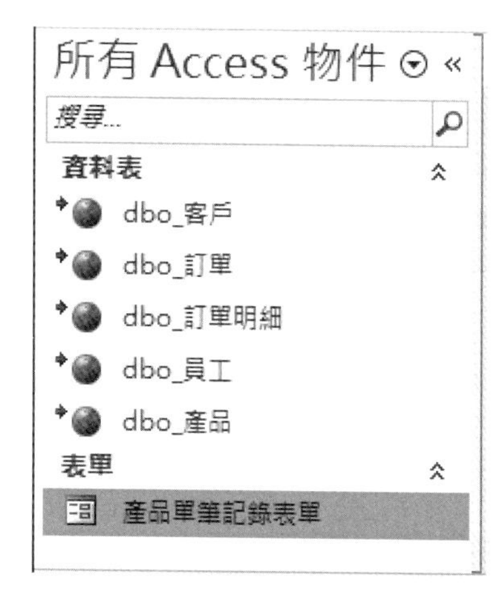

▲ 圖 9-2-13　看到新增的表單物件

在「功能窗格」視窗按兩下表單物件，或在選擇後，執行【右】鍵快顯功能表的【開啓】命令，都可以開啓表單物件來新增、刪除或編輯記錄資料，如圖 9-2-14 所示：

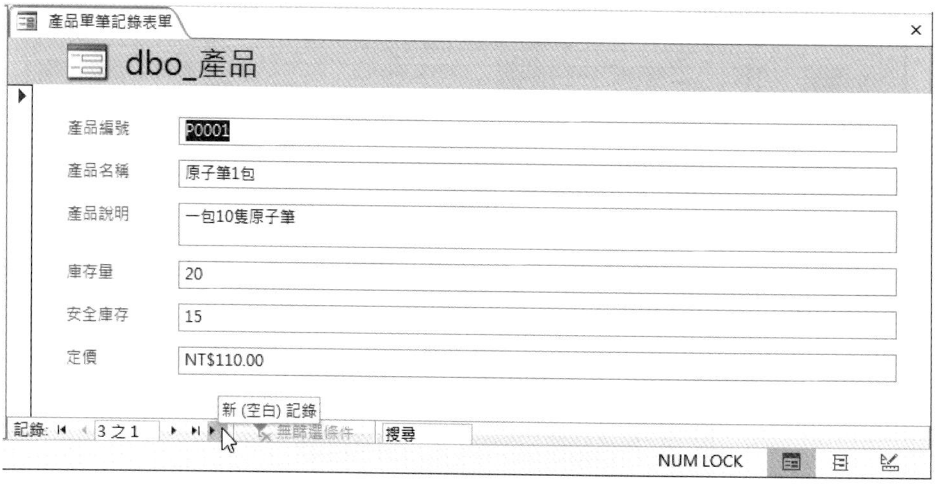

▲ 圖 9-2-14　開啓 Access 表單物件

在下方工具列按【新 (空白) 記錄】鈕可以新增一筆新記錄，目前共有 4 筆記錄，請依序輸入各欄位的資料，如圖 9-2-15 所示：

產品單筆記錄表單

dbo_產品

產品編號 P0004

產品名稱 辦公剪刀(中)

產品說明 適合在辦公室使用的剪刀

庫存量 50

安全庫存 15

定價 NT$35.00

記錄: 4 之 4 無篩選條件 搜尋

▲ 圖 9-2-15　新增記錄

在上述表單輸入最後定價後，如果按 Enter 鍵，就會再自動新增下一筆新記錄，可以看到目前的記錄數是 5 筆。

9-2-4　在 Access 建立關聯式表單

一對多關聯性表單擁有 2 個輸入畫面，一爲單筆記錄；另一是多筆資料表的記錄，在 Access 建立的表單是母子表單，在母表單編輯主資料表的記錄資料（通常爲單筆顯示）；子表單編輯關聯資料表的多筆記錄。

例如：小明準備在銷售管理系統新增訂單記錄時，可以同時輸入此訂單的訂單明細。

範例資料庫：ch9_2b.accdb

請使用【dbo_ 訂單】和【dbo_ 訂單明細】資料表建立一對多關聯式表單，其步驟如下所示：

Step 1：請啓動 Access 開啓 ch9_2b.accdb 資料庫檔案後，在功能區選【建立】索引標籤，點選【表單精靈】啓動表單精靈。

Step 2：在上方選【資料表 : dbo_ 訂單】後，按中間第 2 個【>>】鈕選擇所有欄位，再選【dbo_ 訂單明細】資料表的所有欄位後，按【下一步】鈕，如圖 9-2-16 所示：

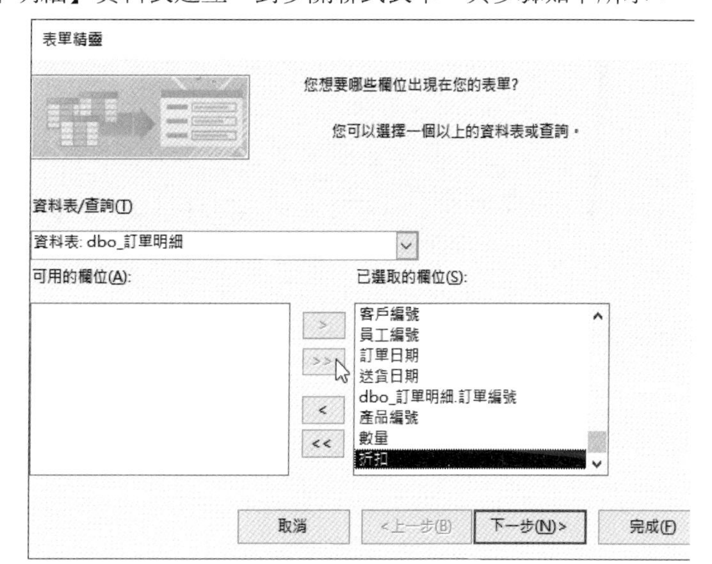

▲ 圖 9-2-16　表單精靈

Step 3：選擇 2 個資料表中的主資料表（即「一」的資料表），以此例選【以 dbo_ 訂單】，在右下方選【有子表單的表單】後，按【下一步】鈕，如圖 9-2-17 所示：

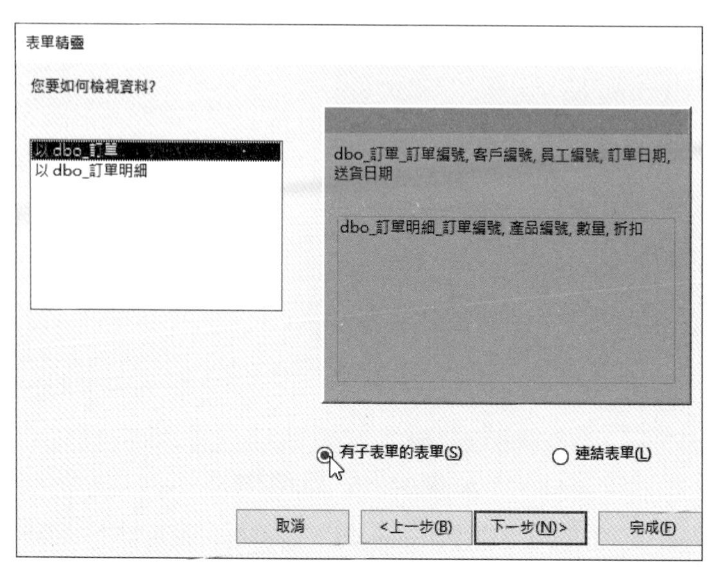

▲ 圖 9-2-17 點選【以 dbo_ 訂單】主資料表

Step 4：因為子表單是多筆記錄，所以只有【表格式】和【資料工作表】兩種選擇，請選【資料工作表】後，按【下一步】鈕，如圖 9-2-18 所示：

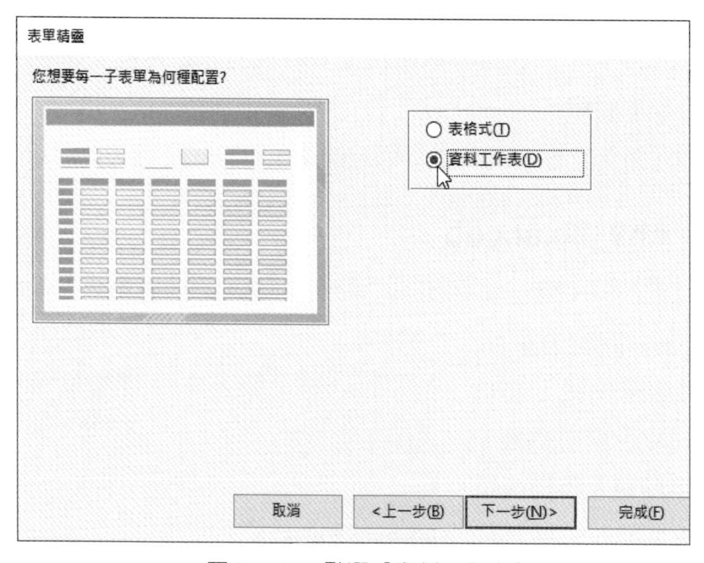

▲ 圖 9-2-18 點選【資料工作表】

Step 5：在【表單】（母表單）欄輸入【訂單記錄表單】，【子表單】欄輸入【訂單明細記錄子表單】，中間選【開啓表單來檢視或是輸入資訊】，按【完成】鈕，如圖 9-2-19 所示：

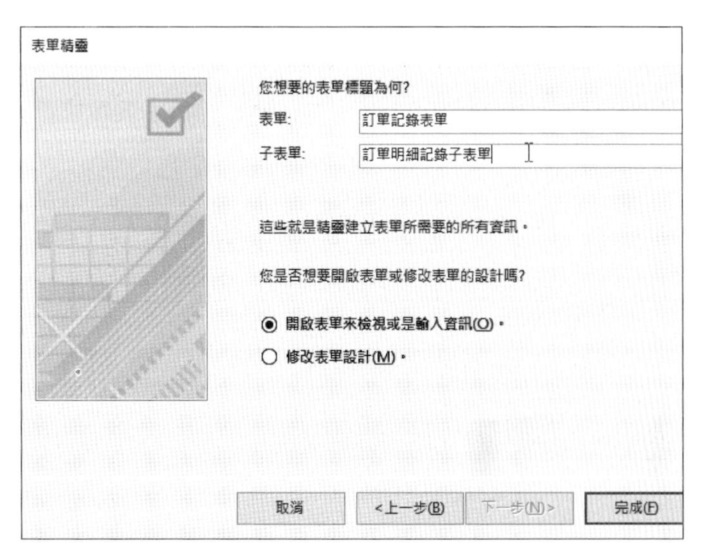

▲ 圖 9-2-19 輸入表單標題

Step 5：可以看到開啓的母子表單，訂單是單筆；訂單明細是多筆記錄，如圖 9-2-20 所示：

▲ 圖 9-2-20 母子表單

在上述 Access 表單中擁有另一個表格式的子表單，可以編輯「多」資料表的記錄資料，如果移動母表單記錄，可以看到子表單記錄也會依關聯欄位來同時移動。

在母子表單移動編輯欄位可以使用滑鼠點選欄位，或直接使用鍵盤按鍵進行操作。其相關按鍵的說明，如表 9-2-2 所示：

▼ 表 9-2-2　母子表單相關按鍵說明 1

按鍵	說明
Tab鍵	移到下一個欄位
Shift+Tab鍵	移到前一個欄位

當編輯欄位移到子表單後，Tab鍵和Shift+Tab鍵只能在子表單中移動欄位，如果需要回到母表單的欄位，其按鍵說明如表 9-2-3 所示：

▼ 表 9-2-3　母子表單相關按鍵說明 2

按鍵	說明
Ctrl+Tab鍵	移到母表單的下一個欄位，如果沒有下一個欄位，就是下一筆記錄
Ctrl+Shift+Tab鍵	移到母表單的上一個欄位，如果沒有上一個欄位，就是上一筆記錄

請注意！因爲子表單也是表單物件，所以關聯式表單共建立 2 個表單物件，在「功能窗格」可以看到新增的 2 個表單物件，如圖 9-2-21 所示：

▲ 圖 9-2-21　在「功能窗格」可以看到新增的 2 個表單物件

隨堂練習 9-2

1. 請使用 Management Studio 在【客戶】資料表新增一筆記錄，客戶編號是【C0001】，名稱爲【東東企業社】，其他欄位請自行輸入。
2. 請啓動 Access 開啓 ch9_2.accdb，新增【dbo_員工】資料表的單筆編輯表單後，輸入一筆員工資料，編號是【E0001】，姓名是【陳小明】，其他欄位請自行輸入。
3. 請在 Access 使用【dbo_客戶】資料表作爲資料來源，建立單筆編輯的資料輸入表單。
4. 請在 Access 使用【dbo_客戶】和【dbo_訂單明細】資料表建立一對多關聯式表單。

9-3 匯入和匯出資料表記錄

基本上，爲了在不同資料庫系統或資料來源交換資料，資料庫系統都會提供匯入和匯出功能，可以讓我們將其他資料來源的資料匯入資料庫，或匯出資料至其他資料庫系統。

9-3-1 匯入外部資料到資料表

在沒有建立資料庫前，公司原來的客戶資料是儲存在名爲【客戶資料 .xlsx】的 Excel 試算表。Access 資料庫提供匯入功能，可以讓我們將其他 Access 資料庫或試算表直接匯入現有資料表。

資料庫範例：ch9_3.accdb

小明準備將【客戶資料 .xlsx】的 Excel 試算表的客戶資料匯入【客戶】資料表（此資料庫只有產品資料，沒有其他記錄資料），其步驟如下所示：

Step 1：請啓動 Access 開啓 ch9_3.accdb 資料庫檔案，在【dbo_ 客戶】資料表上，執行【右】鍵快顯功能表的「匯入 >Excel」命令，如圖 9-3-1 所示：

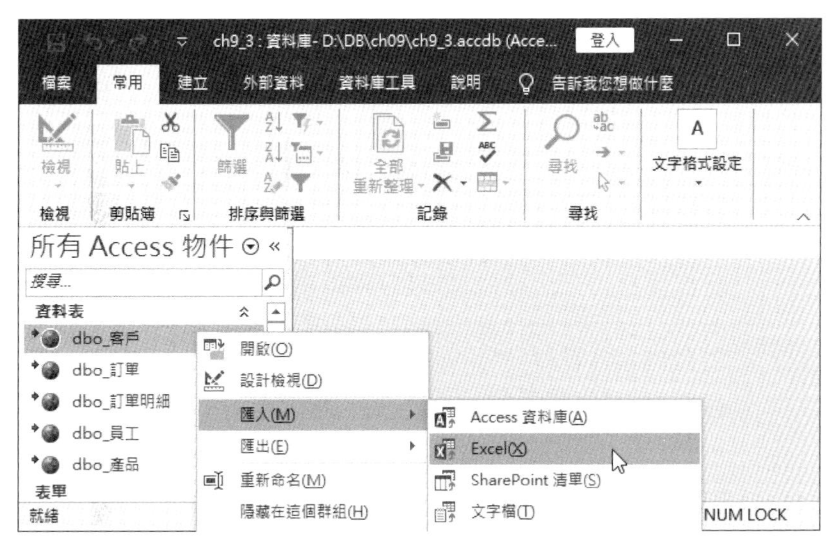

▲ 圖 9-3-1 執行 Access 匯入 Excel 的命令

Step 2：按【檔案名稱】欄後【瀏覽】鈕，切換至「\DB\ch09」資料夾，選【客戶資料 .xlsx】的 Microsoft Excel 檔案，按【開啓】鈕，可以看到指定來源的檔案路徑，然後在下方選【新增記錄的複本至資料表】，在後面選【dbo_ 客戶】，按【確定】鈕，如圖 9-3-2 所示：

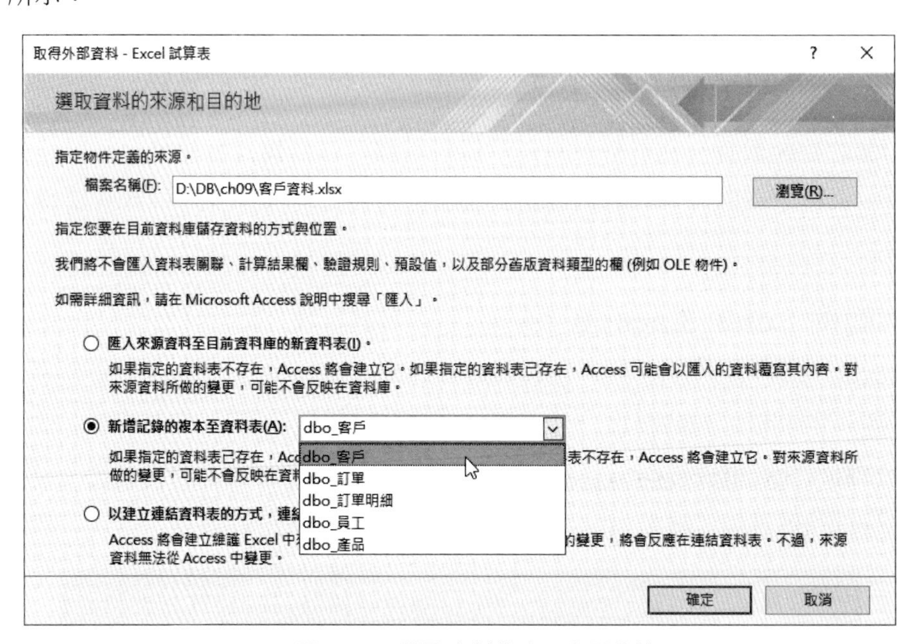

▲ 圖 9-3-2 選取資料的來源和目的地

說明

如果在 Access 已經開啓欲匯入記錄資料表的資料工作表，就會看到一個警告訊息視窗，如圖 9-3-3 所示：

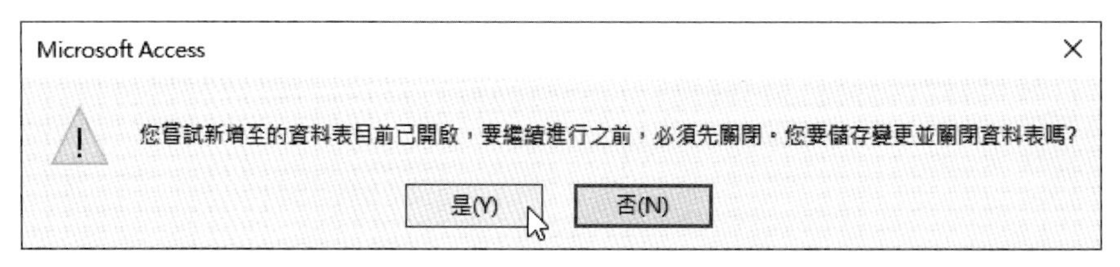

▲ 圖 9-3-3 資料表開啓的警告訊息

上述訊息指出需要先關閉資料表才能繼續執行，請按【是】鈕關閉資料表。

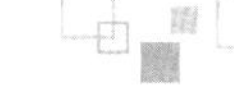

Step 3：在上方選【客戶資料】工作表，下方顯示工作表的內容，按【下一步】鈕，如圖 9-3-4 所示：

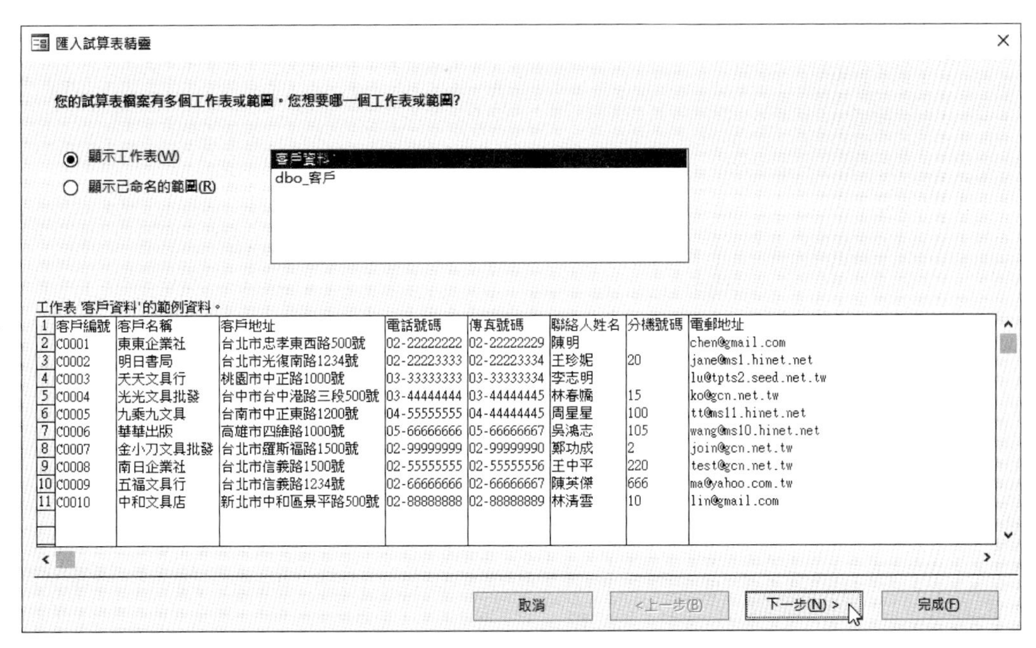

▲ 圖 9-3-4　點選【客戶資料】工作表

Step 4：預設勾選【第 1 列是欄名】，按【下一步】鈕，如圖 9-3-5 所示：

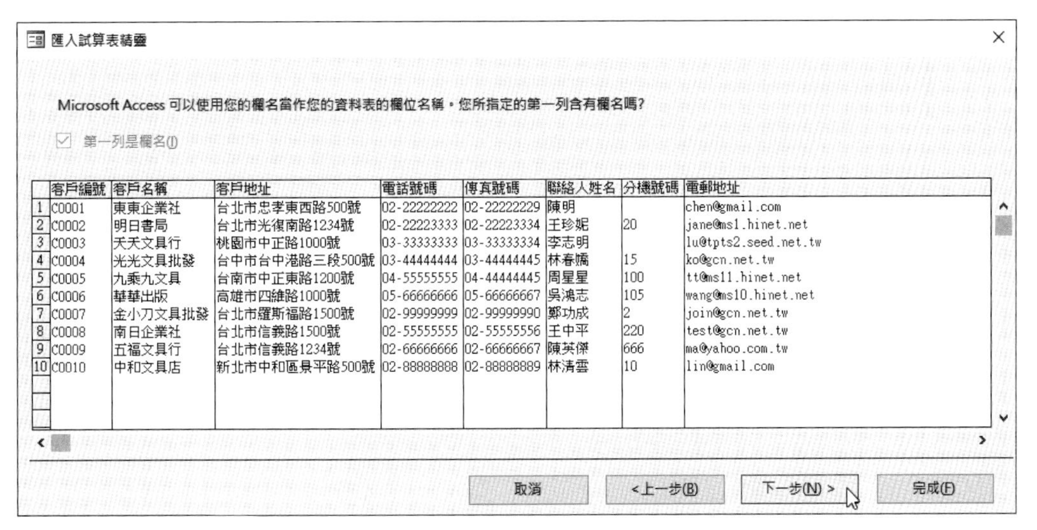

▲ 圖 9-3-5　預設勾選【第 1 列是欄名】

Step 5：可以看到準備匯入資料表的資訊，按【完成】鈕匯入記錄資料，如圖 9-3-6 所示：

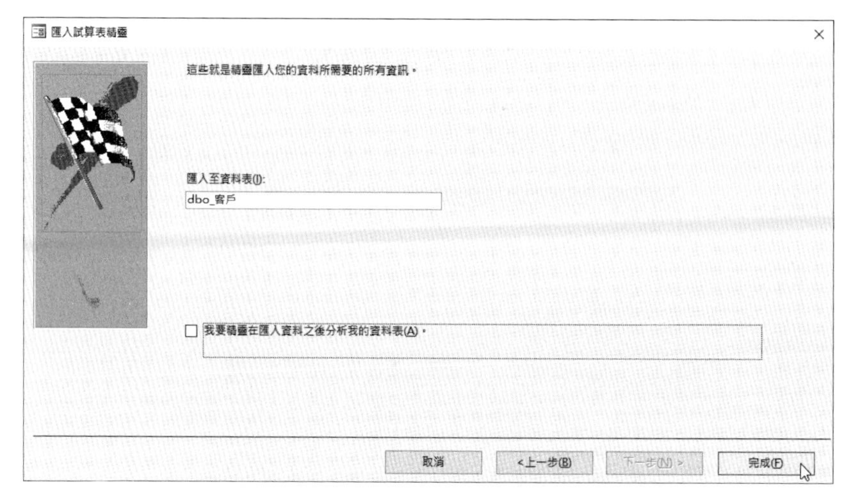

▲ 圖 9-3-6 按【完成】鈕匯入記錄資料

Step 6：等到匯入完成，可以再次看到「取得外部資料 – Excel 試算表」對話方塊，如果勾選【儲存匯入步驟】，可以儲存步驟來重複執行相同工作，而不用每次啓用匯入精靈，按【關閉】鈕完成匯入操作，如圖 9-3-7 所示：

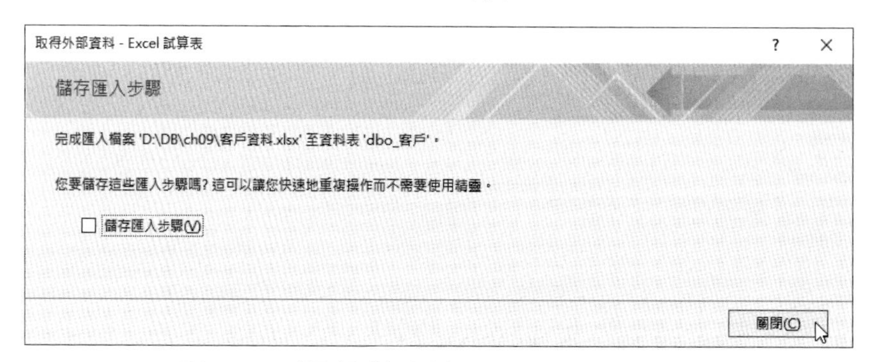

▲ 圖 9-3-7 「取得外部資料 – Excel 試算表」對話方塊

Step 7：按二下【客戶】資料表，可以開啓資料工作表看到匯入的記錄資料，如圖 9-3-8 所示：

dbo_客戶

客戶編號	客戶名稱	客戶地址	電話號碼	傳真號碼	聯絡人姓名	分機號碼	電郵地址
C0005	九乘九文具	台南市中正東路1	04-55555555	04-44444445	周星星	100	tt@ms11.hinet.net
C0010	中和文具店	新北市中和區景	02-88888888	02-88888889	林清雲	10	lin@gmail.com
C0009	五福文具行	台北市信義路123	02-66666666	02-66666667	陳英傑	666	ma@yahoo.com.tw
C0003	天天文具行	桃園市中正路100	03-33333333	03-33333334	李志明		lu@tpts2.seed.net.t
C0004	光光文具批發	台中市台中港路	03-44444444	03-44444445	林春嬌	15	ko@gcn.net.tw
C0002	明日書局	台北市光復南路1	02-22223333	02-22223334	王珍妮	20	jane@ms1.hinet.ne
C0001	東東企業社	台北市忠孝東西	02-22222222	02-22222229	陳明		chen@gmail.com
C0007	金小刀文具批發	台北市羅斯福路1	02-99999999	02-99999990	鄭功成	2	join@gcn.net.tw
C0008	南日企業社	台北市信義路150	02-55555555	02-55555556	王中平	220	test@gcn.net.tw
C0006	華華出版	高雄市四維路100	05-66666666	05-66666667	吳鴻志	105	wang@ms10.hinet.

記錄: 10 之 1 無篩選條件 搜尋

▲ 圖 9-3-8 開啓資料工作表看到匯入的記錄資料

9-3-2 匯出資料表的記錄資料

Access 資料庫提供匯出功能，可以將資料表的記錄資料匯出成 Excel 檔案、文字檔案或 XML 檔案等。

資料庫範例：ch9_3a.accdb

小明準備將【dbo_產品】資料表匯出成一個文字檔案，其步驟如下所示：

Step 1：請啟動 Access 開啟 ch9_3a.accdb 資料庫檔案，先在左邊的「功能窗格」選【dbo_產品】資料表後，在上方功能區選【外部資料】索引標籤，點選【文字檔】，如圖 9-3-9 所示：

▲ 圖 9-3-9 執行 Access 匯出文字檔命令

Step 2：在「匯出 – 文字檔」對話方塊切換至「\DB\ch09」資料夾，按【確定】鈕啟動匯出文字檔精靈，如圖 9-3-10 所示：

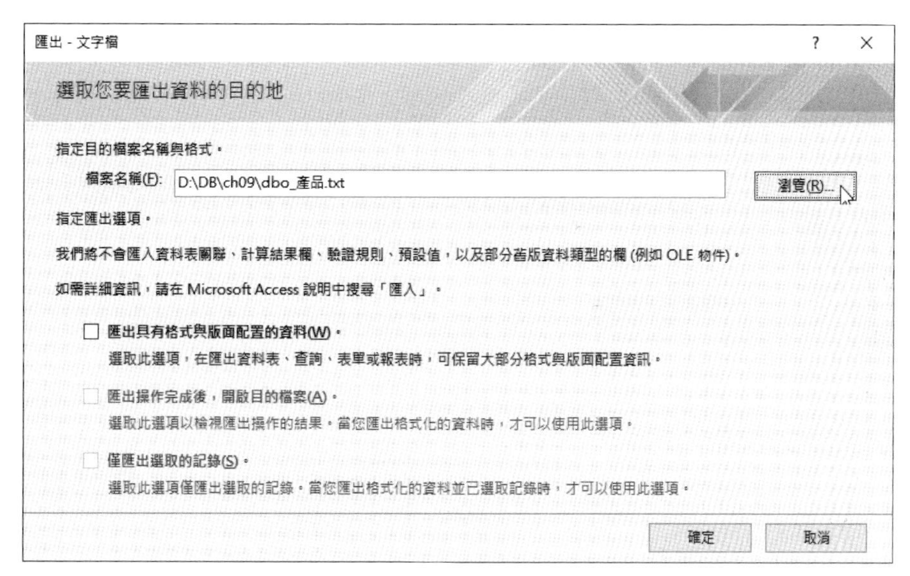

▲ 圖 9-3-10 選取您要匯出資料的目的地

Step 3：在上方選【分隔字元】，下方顯示匯出格式，按【下一步】鈕，如圖 9-3-11 所示：

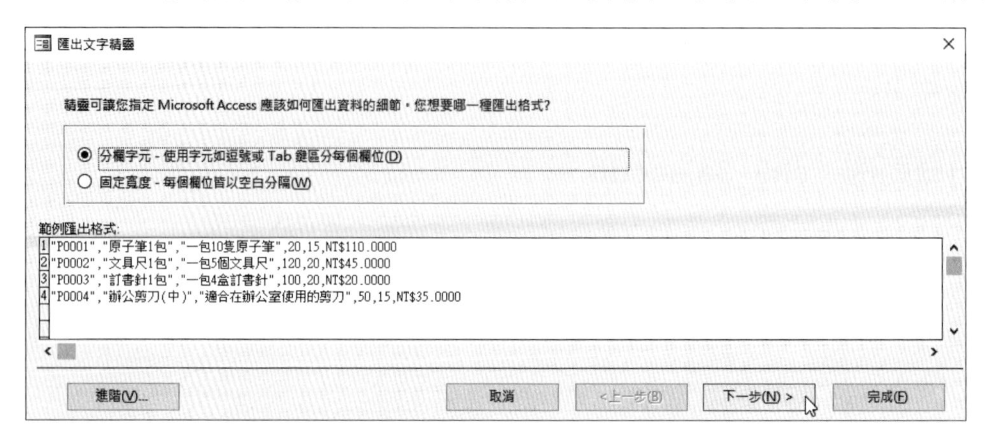

▲ 圖 9-3-11 點選【分隔字元】，下方顯示匯出格式

Step 4：預設勾選欄位分隔符號是【逗點】，請勾選【包含第 1 列的欄名】後，按【下一步】鈕，如圖 9-3-12 所示：

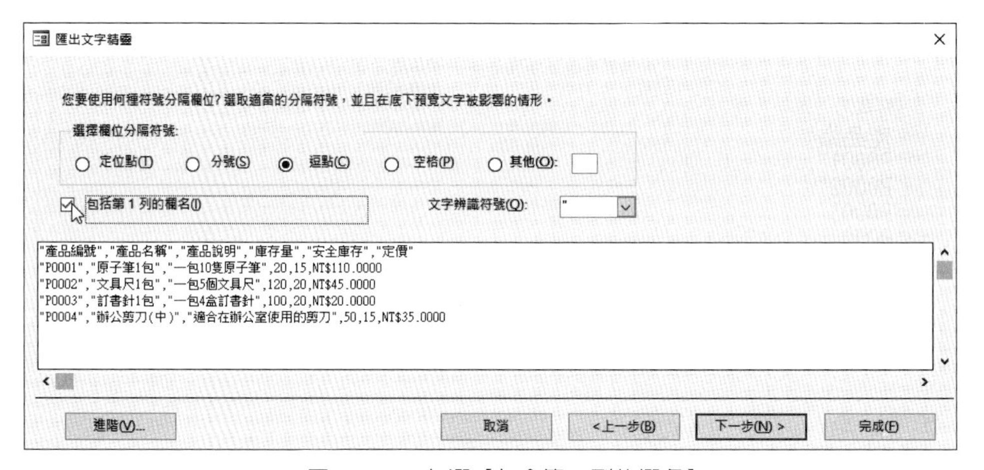

▲ 圖 9-3-12 勾選【包含第 1 列的欄名】

Step 5：在上方可以看到匯出的檔案路徑，按【完成】鈕匯出記錄資料，如圖 9-3-13 所示：

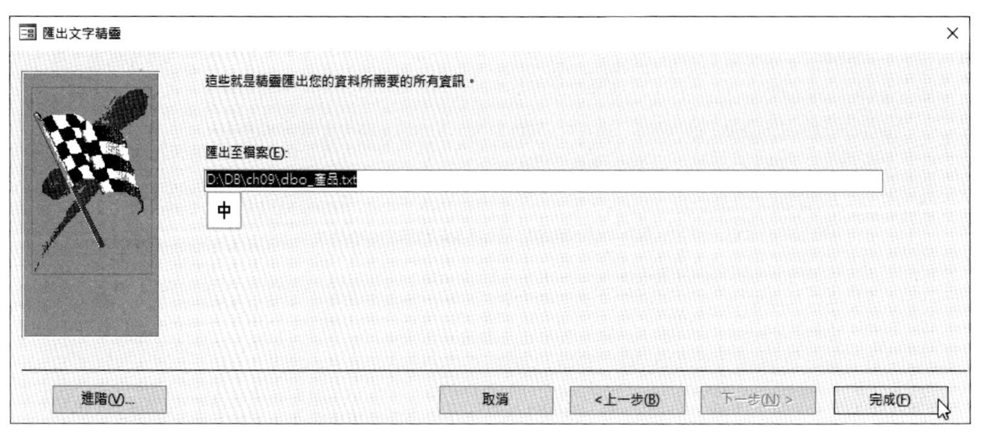

▲ 圖 9-3-13 按【完成】鈕匯出記錄資料

Step 6：等到匯出完成，可以再次看到「匯出 – 文字檔」對話方塊，請按【關閉】鈕完成匯出操作，如圖 9-3-14 所示：

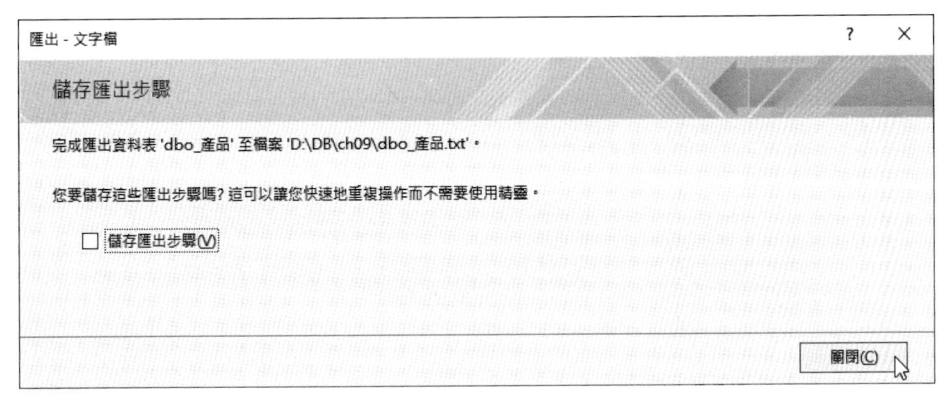

▲ 圖 9-3-14　「匯出 – 文字檔」對話方塊

開啓【dbo_ 產品 .txt】文字檔案，可以看到 Access 匯出的文字檔案內容，如圖 9-3-15 所示：

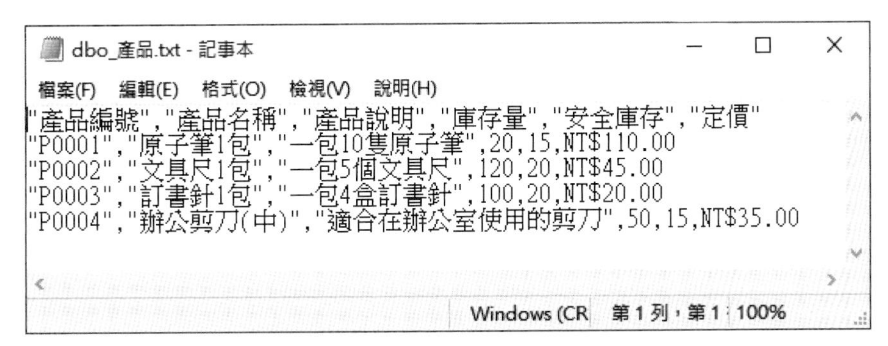

▲ 圖 9-3-15　Access 匯出的文字檔案內容

9-3-3　SQL Server 的匯入和匯出精靈

SQL Server 提供匯入和匯出精靈，可以幫助我們將多種資料來源的資料匯入 SQL Server 資料庫，和從 SQL Server 資料庫匯出成不同格式的資料。例如：小明準備將員工資料的【dbo_ 員工 .txt】文字檔案匯入【員工】資料表，其步驟如下所示：

Step 1：請在 Windows 作業系統執行「開始 >SQL Server 2019>SQL Server 2019 匯入及匯出資料 (64 位元)」命令啓動匯入和匯出精靈，在歡迎畫面按【下一步】鈕，如圖 9-3-16 所示：

▲ 圖 9-3-16　匯入和匯出精靈的歡迎畫面

Step 2：首先選擇資料來源，在【資料來源】欄選【一般檔案來源】，按【瀏覽】鈕選【dbo_員工 .txt】檔案後，可以看到自動填入的文字檔案格式，請按【下一步】鈕，如圖 9-3-17 所示：

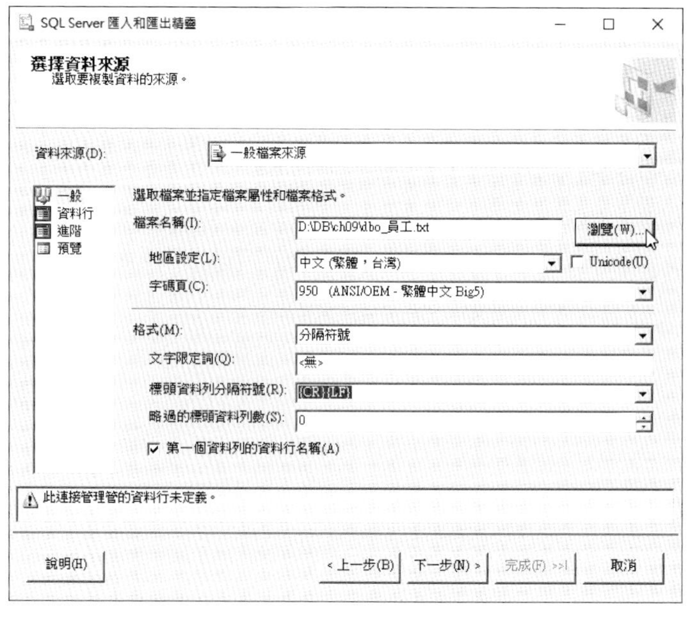

▲ 圖 9-3-17　選擇資料來源

Step 3：指定資料列記錄的分隔符號，和分隔資料行欄位的符號後，可以在下方預覽記錄資料，然後按【下一步】鈕，如圖 9-3-18 所示：

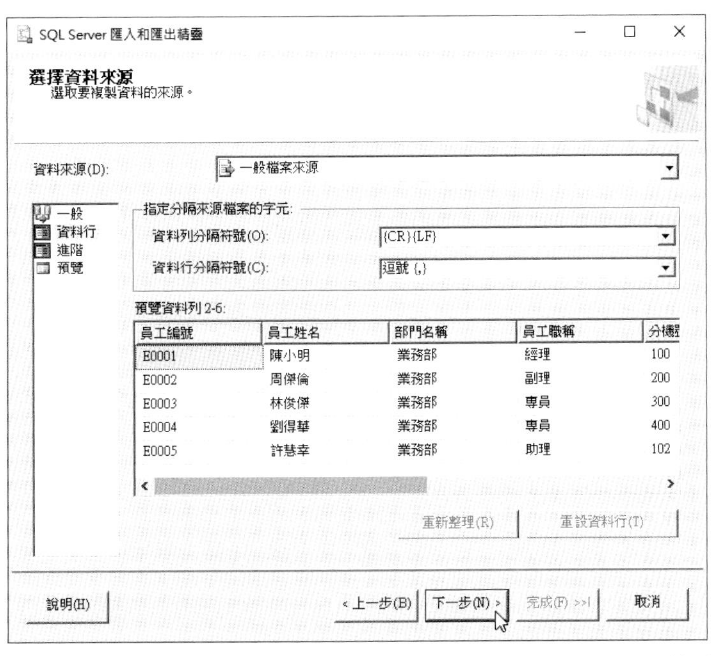

▲ 圖 9-3-18　指定資料列記錄的分隔符號，和分隔資料行欄位的符號

Step 4：接著選擇目的地，在【目的地】欄選【SQL Server Native Client 11.0】後，依序選 SQL Server 伺服器名稱、輸入 SQL Server 驗證的使用者名稱和密碼後，在【資料庫】欄選【銷售管理系統】，最後按【下一步】鈕，如圖 9-3-19 所示：

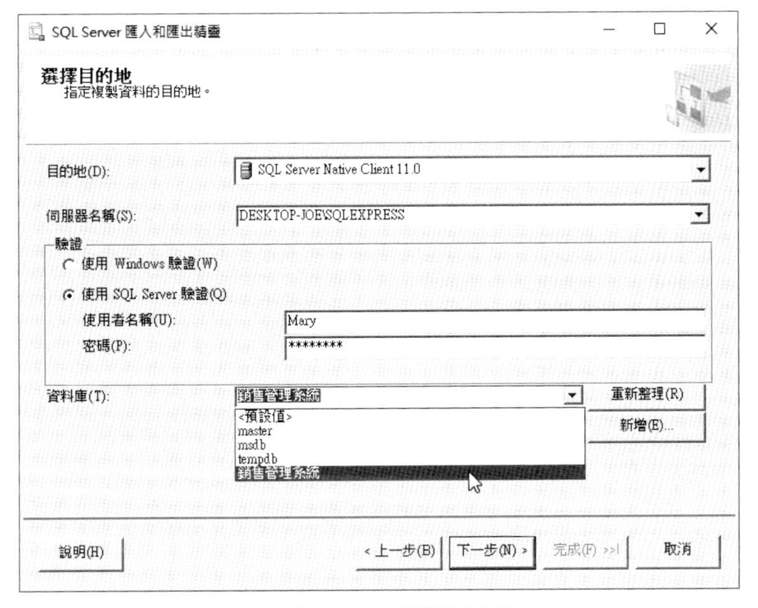

▲ 圖 9-3-19　選擇目的地

Step 5：在【目的地】選【[dbo].[員工]】資料表後，按【編輯對應】鈕編輯來源和目的地的欄位對應資料，如圖 9-3-20 所示：

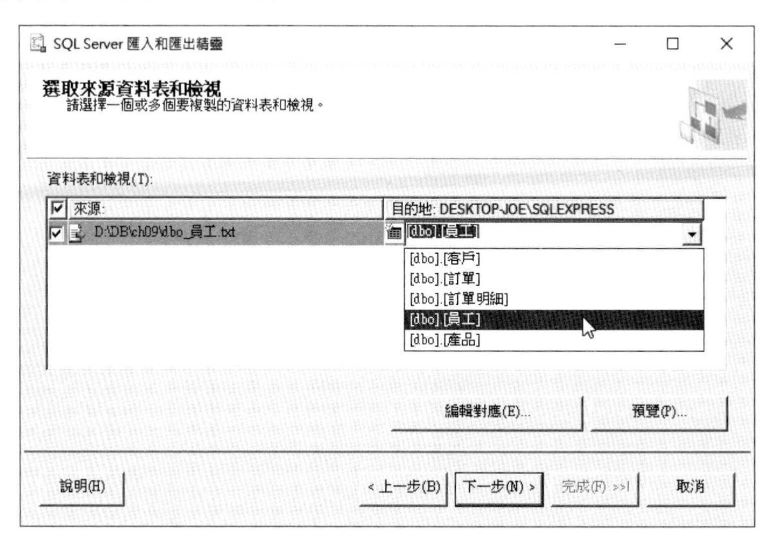

▲ 圖 9-3-20　在【目的地】選【[dbo].[員工]】資料表

Step 6：在「資料行對應」對話方塊編輯來源和目的地的欄位對應，完成後，請按【確定】鈕，然後在精靈步驟按【下一步】鈕，如圖 9-3-21 所示：

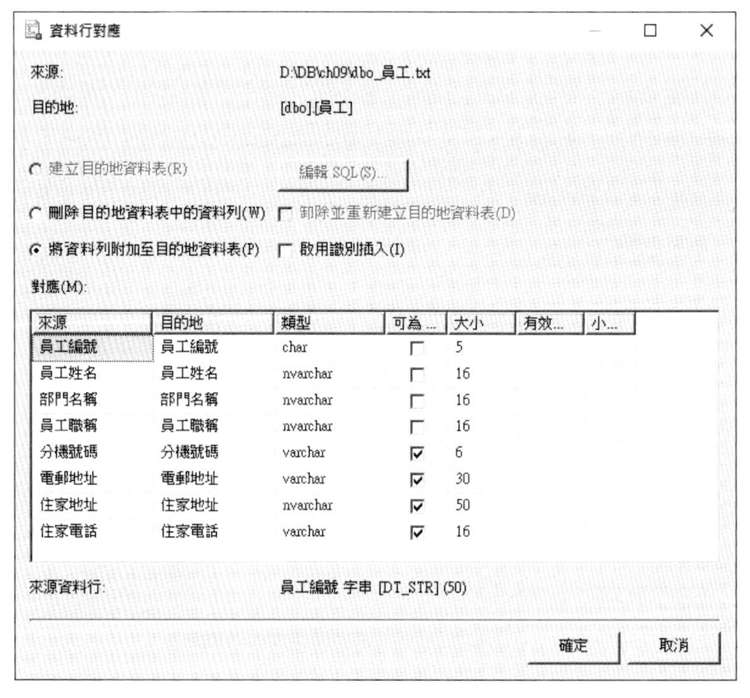

▲ 圖 9-3-21　在「資料行對應」對話方塊編輯來源和目的地的欄位對應

Step 7：在檢視資料類型對應步驟顯示欄位資料轉換設定，SQL Server 會自動判決是否需進行轉換，沒有問題，請按【下一步】鈕，如圖 9-3-22 所示：

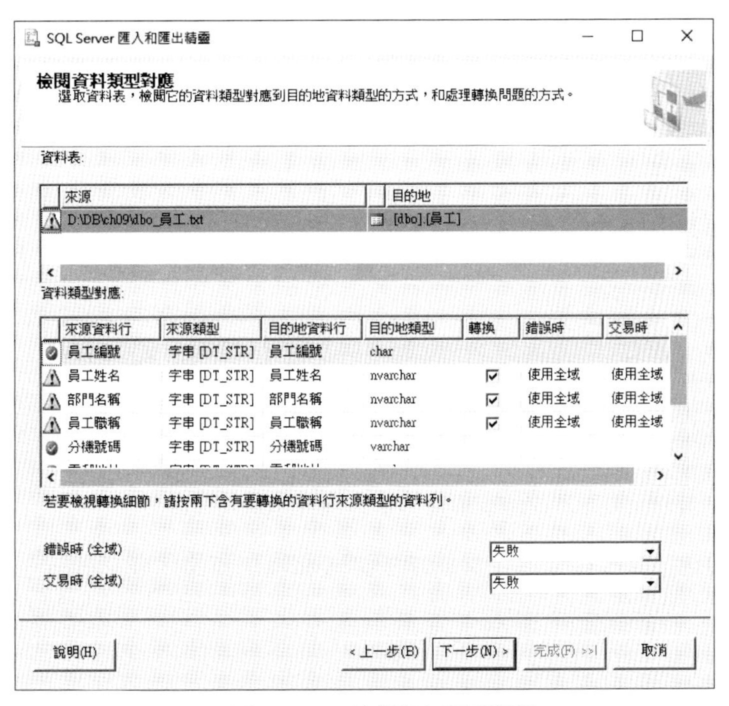

▲ 圖 9-3-22 檢視資料類型對應

Step 8：勾選【立即執行】（如需重複執行，請儲存成 SSIS 封裝）後，按【下一步】鈕，如圖 9-3-23 所示：

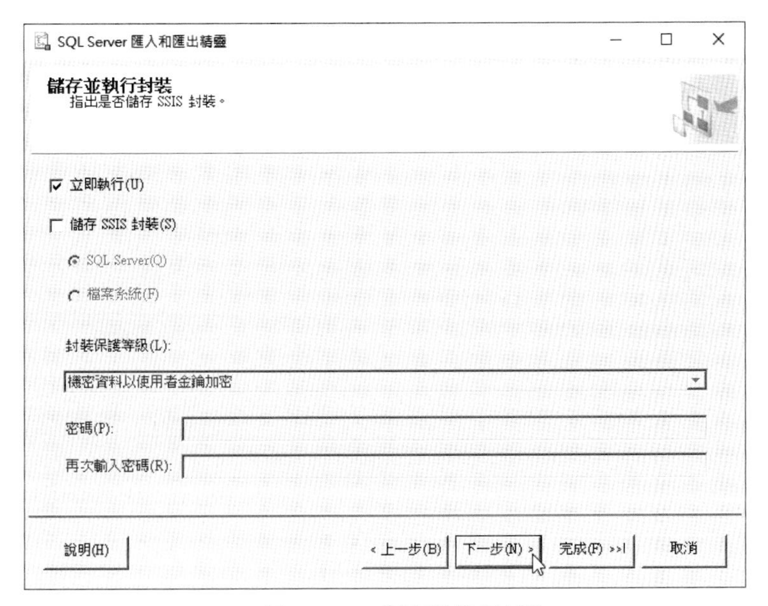

▲ 圖 9-3-23 儲存並執行封裝

Step 9：可以看到選擇的作業內容，請按【完成】鈕執行作業，如圖 9-3-24 所示：

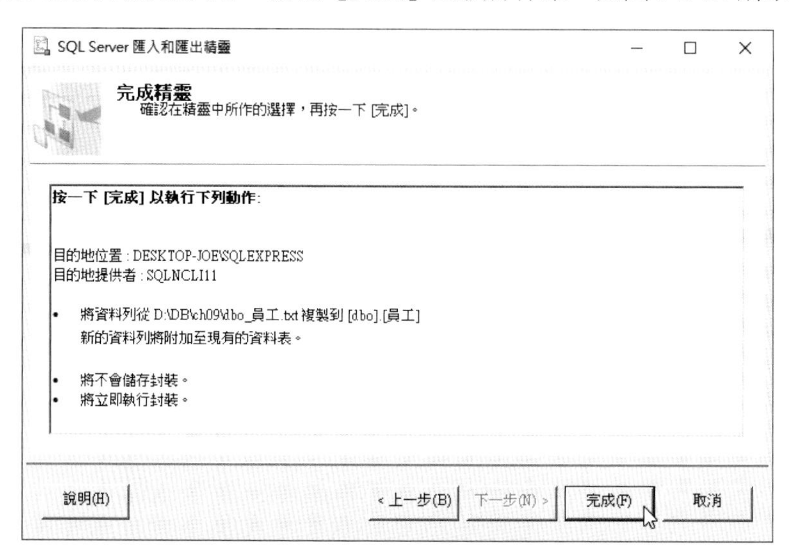

▲ 圖 9-3-24　按【完成】鈕執行作業

Step10：可以看到正在執行從來源至目的地的匯入和匯出作業，成功執行後，請按【關閉】鈕完成操作，如圖 9-3-25 所示：

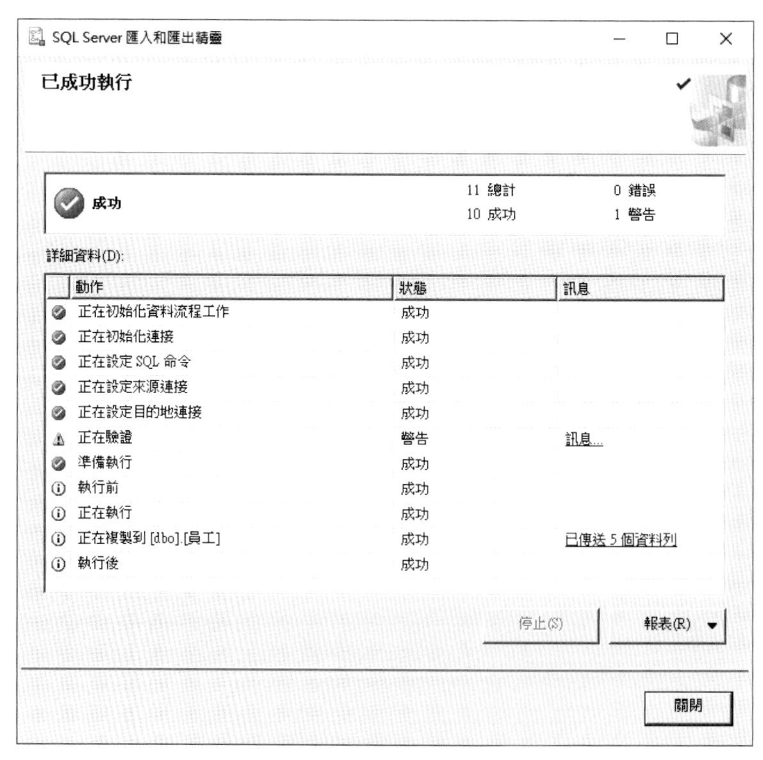

▲ 圖 9-3-25　已經成功執行匯入作業

在 Management Studio 開啓【員工】資料表，可以看到成功匯入的 5 筆員工記錄，如圖 9-3-26 所示：

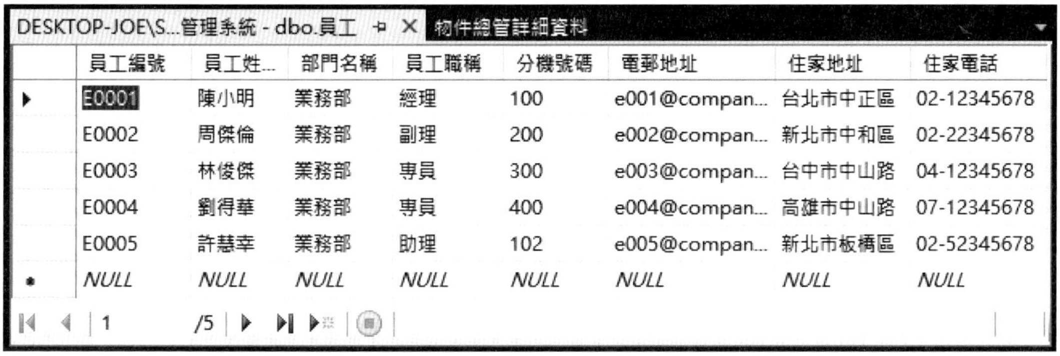

DESKTOP-JOE\S...管理系統 - dbo.員工 ⊣ × 物件總管詳細資料

	員工編號	員工姓...	部門名稱	員工職稱	分機號碼	電郵地址	住家地址	住家電話
▶	E0001	陳小明	業務部	經理	100	e001@compan...	台北市中正區	02-12345678
	E0002	周傑倫	業務部	副理	200	e002@compan...	新北市中和區	02-22345678
	E0003	林俊傑	業務部	專員	300	e003@compan...	台中市中山路	04-12345678
	E0004	劉得華	業務部	專員	400	e004@compan...	高雄市中山路	07-12345678
	E0005	許慧幸	業務部	助理	102	e005@compan...	新北市板橋區	02-52345678
*	*NULL*	*NULL*	*NULL*	*NULL*	*NULL*	*NULL*	*NULL*	*NULL*

1 /5

▲ 圖 9-3-26 開啓【員工】資料表看到匯入的記錄資料

隨堂練習 9-3

1. 請將 Access 的【dbo_產品】資料表匯出成文字檔案。
2. 請使用 SQL Server 的匯入和匯出精靈，將【產品】資料表匯出成文字檔案。

本章習題

選擇題

( ) 1. 請問下列哪一個關於使用 Access 連接 SQL Server 資料庫的說明是不正確的？
(A) Access 是使用 ODBC 連接 SQL Server 資料庫
(B) Access 連接 SQL Server 資料表會建立資料表之間的關聯性
(C) Access 可以連接或匯入 SQL Server 資料表
(D) Access 是在資料庫關聯圖建立關聯性。

( ) 2. 請問下列哪一個是母子表單的子表單提供的欄位配置？ (A) 單欄式 (B) 表格式 (C) 多重項目 (D) 對齊。

( ) 3. 請問我們可以使用下列哪一個工具或介面來編輯資料表的記錄資料？ (A) Management Studio (B) Access 資料工作表 (C) Access 表單 (D) 以上皆可。

( ) 4. 請問在 Access 母子表單可以按下哪一組按鍵來移到前一個欄位？ (A) Tab (B) Ctrl + Tab (C) Shift + Ctrl (D) Shift + Tab 。

( ) 5. 請問下列哪一個不是 Access 支援可以匯出的資料格式？ (A) Excel (B) 文字檔案 (C) SQL Serve (D) XML 檔案。

實作題

1. 當在 Management Studio 使用【我的學校 .sql】建立【我的學校】資料庫後，請在 Access 建立外部資料來連接【我的學校】資料庫的所有資料表。
2. 請繼續實作題 1. 在 Access 的資料庫關聯圖新增【學生】、【課程】和【教授】資料表對【開課】資料表之間共三個一對多關聯性。
3. 請繼續實作題 2. 使用 Access 新增【學生】資料表的單筆編輯表單。
4. 請繼續實作題 2. 使用 Access 新增【學生】和【課程】資料表的關聯性表單。
5. 請繼續實作題 2. 在 Access 匯出【學生】資料表的記錄資料成一個文字檔案。

Chapter 10

基本資料表查詢操作

10-1 SQL Server 檢視表

SQL Server 檢視表（Views）一種定義在資料表或其他檢視表的虛擬資料表（Virtual Tables），虛擬資料表是一種只有定義，但沒有實際儲存資料的資料表。

10-1-1 認識 SQL Server 檢視表

SQL Server 檢視表本身並沒有儲存資料，只有定義資料，定義從哪些資料表或檢視表挑出哪些欄位或記錄。不過，我們一樣可以在檢視表新增、刪除和更新記錄，而這些操作都是作用在其定義的來源資料表。

基本上，檢視表的資料是從其他資料表所取出，只是依照定義過濾掉不屬於檢視表的資料，如果檢視表資料是從其他檢視表導出，也只是重複再過濾一次。所以檢視表如同一個從不同資料表或檢視表抽出積木，然後使用這些積木再拼出所需的資料表，如圖 10-1-1 所示：

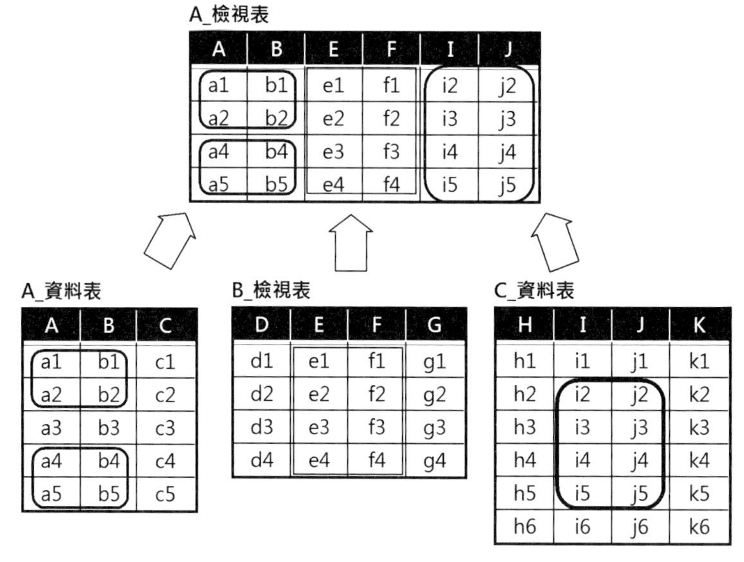

▲ 圖 10-1-1　SQL Server 檢視表的資料來源

上述 A_ 檢視表是由 A_ 資料表、C_ 資料表和 B_ 檢視表的部分資料拼湊而成，因爲 B_ 檢視表是另一個檢視表，其資料就是再從其他資料表所取出的記錄資料。

檢視表依其資料來源可以分成很多種，比較常用的檢視表有三種，如下所示：

- 列欄子集檢視表（Row-and-Column Subset Views）：資料來源是單一資料表或其他檢視表，只挑選資料表或其他檢視表中所需的欄位和記錄。換句話說，建立的檢視表是資料表或其他檢視表的子集。
- 合併檢視表（Join Views）：使用合併查詢從多個資料表或其他檢視表建立的檢視表，合併檢視表的欄位和記錄是來自多個資料表或其他檢視表。
- 統計摘要檢視表（Statistical Summary Views）：一種特殊的列欄子集檢視表或合併檢視表，使用聚合函數（Aggregate Function）產生指定欄位所需的統計資料。

10-1-2 本章測試的 SQL Server 資料庫

【銷售管理系統】資料庫為了符合勞基法的員工加班費計算，小明已經在資料庫新增【員工加班】資料表來儲存員工加班時數，因為員工不會在休息日加班，所以資料是平常日的加班時數。在本章的【銷售管理系統】共有 6 個資料表，如圖 10-1-2 所示：

▲ 圖 10-1-2 【銷售管理系統】的資料表

員工加班

欄位名稱	資料類型	長度	允許 Null	欄位說明
員工編號	char	5	不勾選	員工編號，主鍵
加班日期	datetime	N/A	不勾選	員工加班的日期，主鍵
延長工時	float	N/A	不勾選	加班延長工時，最多 2 小時，預設值 2.0
再延長工時	float	N/A	不勾選	加班再延長工時，最多 2 小時，預設值 0.0

資料庫範例：ch10_1.accdb

因為 SQL Server 資料庫的資料表已經變更，在 Access 資料庫 ch10_1.accdb 需要重新建立資料連接，我們是直接使用【銷售管理系統 .dsn】新增資料來源後，重建 ODBC 資料連接來多連接【員工加班】資料表，如圖 10-1-3 所示：

▲ 圖 10-1-3 重建 ODBC 連接【員工加班】資料表

然後在資料庫圖表重建資料表之間的關聯性，如圖 10-1-4 所示：

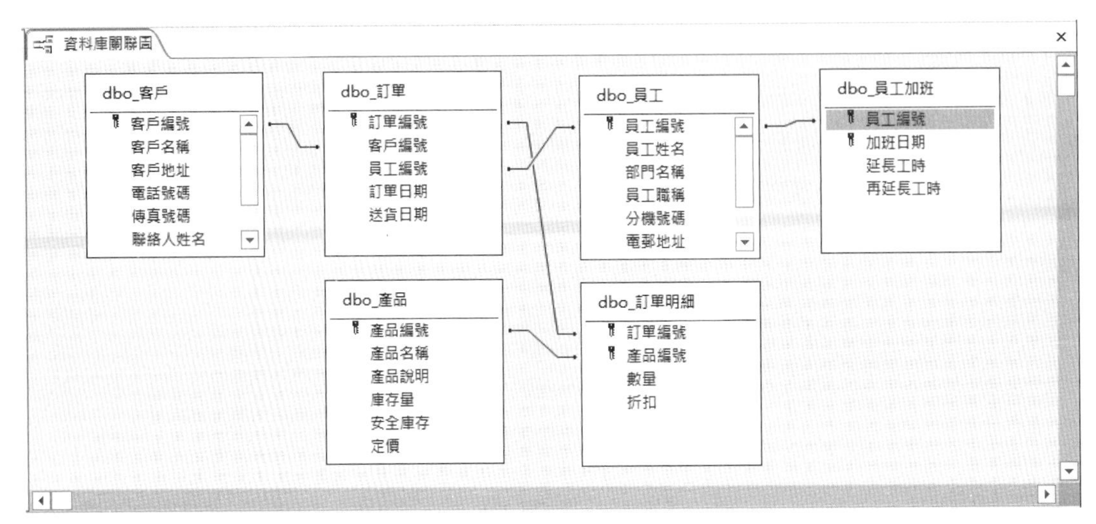

▲ 圖 10-1-4　重建資料表之間的關聯性

隨堂練習 10-1

1. 使用圖例說明什麼是 SQL Server 檢視表？
2. 簡單說明常用的 SQL Server 檢視表有哪三種？

10-2 使用 Management Studio 建立檢視表

Management Studio 提供檢視表設計的圖形化介面，可以幫助我們建立檢視表。例如：小明準備建立名為【員工聯絡檢視表】的檢視表，其步驟如下所示：

Step 1：請啟動 Management Studio 建立連接，在「物件總管」視窗展開【銷售管理系統】資料庫，在【檢視】上執行【右】鍵快顯功能表的【新增檢視】命令，如圖 10-2-1 所示：

▲ 圖 10-2-1　執行【新增檢視】命令

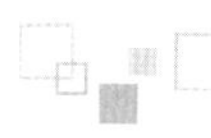

Step 2：在「加入資料表」對話方塊的【資料表】標籤選【員工】資料表，如圖 10-2-2 所示：

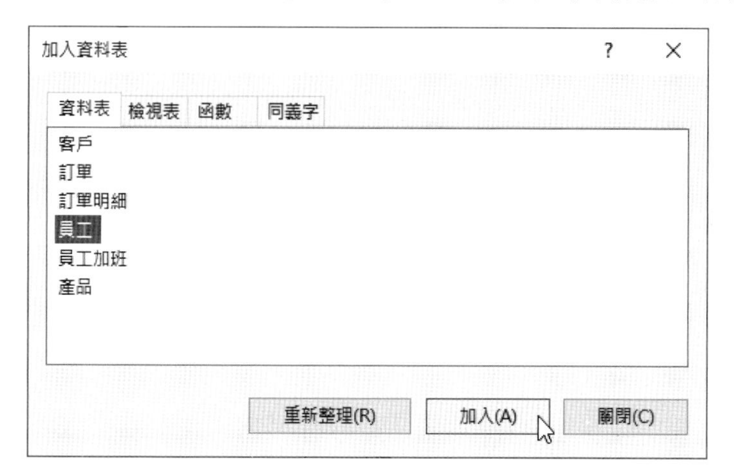

▲ 圖 10-2-2 加入【員工】資料表

Step 3：按【加入】鈕新增資料表後，再按【關閉】鈕，可以看到查詢設計工具上方顯示員工資料表，請在中間資料行選【員工編號】欄位，如圖 10-2-3 所示：

▲ 圖 10-2-3 新增【員工編號】欄位

Step 4：然後依序選員工姓名、住家地址、住家電話和電郵地址欄位，在下方是對應的 SQL 指令，如圖 10-2-4 所示：

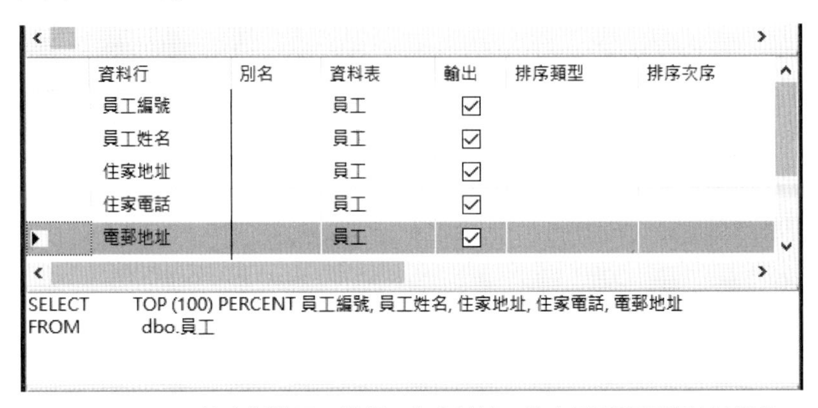

▲ 圖 10-2-4　依序新增員工姓名、住家地址、住家電話和電郵地址欄位

Step 5：按上方工具列【儲存】鈕儲存檢視表，可以看到「選擇名稱」對話方塊，請輸入檢視表名稱【員工聯絡檢視表】後，按【確定】鈕完成檢視表的建立，如圖 10-2-5 所示：

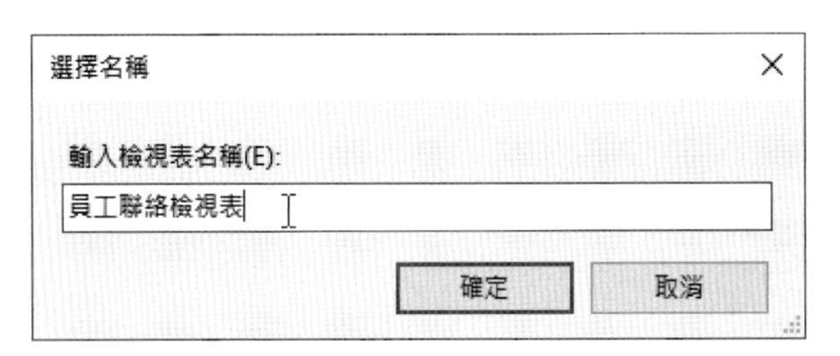

▲ 圖 10-2-5　輸入檢視表名稱【員工聯絡檢視表】

在 Management Studio 的「物件總管」視窗展開【銷售管理系統】資料庫的【檢視】，可以看到新增的檢視表，如圖 10-2-6 所示：

▲ 圖 10-2-6　新增的員工聯絡檢視表

在檢視表上，執行【右】鍵快顯功能表的【編輯前 200 個資料列】命令，可以顯示檢視表內容的記錄資料，如圖 10-2-7 所示：

DESKTOP-JOE\...- dbo.員工聯絡檢視表 物件總管詳細資料

員工編號	員工姓名	住家地址	住家電話	電郵地址
E0001	陳小明	台北市中正區	02-12345678	e001@compa...
E0002	周傑倫	新北市中和區	02-22345678	e002@compa...
E0003	林俊傑	台中市中山路	04-12345678	e003@compa...
E0004	劉得華	高雄市中山路	07-12345678	e004@compa...
E0005	許慧幸	新北市板橋區	02-52345678	e005@compa...
NULL	NULL	NULL	NULL	NULL

▲ 圖 10-2-7　顯示檢視表內容的記錄資料

說明

當 Access 資料庫 ch10_2.accdb 使用 ODBC 連接 SQL Server 檢視表時，Access 是將檢視表視爲資料表，我們需要指定主鍵，如圖 10-2-8 所示：

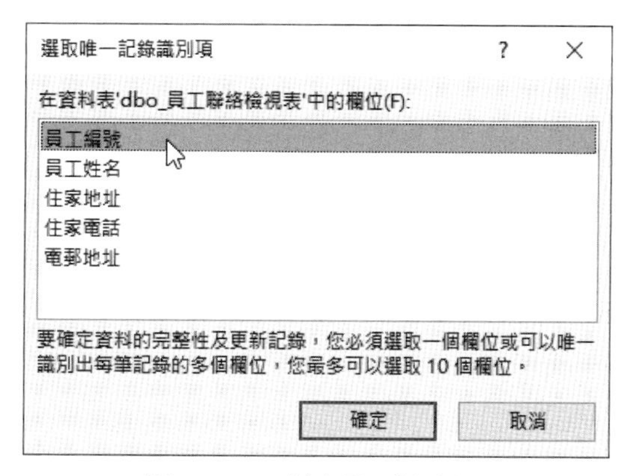

▲ 圖 10-2-8　指定員工編號為主鍵

然後，可以看到檢視表是連接成 Access 資料表，如圖 10-2-9 所示：

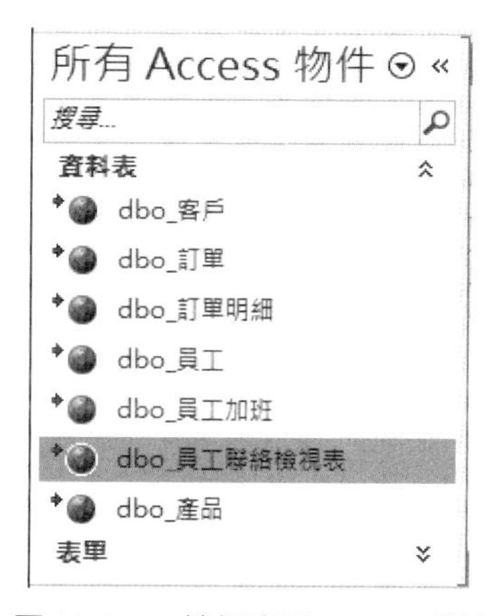

▲ 圖 10-2-9　檢視表是 Access 資料表

隨堂練習 10-2

1. 請使用 Management Studio 建立名爲【客戶聯絡檢視表】的檢視表，在檢視表包含：客戶編號、客戶名稱、電話號碼、聯絡人姓名和分機號碼欄位。

10-3 使用 Access 建立基本資料表查詢

在 Access 建立查詢物件可以執行基本資料表查詢，讓我們從資料表找出符合條件的記錄資料，以便進一步執行資料分析或計算。

實務上，Access 查詢物件可以取出單一或多個資料表的特定欄位資料，或根據特定條件來進行資料篩選。在這一節我們會分別使用設計檢視和精靈來建立單一資料表的查詢。

10-3-1 使用設計檢視建立查詢物件

Access 查詢可以從一或多個的資料表的記錄擷取資料，然後對記錄進行分組、總計、計數、平均值以及其他類型的加總計算。

資料庫範例：ch10_3.accdb

在 Access 使用設計檢視建立名爲【客戶聯絡資料查詢】的查詢物件，可以查詢客戶的聯絡資料，其步驟如下所示：

Step 1：請啓動 Access 開啓 ch10_3.accdb 資料庫檔案，在上方功能區選【建立】索引標籤，點選游標所在的【查詢設計】，如圖 10-3-1 所示：

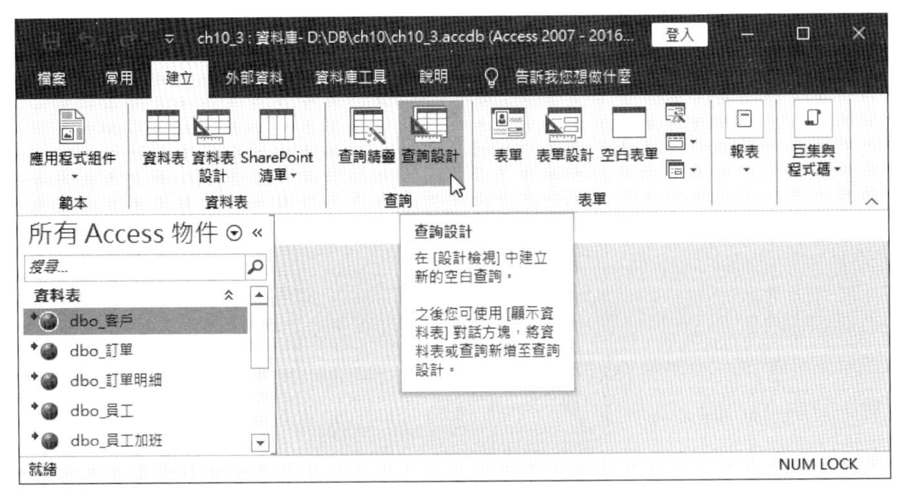

▲ 圖 10-3-1 點選【查詢設計】

Step 2：在「顯示資料表」對話方塊新增查詢所需的資料表或其他查詢物件，在【資料表】標籤選【dbo_ 客戶】，按【新增】鈕將資料表新增到查詢設計檢視標籤頁後，按【關閉】鈕，如圖 10-3-2 所示：

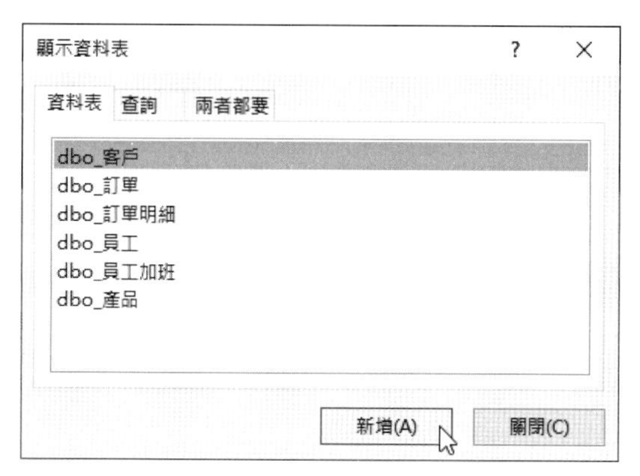

▲ 圖 10-3-2 新增【dbo_ 客戶】資料表

Step 3：可以在標籤頁看到新增的【dbo_ 客戶】資料表，在【欄位】欄選擇顯示欄位【客戶編號】，【資料表】欄是來源資料表的【dbo_ 客戶】資料表，如圖 10-3-3 所示：

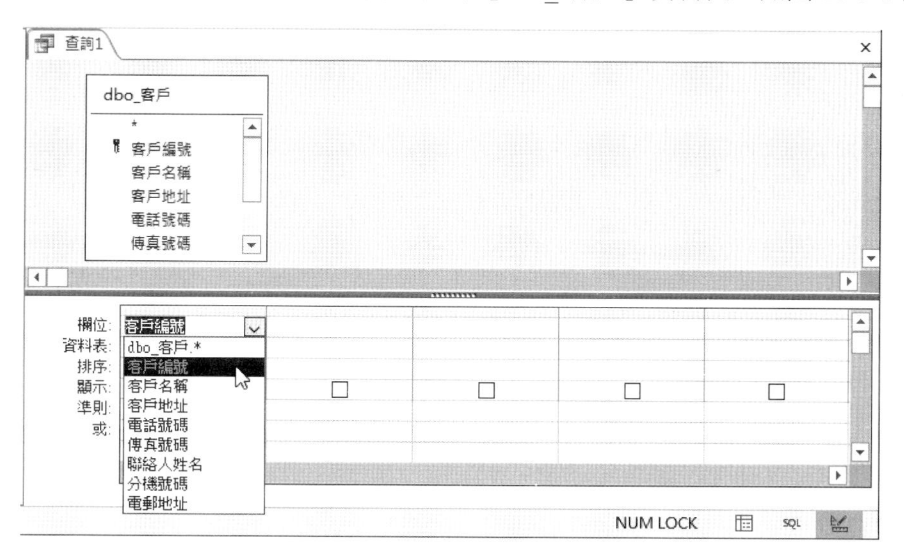

▲ 圖 10-3-3 新增【客戶編號】欄位

Step 4：在【排序】欄選擇欄位的排序方式，以此例是【遞減】排序，在【顯示】欄勾選核取方塊表示顯示此欄位，如圖 10-3-4 所示：

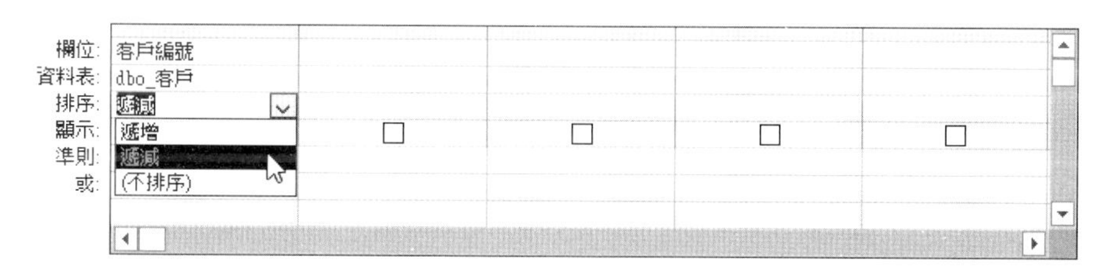

▲ 圖 10-3-4 選【遞減】排序

Step 5：然後依序選擇欄位：客戶名稱、客戶地址、電話號碼和聯絡人姓名，如圖 10-3-5 所示：

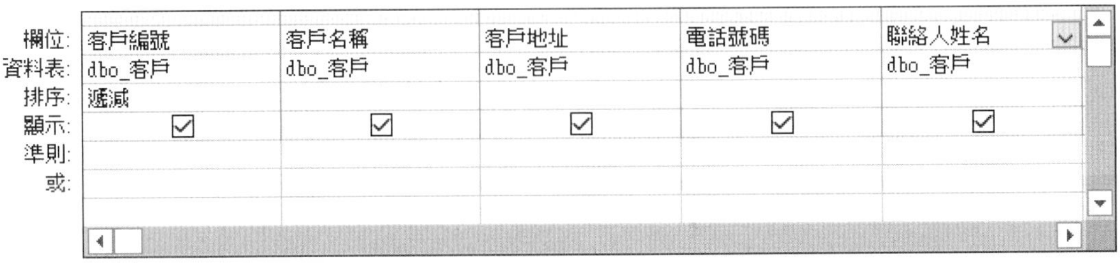

欄位:	客戶編號	客戶名稱	客戶地址	電話號碼	聯絡人姓名
資料表:	dbo_客戶	dbo_客戶	dbo_客戶	dbo_客戶	dbo_客戶
排序:	遞減				
顯示:	☑	☑	☑	☑	☑
準則:					
或:					

▲ 圖 10-3-5 依序新增欄位：客戶名稱、客戶地址、電話號碼和聯絡人姓名

Step 6：按右上角【X】鈕，可以看到警告訊息，請按【是】鈕儲存查詢物件，如圖 10-3-6 所示：

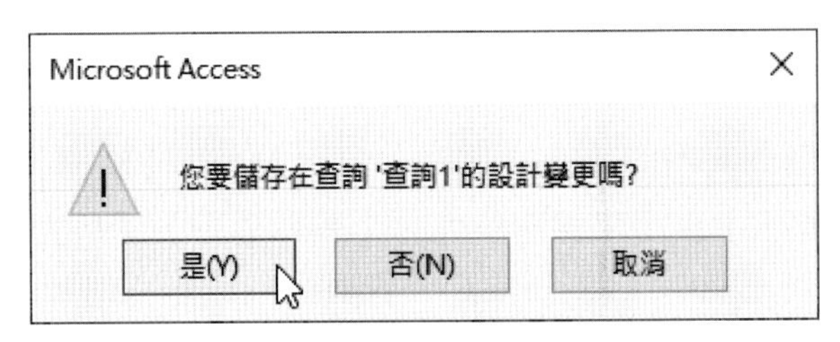

▲ 圖 10-3-6 警告訊息

Step 7：在「另存新檔」對話方塊的【查詢名稱】欄輸入查詢物件名稱【客戶聯絡資料查詢】後，按【確定】鈕，如圖 10-3-7 所示：

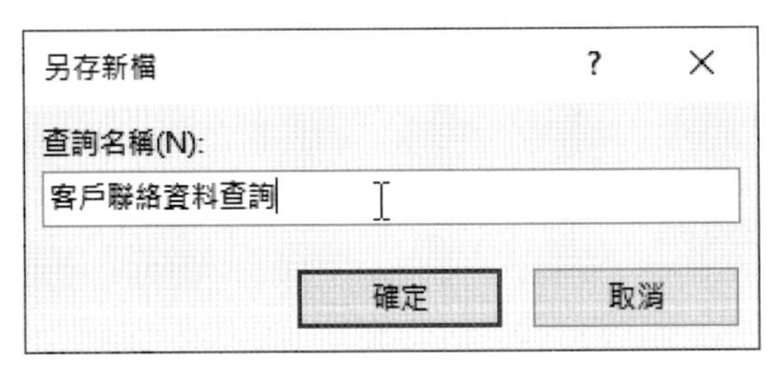

▲ 圖 10-3-7 輸入查詢名稱【客戶聯絡資料查詢】

Step 8：可以在「功能窗格」看到新增的查詢物件，如圖 10-3-8 所示：

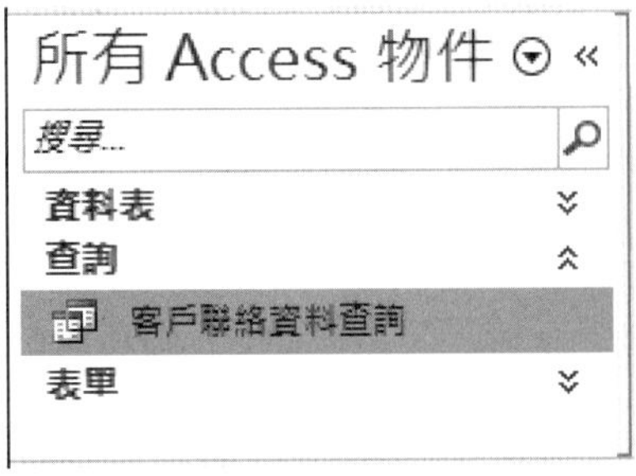

所有 Access 物件
搜尋...
資料表
查詢
客戶聯絡資料查詢
表單

▲ 圖 10-3-8 在「功能窗格」看到新增的查詢物件

Step 9：按兩下查詢物件或執行【右】鍵快顯功能表的【開啟】命令，可以開啟查詢物件看到選取查詢的執行結果，如圖 10-3-9 所示：

客戶聯絡資料查詢

客戶編號	客戶名稱	客戶地址	電話號碼	聯絡人姓名
C0010	中和文具店	新北市中和區景	02-88888888	林清雲
C0009	五福文具行	台北市信義路123	02-66666666	陳英傑
C0008	南日企業社	台北市信義路150	02-55555555	王中平
C0007	金小刀文具批發	台北市羅斯福路1	02-99999999	鄭功成
C0006	華華出版	高雄市四維路100	05-66666666	吳鴻志
C0005	九乘九文具	台南市中正東路1	04-55555555	周星星
C0004	光光文具批發	台中市台中港路	03-44444444	林春嬌
C0003	天天文具行	桃園市中正路100	03-33333333	李志明
C0002	明日書局	台北市光復南路1	02-22223333	王珍妮
C0001	東東企業社	台北市忠孝東西	02-22222222	陳明

記錄: 10 之 1 無篩選條件 搜尋

▲ 圖 10-3-9 開啟查詢物件看到選取查詢的執行結果

上述圖例顯示的查詢物件只選取【dbo_ 客戶】資料表的部分欄位。如果我們需要重新編輯查詢物件，請在查詢物件上，執行【右】鍵快顯功能表的【設計檢視】命令，即可重新編輯查詢物件。

10-3-2 使用簡單查詢精靈建立查詢物件

在第 10-3-1 節我們是手動建立查詢物件，Access 預設提供多種精靈可以幫助我們快速建立各種查詢物件。

資料庫範例：ch10_3a.accdb

請使用精靈建立 Access 查詢物件，可以計算員工加班的時間，【延長工時】欄位是乘以 1.33 倍；【再延長工時】是乘以 1.66 倍，其步驟如下所示：。

Step 1：請啟動 Access 開啟 ch10_3.accdb 資料庫檔案，在上方功能區選【建立】索引標籤，點選游標所在的【查詢精靈】，如圖 10-3-10 所示：

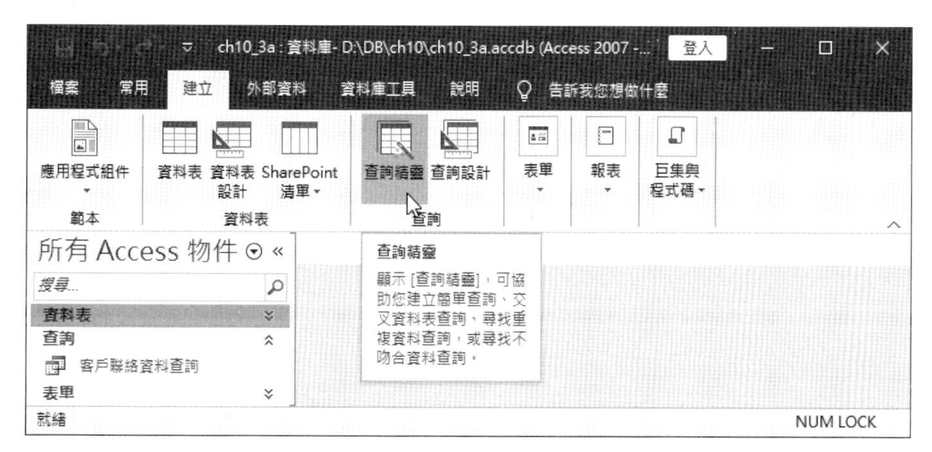

▲ 圖 10-3-10 點選【查詢精靈】

Step 2：在「新增查詢」對話方塊選【簡單查詢精靈】，按【確定】鈕啟動簡單查詢精靈，如圖 10-3-11 所示：

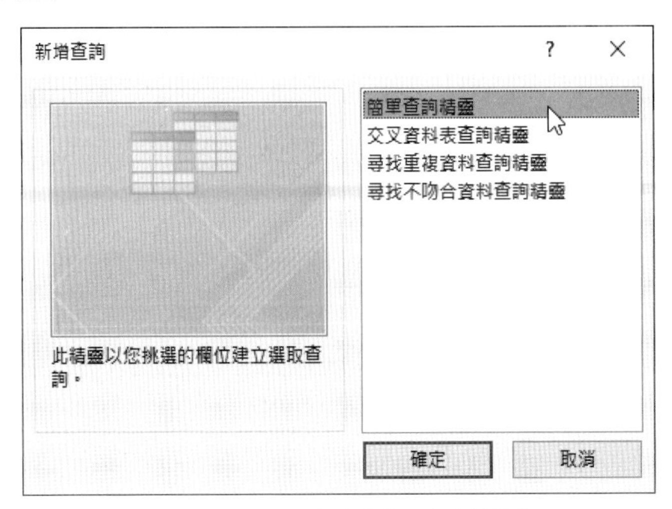

▲ 圖 10-3-11　啟動【簡單查詢精靈】

Step 3：在【資料表 / 查詢】欄選【資料表 : dbo_ 員工加班】資料表，下方可以看到資料表的可用欄位，請選取欄位後，按【>】鈕新增為已選取的欄位，按【>>】鈕可以選取全部欄位後，按【下一步】鈕，如圖 10-3-12 所示：

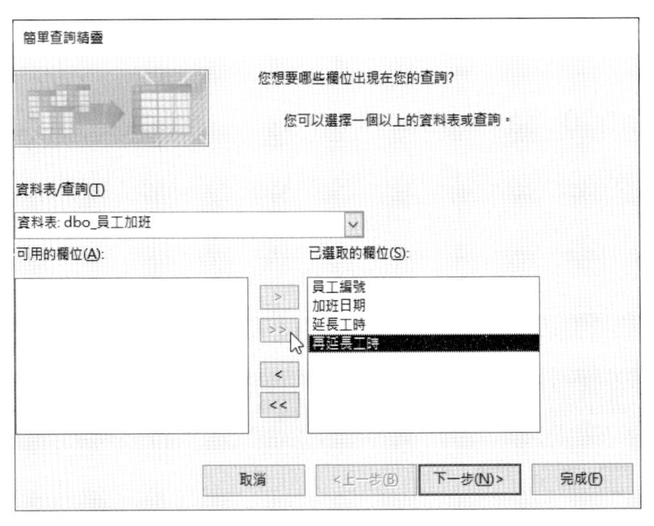

▲ 圖 10-3-12　選取【dbo_ 員工加班】資料表的全部欄位

Step 4：選擇查詢方式是詳細或摘要，選【詳細】顯示每一個欄位後，按【下一步】鈕，如圖 10-3-13 所示：

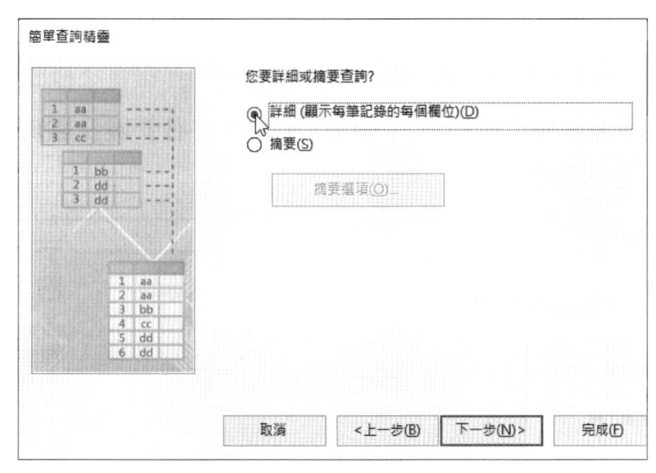

▲ 圖 10-3-13 選擇查詢方式

Step 5：在上方欄位輸入查詢物件名稱【員工加班時數查詢】，中間選【開啟查詢以檢視資訊】（選【修改查詢的設計】是進入設計檢視來修改查詢物件），按【完成】鈕，如圖 10-3-14 所示：

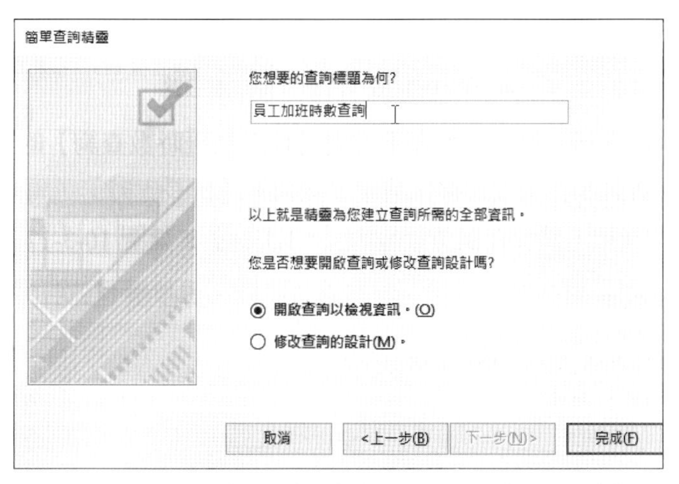

▲ 圖 10-3-14 輸入查詢物件名稱【員工加班時數查詢】

Step 6：可以馬上看到查詢物件的查詢結果，如圖 10-3-15 所示：

員工加班時數查詢

員工編號	加班日期	延長工時	再延長工時
E0001	2019/11/4	1	0
E0001	2019/11/6	2	1
E0001	2019/11/12	1	0
E0001	2019/11/15	1.5	0
E0001	2019/11/21	1	0
E0002	2019/11/5	1	0
E0002	2019/11/20	2	1.5
E0002	2019/11/26	1	0
E0003	2019/11/21	1	0
E0003	2019/11/22	0.5	0

記錄: 16 之 1 無篩選條件 搜尋

▲ 圖 10-3-15 查詢物件的查詢結果

Step 3：按右上角【X】鈕，可以看到一個警告訊息，按【是】鈕儲存報表物件，如圖 10-4-4 所示：

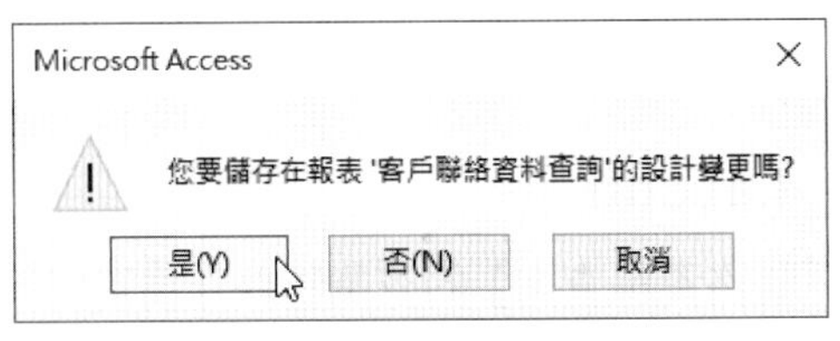

▲ 圖 10-4-4　警告訊息

Step 4：在「另存新檔」對話方塊的【報表名稱】欄輸入報表名稱【客戶聯絡資料報表】，按【確定】鈕，如圖 10-4-5 所示：

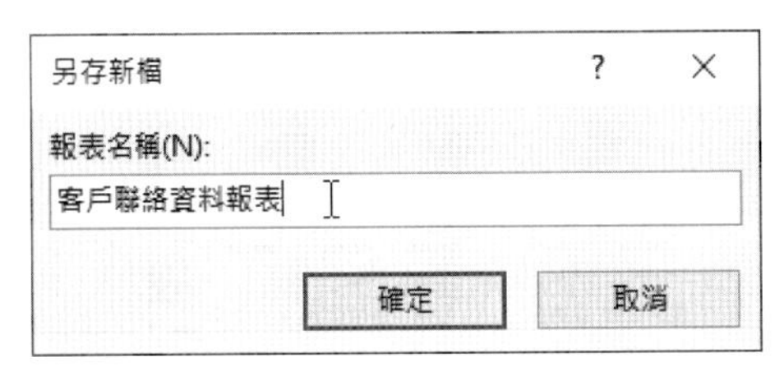

▲ 圖 10-4-5　輸入報表名稱【客戶聯絡資料報表】

Step 5：在「功能窗格」可以看到新增的報表物件，按兩下報表物件，或選擇後執行【右】鍵快顯功能表的【開啓】命令，如圖 10-4-6 所示：

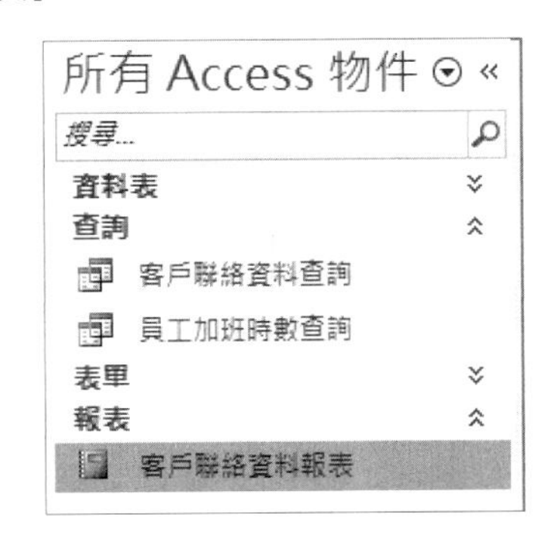

▲ 圖 10-4-6　新增的報表物件

Step 6：預設使用報表檢視開啓報表，請點選功能區第 1 個【檢視】的【預覽列印】命令，如圖 10-4-7 所示：

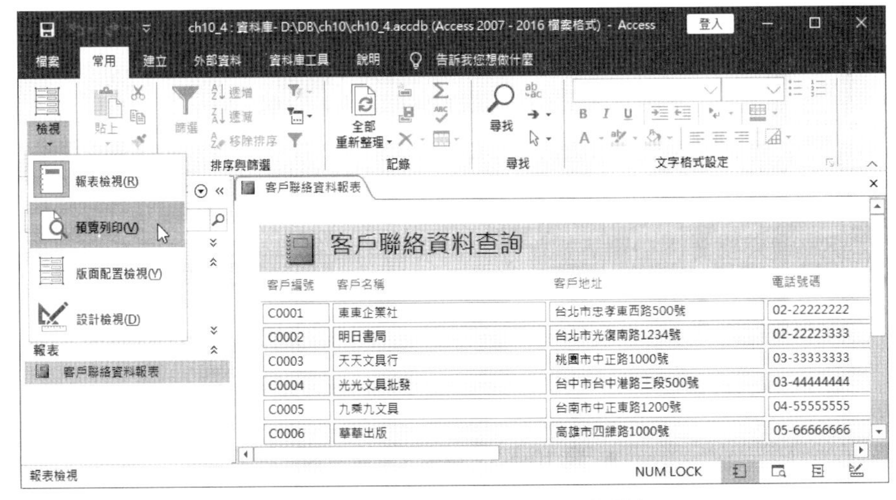

▲ 圖 10-4-7　切換成【預覽列印】檢視

Step 7：可以切換至報表的預覽列印檢視，如圖 10-4-8 所示：

客戶聯絡資料報表

客戶聯絡資料查詢

2019年11月27日
下午 05:31:58

客戶編號	客戶名稱	客戶地址	電話號碼	聯絡人
C0001	東東企業社	台北市忠孝東西路500號	02-22222222	陳明
C0002	明日書局	台北市光復南路1234號	02-22223333	王珍妮
C0003	天天文具行	桃園市中正路1000號	03-33333333	李志明
C0004	光光文具批發	台中市台中港路三段500號	03-44444444	林春嬌
C0005	九乘九文具	台南市中正東路1200號	04-55555555	周星星
C0006	華華出版	高雄市四維路1000號	05-66666666	吳鴻志
C0007	金小刀文具批發	台北市羅斯福路1500號	02-99999999	鄭功成
C0008	南日企業社	台北市信義路1500號	02-55555555	王中平
C0009	五福文具行	台北市信義路1234號	02-66666666	陳英傑
C0010	中和文具店	新北市中和區景平路500號	02-88888888	林清雲

▲ 圖 10-4-8 顯示報表的預覽列印檢視

Step 8：如果沒有問題，就可以在功能區選【列印】來列印出報表。

10-4-3 使用報表精靈製作報表

在第 10-4-1 節建立的報表並沒有群組欄位，單純只是顯示查詢物件的記錄資料，如果改用【員工加班時數查詢】查詢作爲資料來源，我們可以使用報表精靈以員工編號欄位作爲群組來製作報表。

資料庫範例：ch10_4a.accdb

請使用【員工加班時數查詢】的查詢物件作爲資料來源，製作員工加班時數的報表，並且計算本月的總時數，其步驟如下所示：

Step 1：請啓動 Access 開啓 ch10_4a.accdb 資料庫檔案，在功能區選【建立】索引標籤，點選【報表精靈】啓動報表精靈選擇顯示的欄位。

Step 2：在【資料表 / 查詢】欄選【查詢：員工加班時數查詢】，按【>>】鈕選取查詢物件的所有欄位後，按【下一步】鈕，如圖 10-4-9 所示：

▲ 圖 10-4-9 新增【查詢：員工加班時數查詢】的欄位

Step 8：稍等一下可以看到預覽的報表內容，每一位員工都有加班時數的總計，如圖 10-4-15 所示：

▲ 圖 10-4-15　預覽的報表內容

隨堂練習 10-4

1. 請在 Access 使用報表精靈以第 10-3 節隨堂練習建立的【員工聯絡資料查詢】作爲資料來源，製作此查詢物件的報表。

本章習題

選擇題

(　　) 1. 請指出下列哪一個關於 SQL Server 檢視表的描述是不正確的？
(A) 定義在資料表或其他檢視表的虛擬資料表
(B) 檢視表只有定義，沒有實際儲存資料
(C) 檢視表是唯讀，不能新增、刪除和更新記錄
(D) 檢視表的資料來源可以是資料表和其他檢視表。

(　　) 2. 請問下列哪一種檢視表是只有挑選資料表中部分欄位和記錄？ (A) 列欄子集檢視表 (B) 合併檢視表　(C) 統計摘要檢視表　(D) 以上皆是。

(　　) 3. 請問 Access 查詢物件的資料來源可以是下列哪兩種物件？ (A) 資料表 / 查詢 (B) 查詢 / 報表　(C) 資料表 / 報表　(D) 查詢 / 報表。

(　　) 4. 請問 Access 報表精靈最多支援幾個欄位進行排序？ (A) 3　(B) 4　(C) 5　(D) 6。

(　　) 5. 請問下列哪一個並不是 Access 報表精靈支援的版面配置？ (A) 分層式　(B) 區塊 (C) 大綱　(D) 標準。

實作題

1. 請使用 Management Studio 建立名為【產品建檔檢視表】的檢視表，在檢視表包含：產品編號、產品名稱、產品說明和定價欄位。
2. 請繼續實作題 1. 改用 Access 設計檢視來建立相同內容的【產品建檔查詢】查詢物件。
3. 請繼續實作題 1. 改用 Access 簡單查詢精靈來建立相同內容的【產品建檔查詢】查詢物件。
4. 請繼續實作題 2. 參閱第 10-4-2 節的說明，使用 Access 建立【產品建檔查詢報表】報表物件，其資料來源是【產品建檔查詢】查詢物件。
5. 請繼續實作題 4. 參閱第 10-4-3 節的說明，改用 Access 報表精靈建立【產品建檔查詢報表】報表物件。

NOTE

Chapter

11

多資料表查詢操作

11-1 建立多資料表的關聯查詢

關聯式資料庫是將資料表中的重複記錄分割成多個資料表，其目的是方便資料表的記錄操作，避免重複資料，反之，Access 查詢可以將分割資料表還原成重複記錄，以方便人們閱讀和理解。

11-1-1 本章測試的 SQL Server 資料庫

因為公司員工的薪資是保密資料，所以小明在【銷售管理系統】資料庫新增【dbo_員工薪資】資料表來儲存員工年薪和獎金。在本章使用的【銷售管理系統】共有 7 個資料表，如圖 11-1-1 所示：

dbo.客戶
dbo.訂單
dbo.訂單明細
dbo.員工
dbo.員工加班
dbo.員工薪資
dbo.產品

▲ 圖 11-1-1 【銷售管理系統】的資料表

員工薪資

欄位名稱	資料類型	長度	允許 Null	欄位說明
員工編號	char	5	不勾選	員工編號，主鍵
員工年薪	int	N/A	不勾選	員工的年薪
年終獎金	int	N/A	不勾選	員工的年終獎金
業積獎金	float	N/A	勾選	員工的業積獎金

資料庫範例：ch11_1.accdb

因為 SQL Server 資料庫的資料表已經變更，在 Access 資料庫 ch11_1.accdb 需要重新建立資料連接，我們是使用【銷售管理系統 .dsn】新增資料來源後，重建 ODBC 資料連接來多連接【dbo_員工薪水】資料表，如圖 11-1-2 所示：

▲ 圖 11-1-2 連接【dbo_員工薪水】資料表

然後在資料庫圖表重建資料表之間的關聯性，如圖 11-1-3 所示：

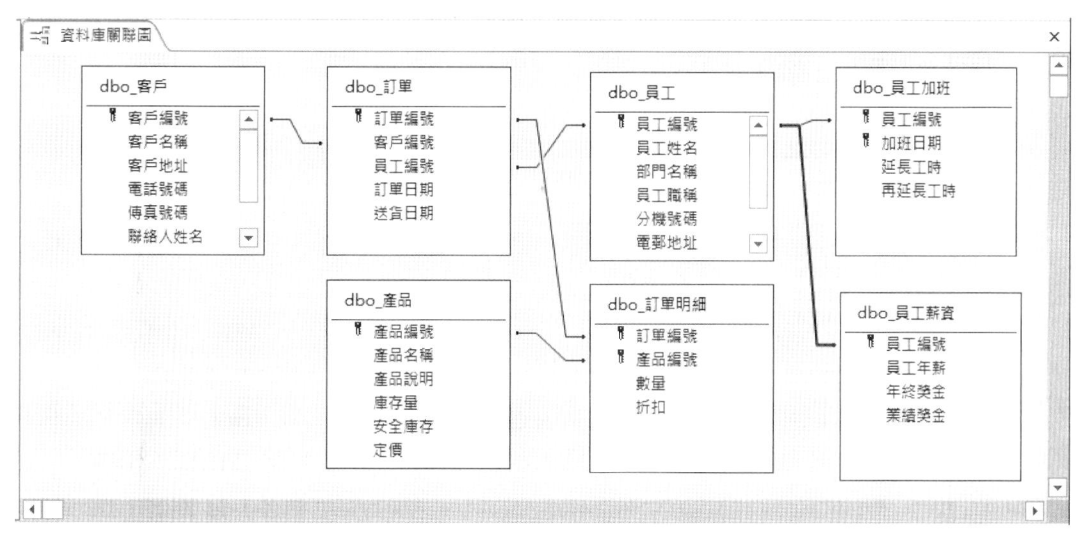

▲ 圖 11-1-3 重建資料表之間的關聯性

11-1-2 一對一的關聯查詢

一對一關聯性在實務上就是切割出資料表的子集，其目的是隱藏一些機密資料，例如：在【dbo_ 員工】資料表並沒有薪資資料，這些資料是儲存在【dbo_ 員工薪資】資料表。

資料庫範例：ch11_1a.accdb

請使用查詢物件建立【dbo_ 員工】與【dbo_ 員工薪資】資料表的一對一關聯查詢，可以顯示員工的年薪和獎金資料，其步驟如下所示：

Step 1：請啟動 Access 開啟 ch11_1a.accdb 資料庫檔案，在功能區選【建立】索引標籤，點選游標所在的【查詢設計】。

Step 2：在「顯示資料表」對話方塊的【資料表】標籤選【dbo_ 員工】和【dbo_ 員工薪資】兩個資料表，按【新增】鈕新增資料表後，按【關閉】鈕，如圖 11-1-4 所示：

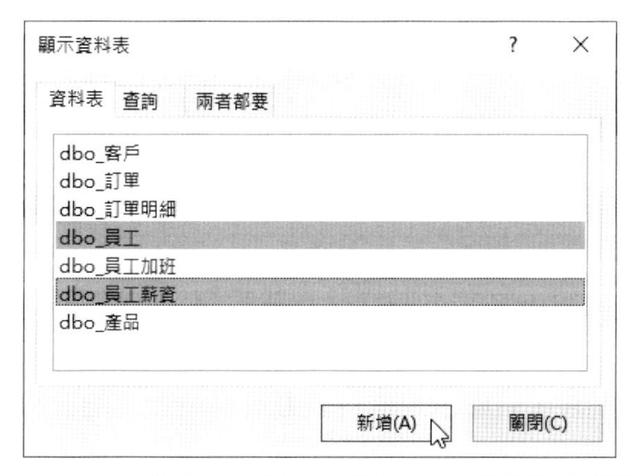

▲ 圖 11-1-4 選【dbo_ 員工】和【dbo_ 員工薪資】資料表

11-1-3 一對多的關聯查詢

關聯式資料庫執行資料正規化的目的是為了避免資料重複。例如：在【dbo_ 訂單】資料表只有【客戶編號】欄位，客戶的詳細資料是在【dbo_ 客戶】資料表，如果單純查詢【dbo_ 訂單】資料表，我們也只能知道客戶編號，並無法取得客戶的詳細資料。

Access 查詢物件可以解決此問題，因為資料表之間已經建立關聯性，查詢物件可以透過關聯性取得【dbo_ 客戶】資料表的【客戶姓名】；反之，在【dbo_ 訂單】資料表也可以查詢這位客戶共有幾筆訂單。

資料庫範例：ch11_1b.accdb

請使用查詢物件建立【dbo_ 客戶】與【dbo_ 訂單】資料表的一對多關聯查詢，可以顯示每位客戶所下的訂單資料，其步驟如下所示：

Step 1：請啟動 Access 開啟 ch11_1b.accdb 資料庫檔案，並且開啟空白查詢物件的設計檢視後，選取【dbo_ 客戶】和【dbo_ 訂單】資料表，如圖 11-1-11 所示：

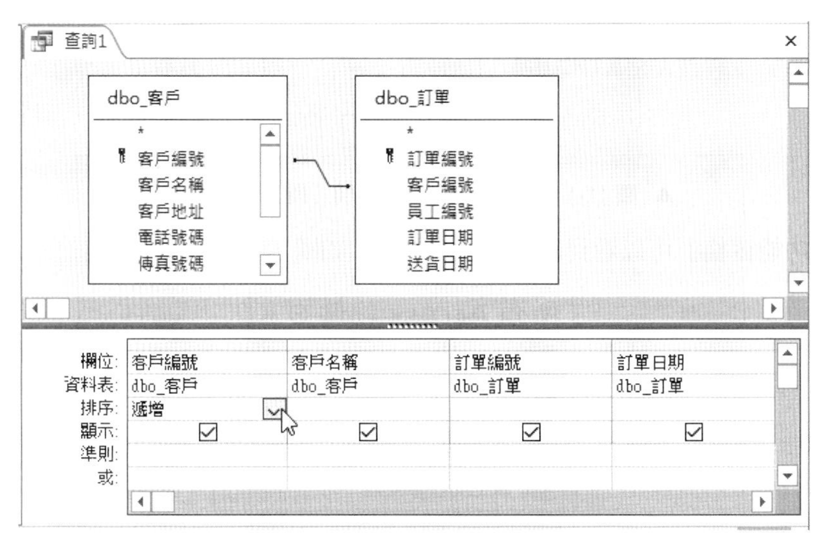

▲ 圖 11-1-11 選取兩個資料表的欄位

Step 2：在【dbo_ 客戶】資料表選取【客戶編號】和【客戶名稱】欄位，【dbo_ 訂單】資料表選取【訂單編號】和【訂單日期】欄位，並且在【客戶編號】的排序欄選【遞增】。

說明

因為上述查詢物件是客戶的訂單資料，所以先從客戶資料表選取所需欄位，訂單資料是儲存在【dbo_ 訂單】資料表，我們可以透過訂單資料表的【客戶編號】來取得【訂單編號】和【訂單日期】欄位。

Step 3：在儲存設計檢視建立【客戶訂單查詢】後，可以看到新增的查詢物件，如圖 11-1-12 所示：

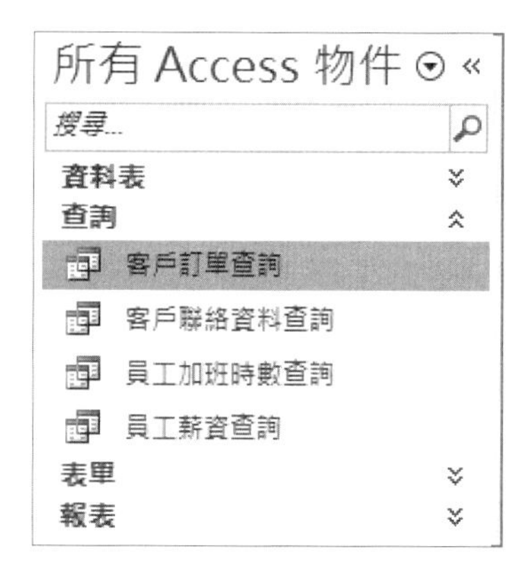

▲ 圖 11-1-12 在「功能窗格」看到新增的查詢物件

Step 4：按兩下【客戶訂單查詢】後，可以看到查詢結果的客戶訂單資料，如圖 11-1-13 所示：

客戶訂單查詢

客戶編號	客戶名稱	訂單編號	訂單日期
C0001	東東企業社	D0001	2019/12/2
C0001	東東企業社	D0002	2019/12/2
C0001	東東企業社	D0009	2019/12/4
C0001	東東企業社	D0015	2019/12/5
C0002	明日書局	D0011	2019/12/5
C0003	天天文具行	D0012	2019/12/5
C0003	天天文具行	D0008	2019/12/4
C0003	天天文具行	D0003	2019/12/2
C0004	光光文具批發	D0010	2019/12/5
C0004	光光文具批發	D0006	2019/12/4
C0005	九乘九文具	D0007	2019/12/4
C0005	九乘九文具	D0004	2019/12/3
C0005	九乘九文具	D0013	2019/12/5
C0006	華華出版	D0014	2019/12/5
C0006	華華出版	D0005	2019/12/4

記錄: 15 之 1 無篩選條件 搜尋

▲ 圖 11-1-13 查詢結果的客戶訂單資料

11-1-4 多對多的關聯查詢

當我們在資料表之間建立多對多關聯性後，就可以建立查詢物件透過結合資料表來顯示兩個資料表的欄位資料。例如：【dbo_訂單】和【dbo_產品】資料表是使用【dbo_訂單明細】結合資料表來建立多對多關聯性，可以使用查詢物件取得訂單和訂單項目的詳細資料。

資料庫範例：ch11_1c.accdb

請使用查詢物件建立訂單查詢的多對多關聯式查詢，可以顯示所有客戶所下訂單的詳細資料，包含訂單每一項產品的產品名稱，其步驟如下所示：

Step 1：請啓動 Access 開啓 ch11_1c.accdb 資料庫檔案，並且開啓空白查詢物件的設計檢視後，選取【dbo_ 客戶】、【dbo_ 訂單】、【dbo_ 訂單明細】和【dbo_ 產品】資料表，如圖 11-1-14 所示：

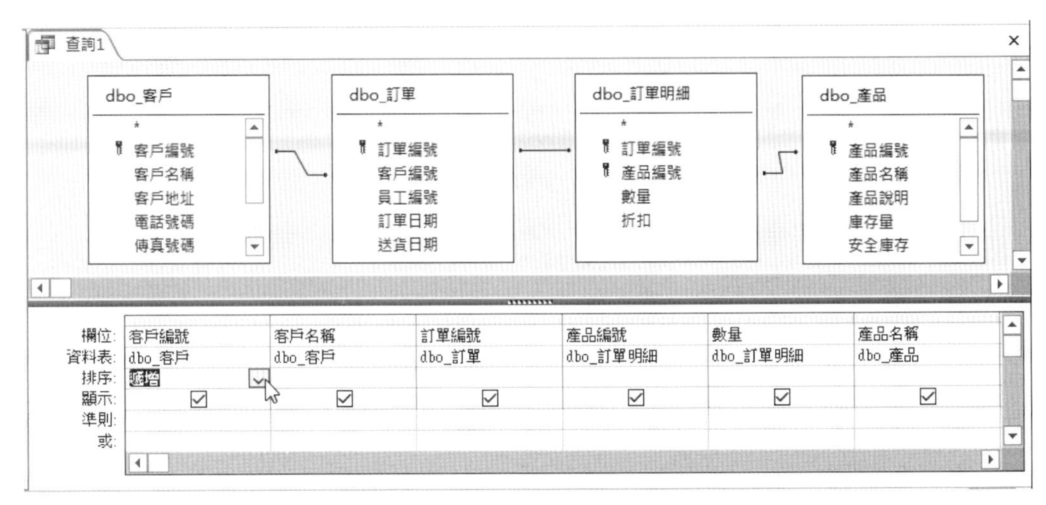

▲ 圖 11-1-14　選取四個資料表的欄位

Step 2：在【dbo_ 客戶】資料表選【客戶編號】和【客戶名稱】欄位，【dbo_ 訂單】資料表選取【訂單編號】，【dbo_ 訂單明細】資料表選取【產品編號】和【數量】，在【dbo_產品】資料表選取【產品名稱】，並且在【客戶編號】的排序欄選【遞增】。

說明

因爲查詢物件是查詢客戶的訂單資料，我們需要先從客戶資料表選取所需欄位，然後取得此客戶的訂單資料，訂單的詳細項目是在訂單明細資料表，此資料表只有產品編號，所以需要再從產品資料表取得產品名稱。

Step 3：在儲存設計檢視建立【訂單查詢】後，可以在「功能窗格」看到新增的查詢物件，如圖 11-1-15 所示：

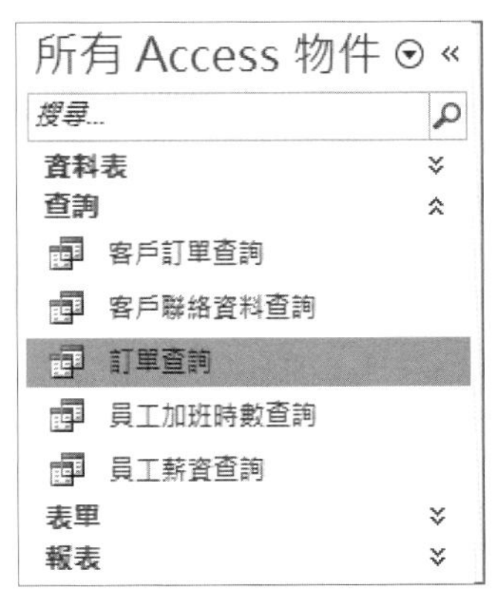

▲ 圖 11-1-15　在「功能窗格」看到新增的查詢物件

Step 4：按兩下【訂單查詢】後，可以看到查詢結果的訂單和產品項目，如圖 11-1-16 所示：

訂單查詢

客戶編號	客戶名稱	訂單編號	產品編號	數量	產品名稱
C0001	東東企業社	D0001	P0001	1	原子筆1包
C0001	東東企業社	D0001	P0002	1	文具尺1包
C0001	東東企業社	D0001	P0003	1	訂書針1包
C0001	東東企業社	D0001	P0004	2	辦公剪刀(中)
C0001	東東企業社	D0002	P0003	1	訂書針1包
C0001	東東企業社	D0002	P0004	4	辦公剪刀(中)
C0001	東東企業社	D0002	P0005	1	雙面膠帶1組
C0001	東東企業社	D0002	P0006	1	螢光筆一套
C0001	東東企業社	D0009	P0002	5	文具尺1包
C0001	東東企業社	D0009	P0003	1	訂書針1包
C0001	東東企業社	D0009	P0004	1	辦公剪刀(中)
C0001	東東企業社	D0009	P0008	5	長尾夾一盒(小)
C0002	明日書局	D0011	P0001	1	原子筆1包
C0002	明日書局	D0011	P0002	1	文具尺1包
C0002	明日書局	D0011	P0003	1	訂書針1包
C0002	明日書局	D0011	P0004	1	辦公剪刀(中)

記錄: 50 之 1 無篩選條件 搜尋

▲ 圖 11-1-16　查詢結果的訂單和產品項目

隨堂練習 11-1

1. 請在 Access 建立【dbo_員工】與【dbo_員工加班】資料表名為【員工加班資料查詢】的一對一關聯查詢，可以顯示員工的加班資料。
2. 請在 Access 建立【dbo_員工】與【dbo_訂單】資料表名為【員工訂單資料查詢】的一對多關聯查詢，可以顯示每位員工處理的訂單資料。

11-2 Access 查詢物件的應用

Access 查詢物件的資料來源可以是資料表或其他查詢物件，為了取得查詢結果，我們可能需要重複建立數次查詢物件和不同方式的查詢後，才能取得眞正所需的查詢結果。

11-2-1 簡單查詢精靈的摘要查詢

Access 簡單查詢精靈可以計算資料表欄位的總計、平均、最大和最小等摘要資訊和記錄的筆數。例如：筆者準備統計每一位客戶訂單的項目總數和總金額，這些記錄是儲存在【dbo_訂單明細】資料表。

因為在【dbo_訂單明細】資料表沒有【客戶編號】、【客戶名稱】、【產品名稱】、【訂價】和【折扣】等欄位，我們需要先建立【客戶訂單明細查詢】查詢物件來取得這些資料，其查詢結果如圖 11-2-1 所示：

客戶訂單明細查詢

客戶編號	客戶名稱	訂單編號	產品編號	產品名稱	數量	定價	折扣	小計
C0001	東東企業社	D0001	P0001	原子筆1包	1	NT$110.00	80	88
C0001	東東企業社	D0001	P0002	文具尺1包	1	NT$45.00	80	36
C0001	東東企業社	D0001	P0003	訂書針1包	1	NT$20.00	80	16
C0001	東東企業社	D0001	P0004	辦公剪刀(中)	2	NT$35.00	80	56
C0001	東東企業社	D0002	P0003	訂書針1包	1	NT$20.00	80	16
C0001	東東企業社	D0002	P0004	辦公剪刀(中)	4	NT$35.00	80	112
C0001	東東企業社	D0002	P0005	雙面膠帶1組	1	NT$38.00	80	30.4
C0001	東東企業社	D0002	P0006	螢光筆一套	1	NT$35.00	80	28
C0001	東東企業社	D0009	P0002	文具尺1包	5	NT$45.00	80	180
C0001	東東企業社	D0009	P0003	訂書針1包	1	NT$20.00	80	16
C0001	東東企業社	D0009	P0004	辦公剪刀(中)	1	NT$35.00	80	28
C0001	東東企業社	D0009	P0008	長尾夾一盒(小)	5	NT$20.00	80	80
C0002	明日書局	D0011	P0001	原子筆1包	1	NT$110.00	80	88
C0002	明日書局	D0011	P0002	文具尺1包	1	NT$45.00	80	36

記錄: 50 之 1　無篩選條件　搜尋

▲ 圖 11-2-1　【客戶訂單明細查詢】的查詢物件

上述查詢物件是【dbo_ 訂單明細】資料表的欄位擴充，最後的小計欄位是【定價 * 數量 * 折扣 /100】的值。

資料庫範例：ch11_2.accdb

請使用【客戶訂單明細查詢】查詢物件來統計客戶訂購的產品總數量和共花費了多少錢，其步驟如下所示：

Step 1：請啟動 Access 開啟 ch11_2.accdb 資料庫檔案，和啟動簡單查詢精靈，在【資料表 / 查詢】欄選【查詢 : 客戶訂單明細查詢】，然後選取客戶編號、客戶名稱和小計，按【下一步】鈕，如圖 11-2-2 所示：

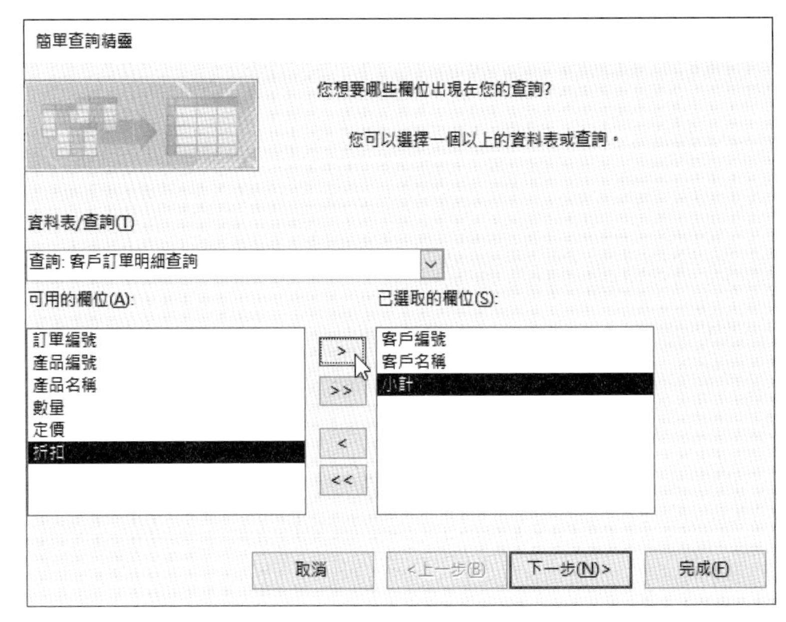

▲ 圖 11-2-2　選【查詢 : 客戶訂單明細查詢】的欄位

Step 2：選【摘要】，按下方的【摘要選項】鈕，如圖 11-2-3 所示：

簡單查詢精靈
您要詳細或摘要查詢?
詳細 (顯示每筆記錄的每個欄位)(D)
摘要(S)
摘要選項(O)...
取消
<上一步(B)
下一步(N)>
完成(F)

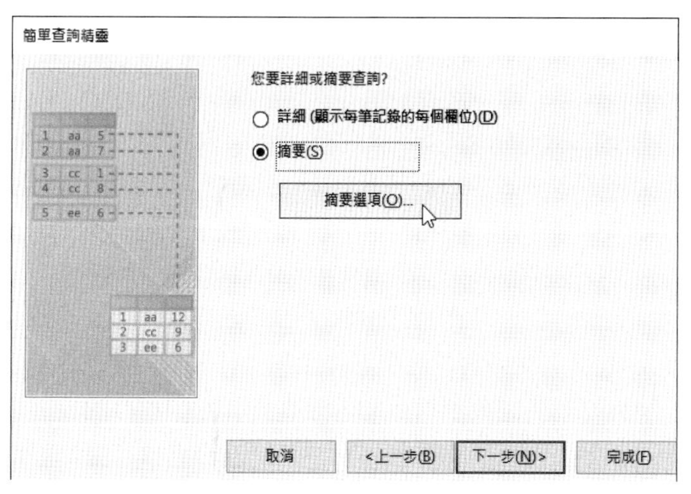

▲ 圖 11-2-3 選【摘要】指定摘要查詢

Step 3：在「摘要選項」對話方塊勾選小計欄的【總計】和右下方【計算在 客戶訂單明細查詢中的記錄】，按【確定】鈕後，再按【下一步】鈕，如圖 11-2-4 所示：

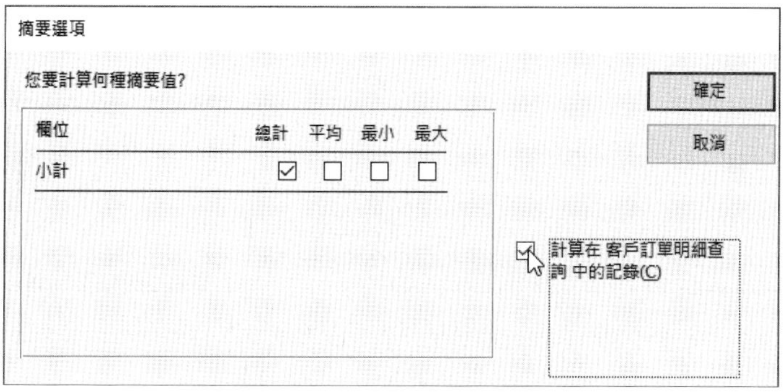

摘要選項
您要計算何種摘要值?
欄位
總計
平均
最小
最大
小計
確定
取消
計算在 客戶訂單明細查詢 中的記錄(C)

▲ 圖 11-2-4 「摘要選項」對話方塊

Step 4：在上方欄位輸入查詢的標題名稱【客戶訂單明細總項目數和金額查詢】，中間選【開啟查詢以檢視資訊】，按【完成】鈕，如圖 11-2-5 所示：

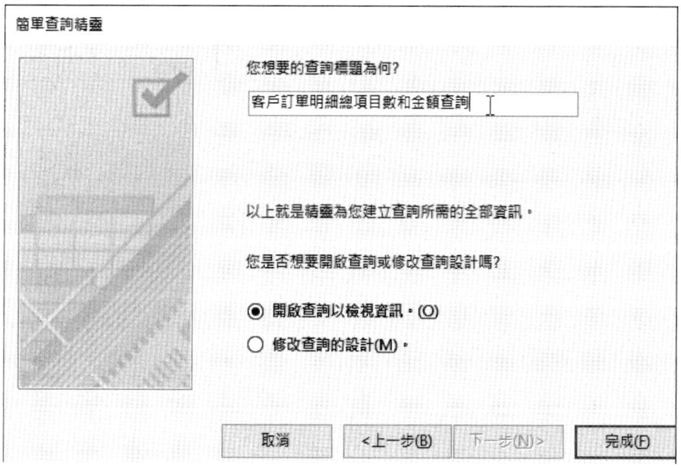

簡單查詢精靈
您想要的查詢標題為何?
客戶訂單明細總項目數和金額查詢
以上就是精靈為您建立查詢所需的全部資訊。
您是否想要開啟查詢或修改查詢設計嗎?
開啟查詢以檢視資訊。(O)
修改查詢的設計(M)。
取消
<上一步(B)
下一步(N)>
完成(F)

▲ 圖 11-2-5 輸入查詢的標題名稱【客戶訂單明細總項目數和金額查詢】

Step 5：稍等一下，就可以看到查詢結果，如圖 11-2-6 所示：

客戶訂單明細總項目數和金額查詢

客戶編號	客戶名稱	小計 之 總計	客戶訂單明細:
C0001	東東企業社	686.4	12
C0002	明日書局	200	6
C0003	天天文具行	1018.4	9
C0004	光光文具批發	540	9
C0005	九乘九文具	452	8
C0006	華華出版	224	6

記錄: 6 之 1　無篩選條件　搜尋

▲ 圖 11-2-6　查詢結果

上述欄位【小計 之 總計】是各客戶訂單的總金額；【客戶訂單明細查詢之筆數】是訂購的項目總數。請開啓【客戶訂單明細總項目數和金額查詢】查詢物件的設計檢視標籤頁，可以看到新增【合計】欄（或在查詢物件的設計檢視，選功能區最右邊【合計】顯示此欄位），如圖 11-2-7 所示：

欄位:	客戶編號	客戶名稱	小計 之 總計: 小計	客戶訂單明細查詢之筆數:
資料表:	客戶訂單明細查詢	客戶訂單明細查詢	客戶訂單明細查詢	
合計:	群組	群組	總計	運算式
排序:				
顯示:	☑	☑		☑
準則:				
或:				

群組
總計
平均
最小值
最大值
筆數
標準差
變異數
第一筆
最後一筆
運算式
條件

▲ 圖 11-2-7　開啓【客戶訂單明細總項目數和金額查詢】查詢物件的設計檢視標籤頁

在設定為【群組】後，即可將這些重複記錄視為是一個群組，計算指定欄位的統計資料，在下拉式選單是 SQL 聚合函數，其簡單說明如表 11-2-1 所示：

▼ 表 11-2-1　SQL 聚合函數

選項	聚合函數
總計	Sum()
平均	Avg()
最小值	Min()
最大值	Max()
筆數	Count()
標準差	SetPev()、SetPevp()
變異數	Var()、VarP()

11-2-2 交叉資料表查詢

Access 交叉資料表查詢精靈可以幫助我們建立資料表的交叉分析，例如：將客戶視爲 Y 軸；產品爲 X 軸，可以在表格清楚顯示每位客戶購買哪些產品和購買次數，如圖 11-2-8 所示：

客戶名稱	合計 產品編號	文具尺1包	長尾夾一盒(小)	訂書針1包	訂書機	原子筆1包	螢光筆一套	辦公剪刀(中)	雙面膠帶1組
九乘九文具	8	1	2		2		1	2	
天天文具行	9		1	2	2		1	2	1
光光文具批發	9	2	1	1	2	1	1	1	
明日書局	6	1	1	1	1	1		1	
東東企業社	12	2	1	3		1	1	3	1
華華出版	6		1	1	1	1	1	1	

▲ 圖 11-2-8 資料表的交叉分析

上述圖例的欄位值是客戶購買此產品的次數，合計欄是客戶購買這些產品的總次數。

資料庫範例：ch11_2a.accdb

請使用【交叉資料表查詢精靈】建立【客戶訂單明細查詢】物件的交叉資料表查詢，其步驟如下所示：

Step 1：請啓動 Access 開啓 ch11_2a.accdb 資料庫檔案，在功能區選【建立】索引標籤，點選【查詢精靈】，在「新增查詢」對話方塊選【交叉資料表查詢精靈】，按【確定】鈕，如圖 11-2-9 所示：

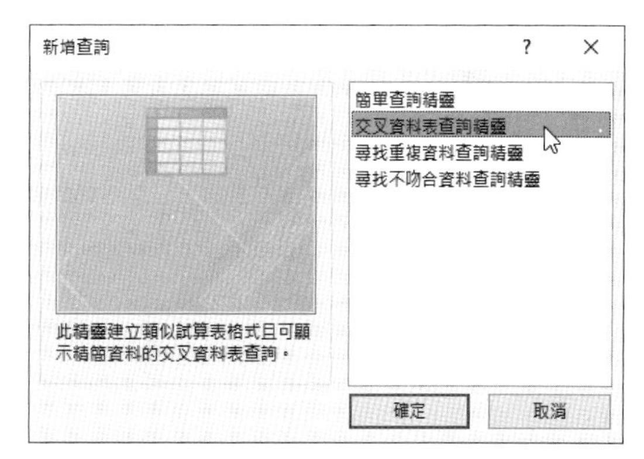

▲ 圖 11-2-9 啓動【交叉資料表查詢精靈】

Step 2：在中間「檢視」框選【查詢】，再選【查詢：客戶訂單明細查詢】，按【下一步】鈕選擇 Y 軸欄位，如圖 11-2-10 所示：

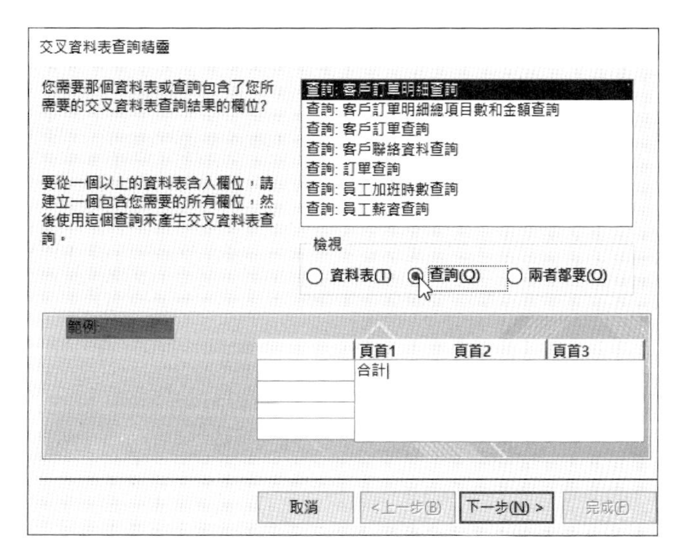

▲ 圖 11-2-10 選擇交叉資料表查詢的資料來源

Step 3：在「可用的欄位」框選擇【客戶名稱】欄位，按【>】鈕新增到已選取的欄位，在下方範例可以看到顯示欄位，按【下一步】鈕，如圖 11-2-11 所示：

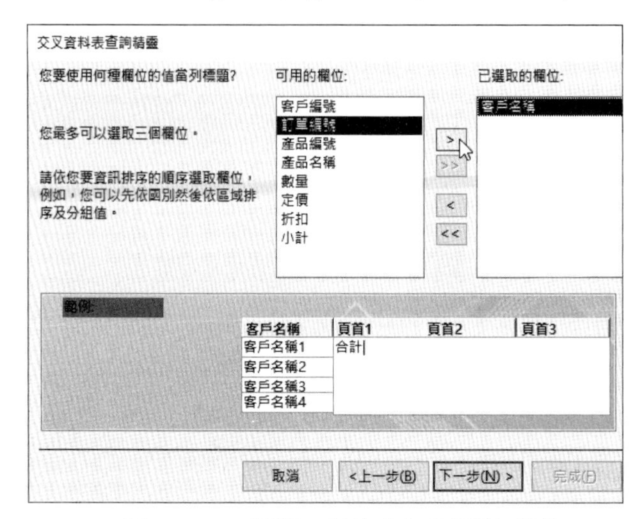

▲ 圖 11-2-11　選擇 Y 軸的【客戶名稱】欄位

Step 4：選擇 X 軸欄位【產品名稱】欄位，在下方範例可以看到顯示欄位，按【下一步】鈕，如圖 11-2-12 所示：

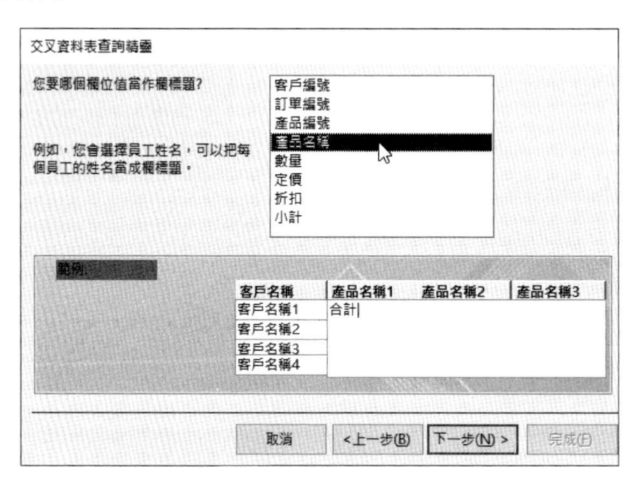

▲ 圖 11-2-12　選擇 X 軸的【產品名稱】欄位

Step 5：選擇交叉分析的欄位和函數，請在【欄位】欄選【產品編號】，【函數】欄選【計數】統計產品編號的記錄筆數，按【下一步】鈕，如圖 11-2-13 所示：

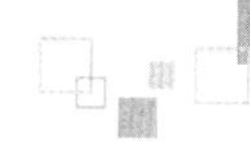

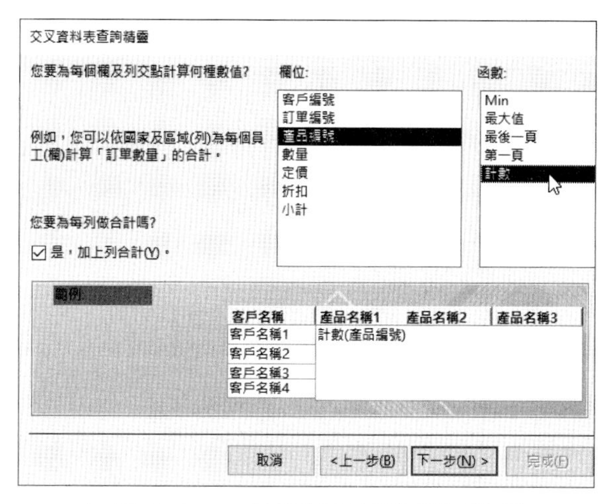

▲ 圖 11-2-13 選擇交叉分析的欄位和函數

Step 6：在上方欄位輸入查詢名稱【客戶訂單明細查詢交叉資料表查詢】，中間選【檢視查詢】，按【完成】鈕，如圖 11-2-14 所示：

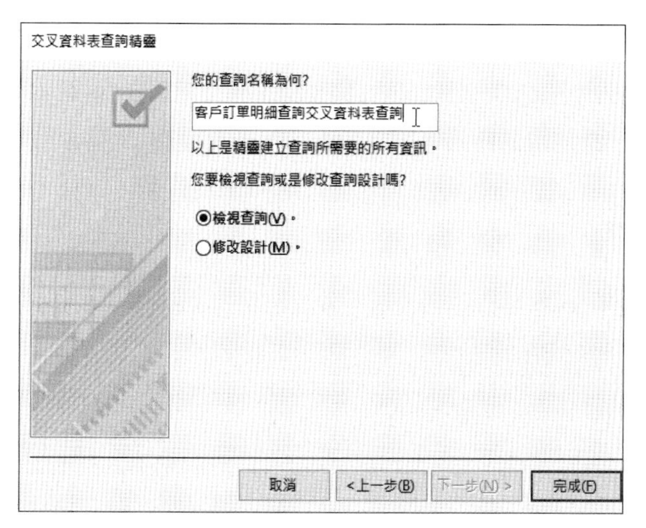

▲ 圖 11-2-14 輸入查詢名稱【客戶訂單明細查詢交叉資料表查詢】

Step 7：稍等一下，可以看到交叉資料表的查詢結果，如圖 11-2-15 所示：

客戶訂單明細查詢交叉資料表查詢

客戶名稱	合計 產品編號	文具尺1包	長尾夾一盒(小)	訂書針1包	訂書機	原子筆1包	螢光筆一套	辦公剪刀(中)	雙面膠帶1組
九乘九文具	8	1	2		2		1	2	
[illegible]具行	9		1	2	2		1	2	1
[illegible]具批發	9	2	1	1	2	1	1	1	
明日書局	6	1	1	1	1	1		1	
東東企業社	12	2	1	3		1	1	3	1
華華出版	6		1	1	1	1	1	1	

記錄: 6 之 1 無篩選條件 搜尋

▲ 圖 11-2-15 交叉資料表的查詢結果

隨堂練習 11-2

1. 請舉例說明什麼是 Access 摘要查詢？何謂交叉資料表查詢？

11-3 製作關聯報表

在第 10 章我們製作報表的資料來源都是單一資料表，對於關聯式資料庫的多個資料表，我們一樣可以使用 Access 報表精靈來製作關聯式報表。

11-3-1 建立一對多關聯報表

一對多關聯性因爲有一個資料表的記錄是多筆，Access 建立的報表是一種階層報表，需要指定使用哪一個資料表爲主，通常是以「一」資料表爲主；「多」資料表爲下一層。

簡單的說，一對多關聯報表類似群組層次，只是使用「一」資料表的記錄作爲群組，可以群組顯示「多」資料表的多筆記錄。

資料庫範例：ch11_3.accdb

請使用報表精靈建立【dbo_ 客戶】和【dbo_ 訂單】資料表的一對多關聯式報表，其步驟如下所示：

Step 1：請啟動 Access 開啟 ch11_3.accdb 資料庫檔案後，在功能區選【建立】索引標籤，點選【報表精靈】啟動報表精靈，從【資料表 : dbo_ 客戶】選客戶編號和客戶名稱，【資料表 : dbo_ 訂單】選訂單編號、訂單日期和送貨日期，按【下一步】鈕，如圖 11-3-1 所示：

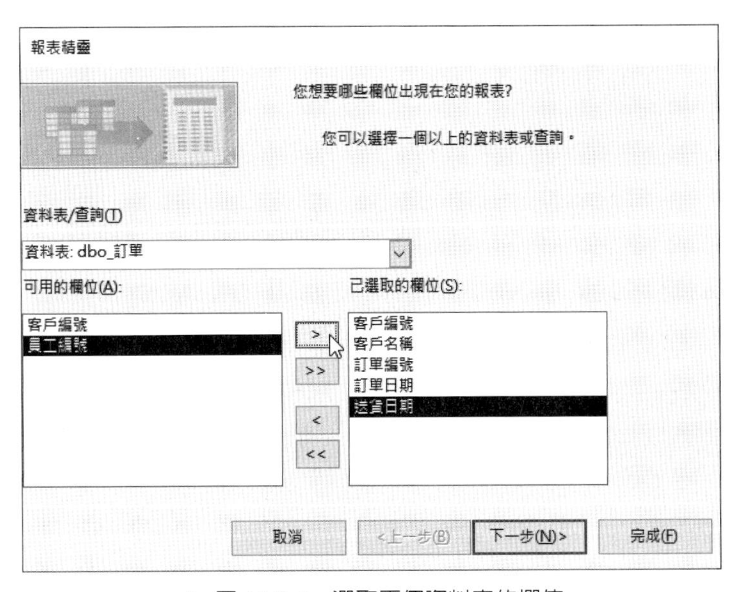

▲ 圖 11-3-1　選取兩個資料表的欄位

Step 2：選擇資料檢視方式是【以 dbo_ 客戶】爲主資料表，按【下一步】鈕，如圖 11-3-2 所示：

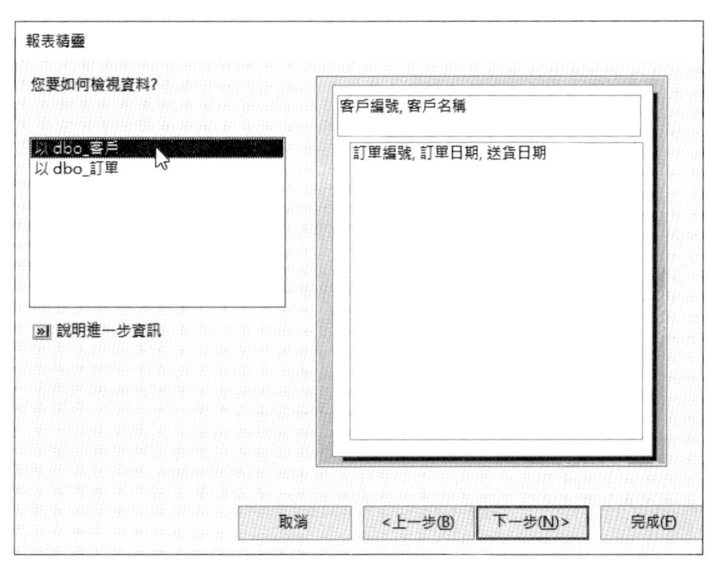

▲ 圖 11-3-2 選取【dbo_ 客戶】為主資料表

Step 3：在左邊選【客戶編號】欄位，按【>】鈕新增爲群組層次，按【下一步】鈕，如圖 11-3-3 所示：

▲ 圖 11-3-3 選取【客戶編號】欄位為群組層次

Step 4：選【訂單編號】的【遞增】排序，按【下一步】鈕，如圖 11-3-4 所示：

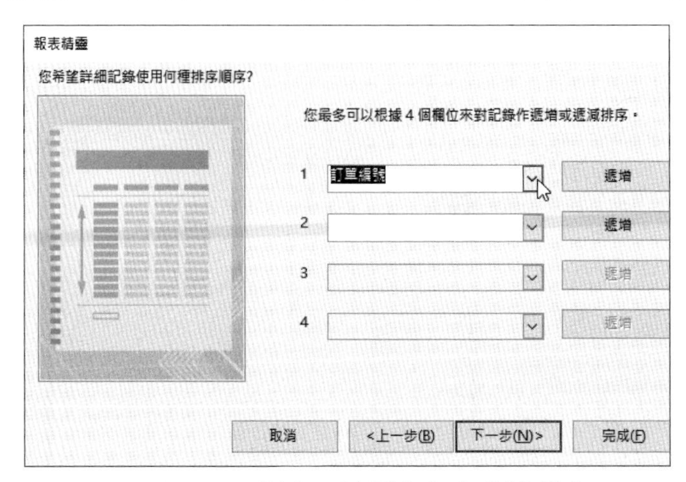

▲ 圖 11-3-4　選【訂單編號】的【遞增】排序

Step 5：選【大綱】版面配置，列印方向為【直印】，按【下一步】鈕，如圖 11-3-5 所示：

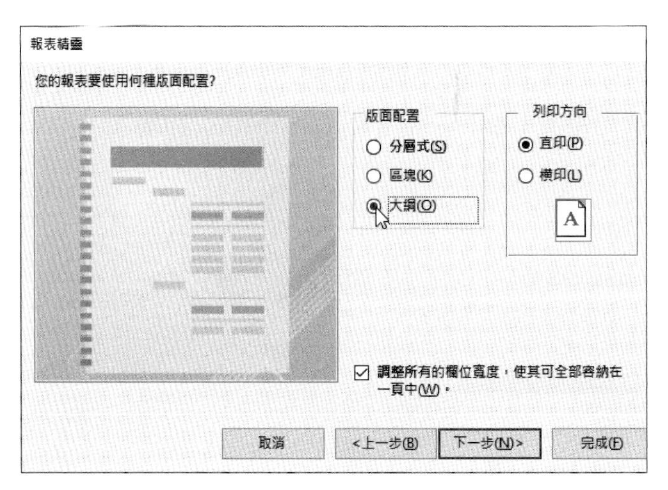

▲ 圖 11-3-5　選【大綱】版面配置，列印方向為【直印】

Step 6：輸入報表標題名稱【客戶訂單報表】，勾選【預覽這份報表】，按【完成】鈕，如圖 11-3-6 所示：

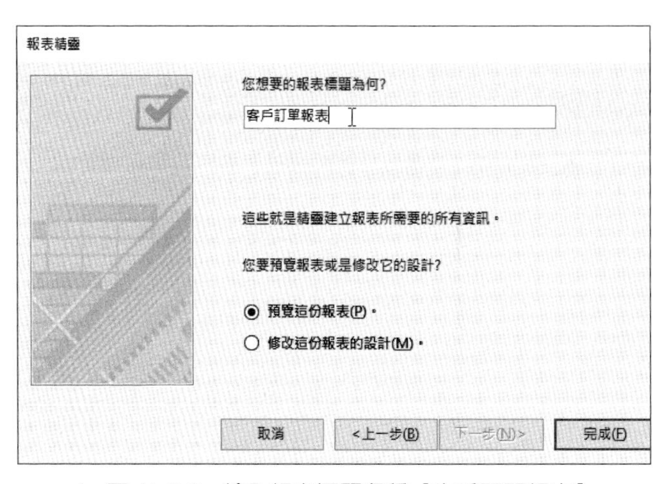

▲ 圖 11-3-6　輸入報表標題名稱【客戶訂單報表】

Step 7：稍等一下，可以看到報表的預覽內容，如圖 11-3-7 所示：

▲ 圖 11-3-7　報表的預覽內容

上述 Access 報表的垂直 2 欄是「一」的【dbo_ 客戶】資料表，後水平的 3 欄是「多」的【dbo_ 訂單】資料表。

11-3-2　建立多對多關聯報表

因為多對多關聯性可以執行雙向的一對多關聯查詢，建立多對多關聯報表在實作上仍然是一對多關聯報表，只是我們需要考量使用以哪一個方向為主資料表來建立報表，請注意！多對多關聯報表至少需要使用 3 個資料表作為資料來源。

資料庫範例：ch11_3a.accdb

請使用報表精靈建立【dbo_ 客戶】、【dbo_ 訂單】、【dbo_ 訂單明細】和【dbo_ 產品】資料表的多對多關聯報表，其步驟如下所示：

Step 1：請啓動 Access 開啓 ch11_3a.accdb 資料庫檔案後，在功能區選【建立】索引標籤，點選【報表精靈】鈕啓動報表精靈。

Step 2：從【資料表 : dbo_ 客戶】選客戶編號和客戶名稱，【資料表 : dbo_ 訂單】選訂單編號，【資料表 : dbo_ 訂單明細】選產品編號、數量和折扣，【資料表 : dbo_ 產品】選產品名稱和定價，按【下一步】鈕，如圖 11-3-8 所示：

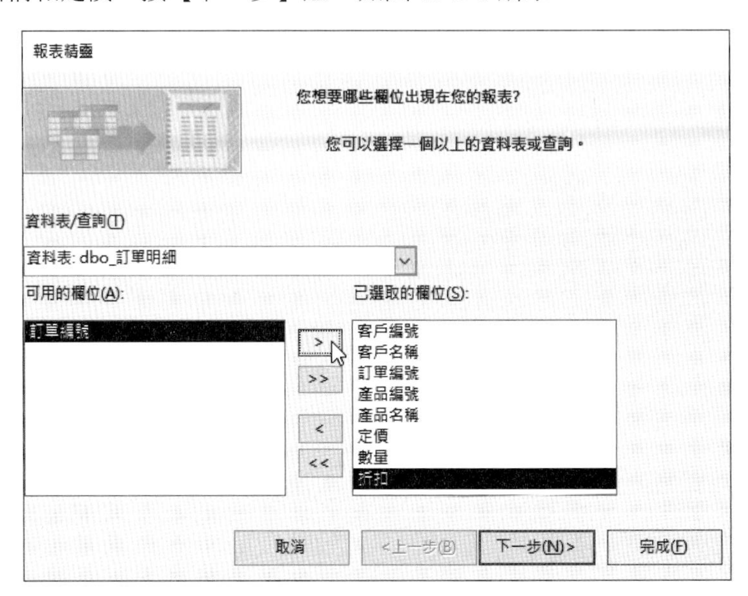

▲ 圖 11-3-8　選取四個資料表的欄位

Step 2：選【以 dbo_ 客戶】作爲主資料表，按【下一步】鈕，如圖 11-3-9 所示：

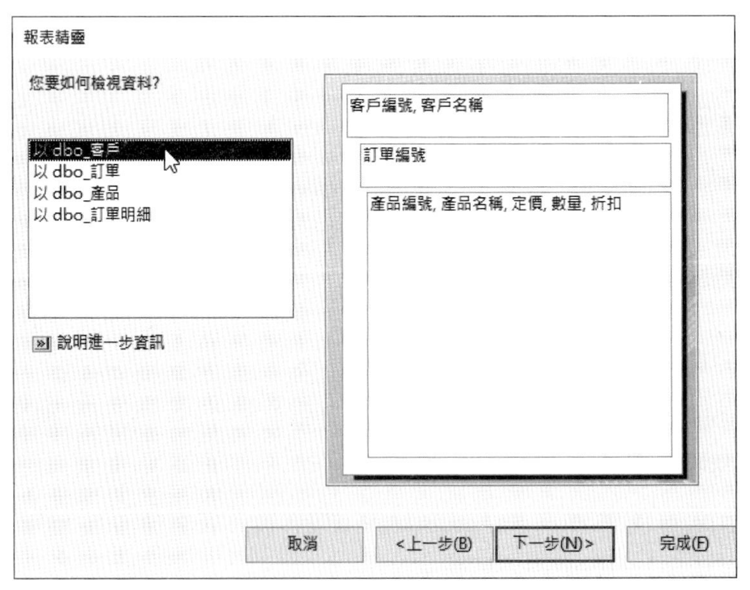

▲ 圖 11-3-9　選取【dbo_ 客戶】作為主資料表

Step 3：不增加群組層次，請直接按【下一步】鈕，如圖 11-3-10 所示：

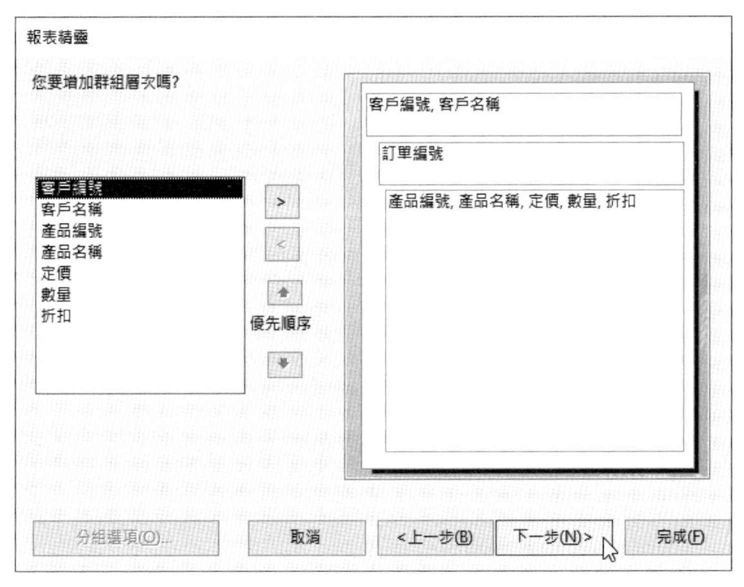

▲ 圖 11-3-10 不增加群組層次

Step 4：選【產品編號】的【遞增】排序，按下方的【摘要選項】鈕，如圖 11-3-11 所示：

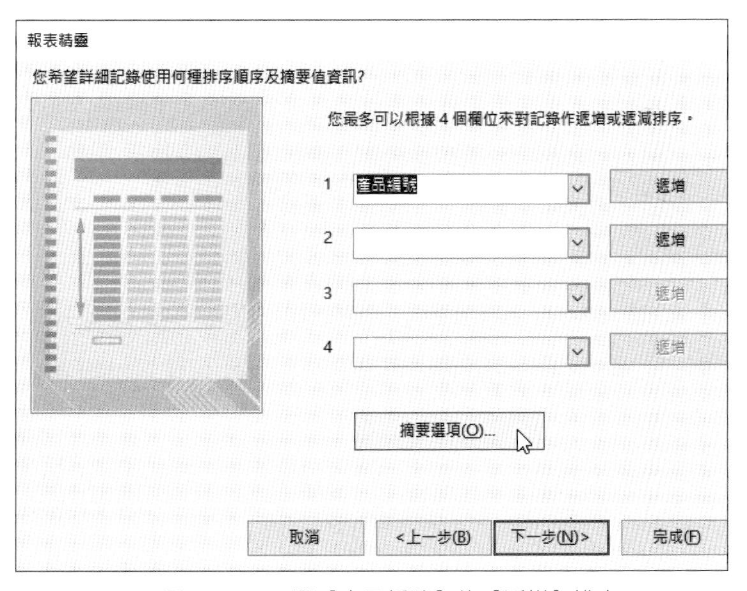

▲ 圖 11-3-11 選【產品編號】的【遞增】排序

Step 5：在「摘要選項」對話方塊的【數量】欄勾選【總計】，按【確定】鈕後，再按【下一步】鈕，如圖 11-3-12 所示：

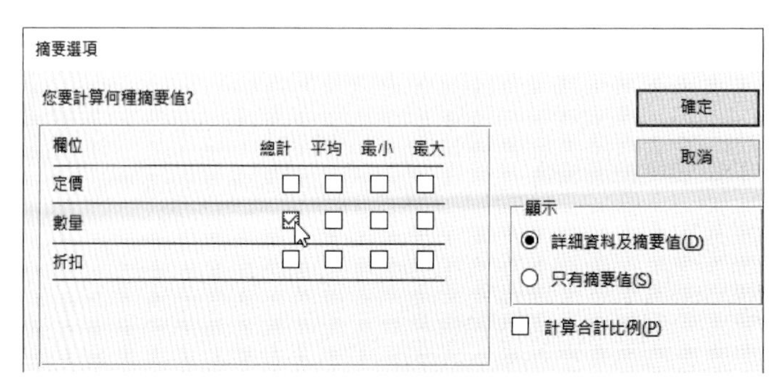

▲ 圖 11-3-12 在【數量】欄勾選【總計】的摘要資訊

Step 6：選【分層式】版面配置，列印方向爲【直印】，按【下一步】，如圖 11-3-13 所示：

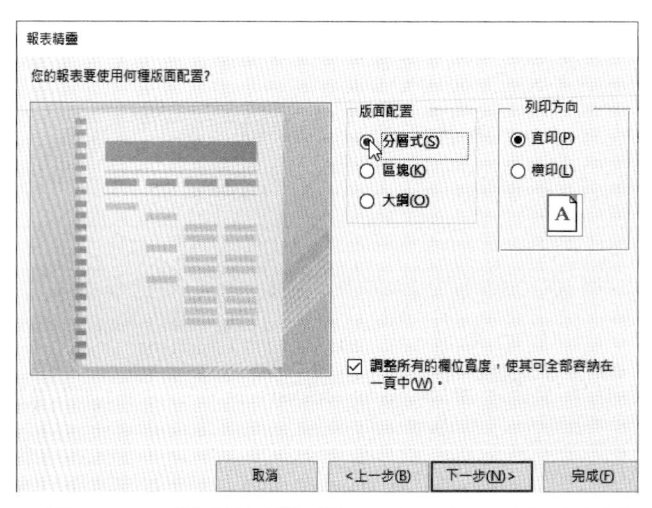

▲ 圖 11-3-13 選【分層式】版面配置，列印方向為【直印】

Step 7：輸入報表標題名稱【客戶訂單明細報表】，勾選【預覽這份報表】，按【完成】鈕，如圖 11-3-14 所示：

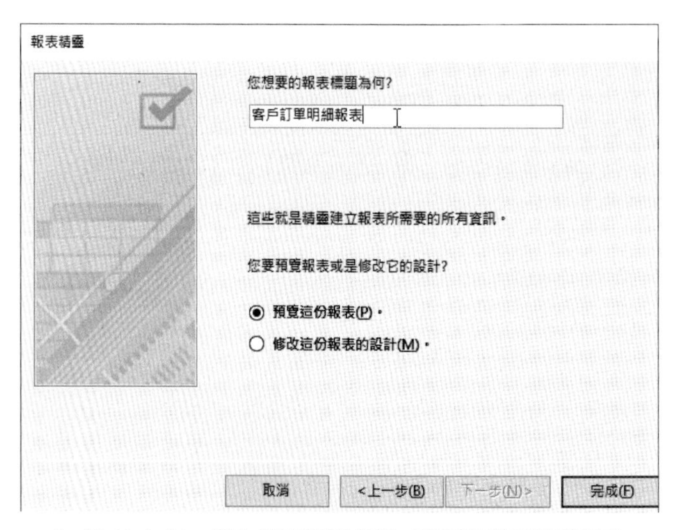

▲ 圖 11-3-14 輸入報表標題名稱【客戶訂單明細報表】

Step 8：稍等一下，可以看到報表的預覽內容，如圖 11-3-15 所示：

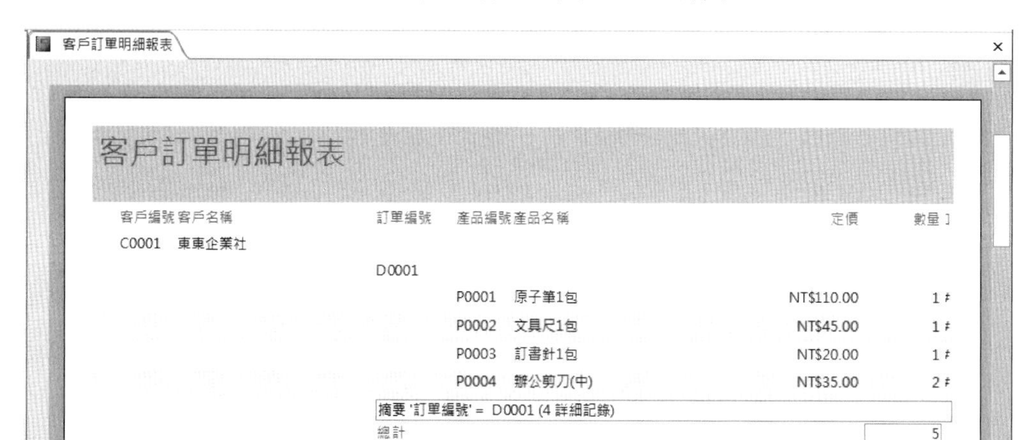

▲ 圖 11-3-15 報表的預覽內容

上述報表可以看到訂單明細記錄是使用訂單編號分為群組，每一個群組擁有數量總計，最後的折扣欄因為寬度不足，所以，並沒有顯示出欄位值（在第 16 章會說明如何編排報表物件的欄位）。

隨堂練習 11-3

1. 請在 Access 建立【dbo_ 員工】與【dbo_ 員工加班】資料表的一對一關聯報表（建立步驟和一對多關聯報表相同）。
2. 請在 Access 建立【dbo_ 員工】與【dbo_ 訂單】資料表的一對多關聯報表。

本章習題

選擇題

(　　) 1. 請問下列哪一種 Access 關聯查詢在實務上就是將兩個資料表一筆記錄對一筆記錄連接成一個資料表？(A) 一對一　(B) 一對多　(C) 多對多　(D) 多對一。

(　　) 2. 請問下列哪一種 Access 關聯查詢至少需要使用 3 個資料表？(A) 一對一　(B) 一對多　(C) 多對多　(D) 多對一。

(　　) 3. 因爲公司的一位員工可以處理多筆訂單，請問我們準備建立 Access 查詢物件來顯示員工處理的訂單資料是使用下列哪一種關聯性？(A). 一對一　(B) 一對多　(C) 多對多　(D) 多對一。

(　　) 4. 請問 Access 關聯查詢 / 關聯報表的資料來源至少需要幾個資料表或查詢，才能建立查詢物件？(A) 1　(B) 2　(C) 3　(D) 4。

(　　) 5. 請問下列哪一個是 Access 簡單查詢精靈可以建立的摘要查詢？(A) 總計　(B) 平均　(C) 最小 / 最大　(D) 以上皆可。

實作題

1. 請參閱第 11-1-4 節，使用 Access 查詢物件建立訂單查詢的多對多關聯式查詢，可以查詢公司所有員工處理訂單的詳細資料，包含訂單每一項產品的產品名稱。
2. 請使用 Access 簡單查詢精靈建立查詢物件，可以使用摘要查詢來顯示公司每項銷售產品的銷售量。
3. 請參考實作題 1. 使用 Access 建立同此查詢物件的多對多關聯報表。

Chapter

12

條件查詢操作

- 12-1 單一資料表的條件查詢
- 12-2 多資料表的條件查詢
- 12-3 使用 Management Studio 查詢設計工具

12-1 單一資料表的條件查詢

Access 查詢物件不只可以新增準則來建立條件查詢，更可以建立參數查詢，當執行參數查詢時會顯示一個對話方塊來輸入參數值，然後使用參數值建立準則後，再執行資料表的條件查詢。

12-1-1 使用設計檢視建立條件查詢

Access 查詢物件除了可以篩選欄位外，我們還可以使用條件來篩選記錄，例如：篩選出指定日期之前的記錄資料。

資料庫範例：ch12_1.accdb

使用設計檢視建立 Access 查詢，可以查詢 2019/12/5 日之前的訂單資料，其步驟如下所示：

Step 1：請啓動 Access 開啓 ch12_1.accdb 資料庫檔案，在上方功能區選【建立】索引標籤，點選【查詢設計】。

Step 2：在「顯示資料表」對話方塊的【資料表】標籤選【dbo_ 訂單】，按【新增】鈕新增到查詢設計檢視標籤頁後，按【關閉】鈕，如圖 12-1-1 所示：

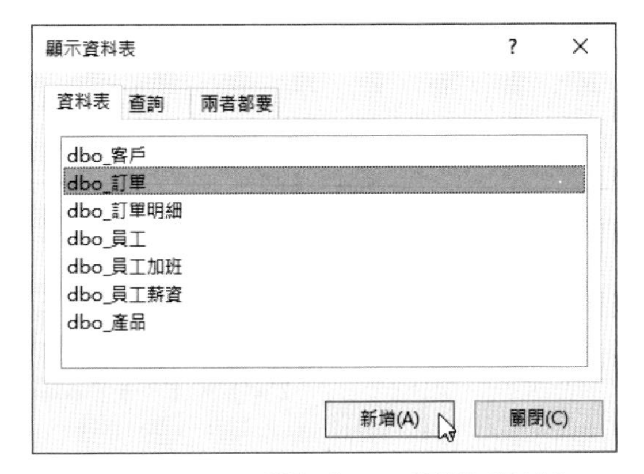

▲ 圖 12-1-1 選取【dbo_ 訂單】資料表

Step 3：在【欄位】欄選擇顯示欄位【訂單編號】、【訂單日期】和【送貨日期】，在【訂單編號】的【排序】欄選擇排序爲【遞減】，如圖 12-1-2 所示：

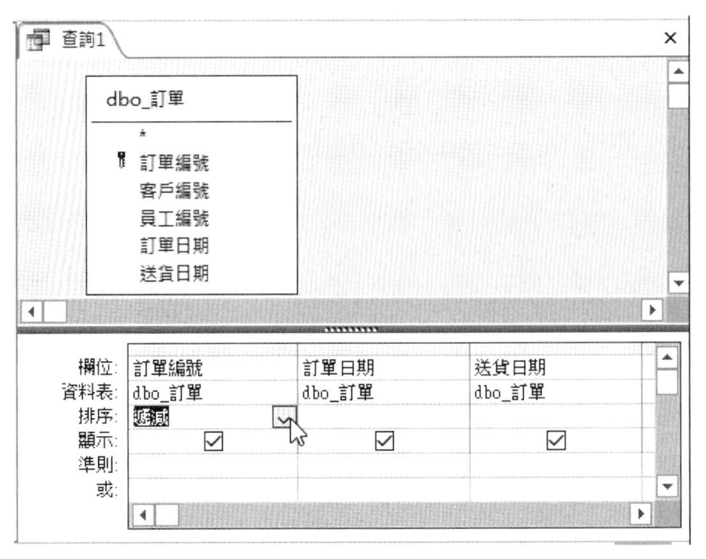

▲ 圖 12-1-2 選取資料表欄位與排序方式

Step 4：在【訂單日期】欄位下方的【準則】欄輸入篩選條件，以此例是【<#2019/12/5#】（Access 日期資料前後需使用「#」符號括起），如圖 12-1-3 所示：

▲ 圖 12-1-3 輸入篩選條件

Step 5：按右上角【X】鈕，可以看到一個警告訊息，按【是】鈕儲存查詢物件後，在「另存新檔」對話方塊的【查詢名稱】欄輸入查詢物件名稱【查詢 2019/12/5 日前的訂單】，按【確定】鈕，如圖 12-1-4 所示：

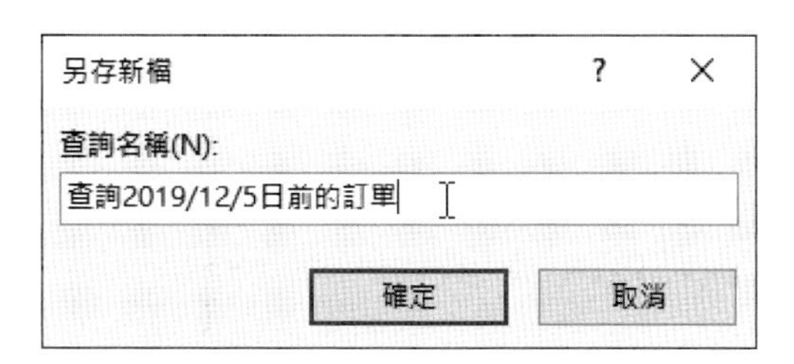

▲ 圖 12-1-4 輸入查詢物件名稱

Step 6：在「功能窗格」可以看到新增的查詢物件，如圖 12-1-5 所示：

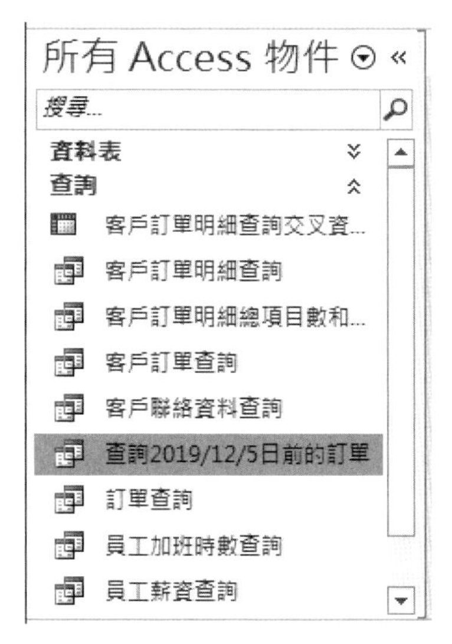

▲ 圖 12-1-5 新增的查詢物件

Step 7：按兩下查詢物件或執行【右】鍵快顯功能表的【開啓】命令，可以開啓查詢物件看到選取查詢的執行結果，如圖 12-1-6 所示：

查詢2019/12/5日前的訂單

訂單編號	訂單日期	送貨日期
D0009	2019/12/4	2019/12/10
D0008	2019/12/4	2019/12/10
D0007	2019/12/4	2019/12/20
D0006	2019/12/4	2019/12/10
D0005	2019/12/4	2019/12/20
D0004	2019/12/3	2019/12/15
D0003	2019/12/2	2019/12/8
D0002	2019/12/2	2019/12/8
D0001	2019/12/2	2019/12/8

記錄: 9 之 1 無篩選條件 搜

▲ 圖 12-1-6 選取查詢的執行結果

上述圖例顯示查詢物件選取的欄位和符合的條件，即訂單日期小於 2019/12/5 日的記錄資料。

12-1-2 建立參數的條件查詢物件

Access 參數查詢可以顯示一個對話方塊，讓使用者自行輸入條件值來進行條件查詢。

資料庫範例：ch12_1a.accdb

請修改【客戶聯絡資料查詢】的查詢物件，改為參數的條件查詢，可以讓使用者輸入客戶編號來查詢客戶聯絡資料，其步驟如下所示：

Step 1：請啓動 Access 開啓 ch12_1a.accdb 資料庫檔案，在「功能窗格」的【客戶聯絡資料查詢】查詢物件上，執行【右】鍵快顯功能表的【設計檢視】命令，如圖 12-1-7 所示：

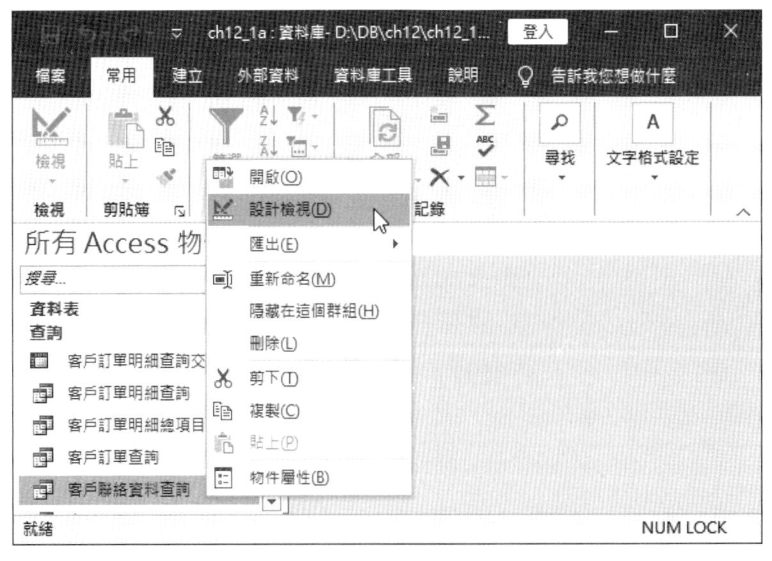

▲ 圖 12-1-7 執行【設計檢視】命令

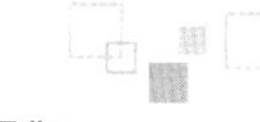

Step 2：在【客戶編號】的【準則】欄輸入【[請輸入客戶編號]】，如圖 12-1-8 所示：

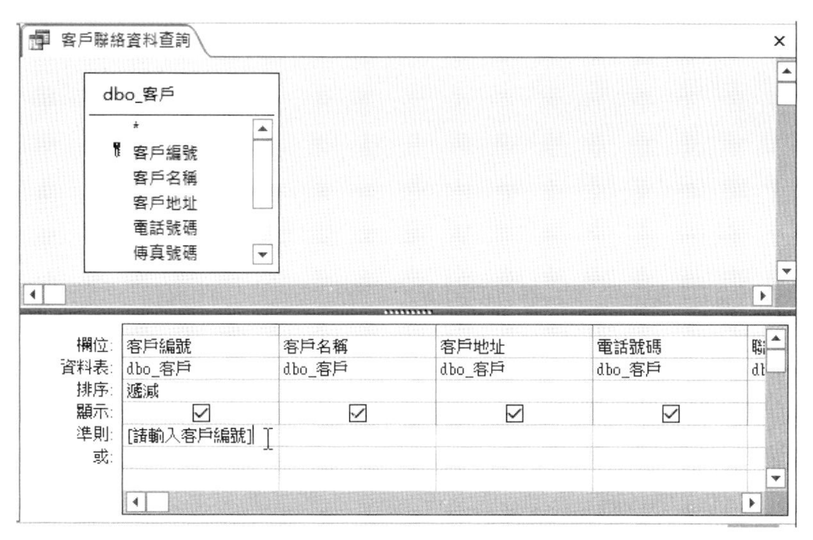

▲ 圖 12-1-8　在【客戶編號】的【準則】欄輸入【[請輸入客戶編號]】

說明

請注意！上述【準則】欄的字串是使用英文的「[ ]」符號，並不是中文全形字的「〔…〕」符號。

Step 3：按右上角【X】鈕，可以看到一個警告訊息，按【是】鈕儲存查詢物件，如圖 12-1-9 所示：

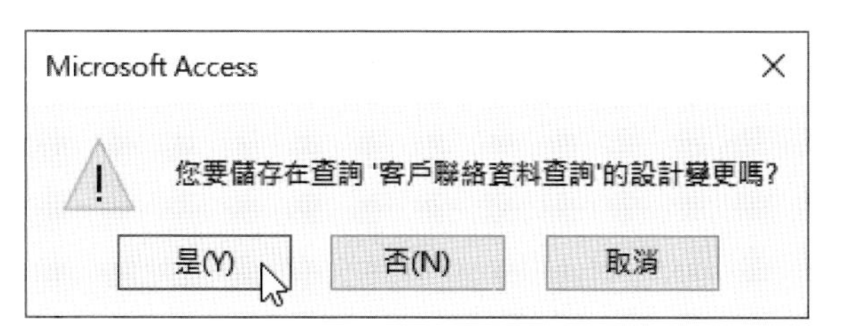

▲ 圖 12-1-9　警告訊息

Step 4：按兩下查詢物件或執行【右】鍵快顯功能表的【開啟】命令，在「輸入參數值」對話方塊的【請輸入客戶編號】欄輸入【C0002】後，按【確定】鈕，如圖 12-1-10 所示：

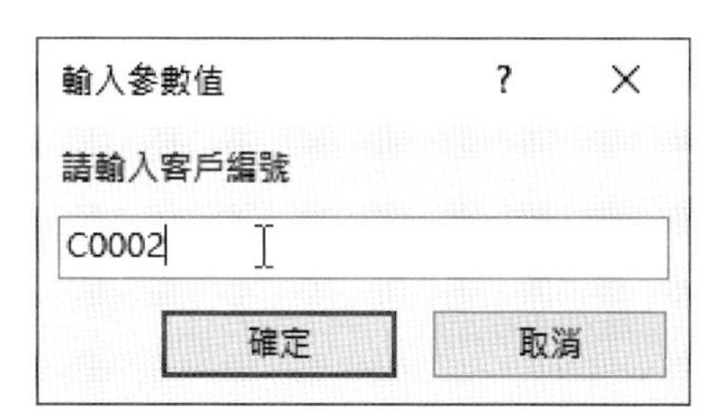

▲ 圖 12-1-10　輸入客戶編號

Step 5：可以看到查詢結果，只找到這筆客戶編號的聯絡資料，如圖 12-1-11 所示：

客戶聯絡資料查詢

客戶編號	客戶名稱	客戶地址	電話號碼	聯絡人姓名
C0002	明日書局	台北市光復南路1	02-22223333	王珍妮
*				

記錄: 1 之 1　無篩選條件　搜尋

▲ 圖 12-1-11　查詢結果

12-1-3　建立更佳的參數查詢物件

在第 12-1-2 節的參數查詢物件有一個大問題，使用者一定要輸入完整客戶編號的條件才能查詢到客戶記錄，問題是有誰能將客戶編號記的如此清楚？為了建立更佳的參數查詢，我們準備修改上一節的準則，使用 Like 運算子來建立準則，如下所示：

Like "*" & [請輸入客戶編號] & "*"

上述「&」是字串連接運算子，使用【Like】包含運算子配合「*」萬用字元，此萬用字元可以代表任何字元，以此例因為前後都有萬用字元，表示欄位前後允許擁有任何長度的字元，換句話說，只需客戶編號包含輸入的子字串就符合查詢條件。

資料庫範例：ch12_1b.accdb

請修改第 12-1-2 節的查詢物件，改用 Like 運算子來建立準則，其步驟如下所示：

Step 1：請啟動 Access 開啟 ch12_1b.accdb 資料庫檔案，然後開啟【客戶聯絡資料查詢】查詢物件的設計檢視標籤頁，修改【客戶編號】的【準則】欄，輸入前述 SQL 指令【Like "*" & [請輸入客戶編號] & "*"】，如圖 12-1-12 所示：

▲ 圖 12-1-12　修改【客戶編號】的【準則】欄

Step 3：按右上角【X】鈕，按【是】鈕儲存查詢物件，如圖 12-1-13 所示：

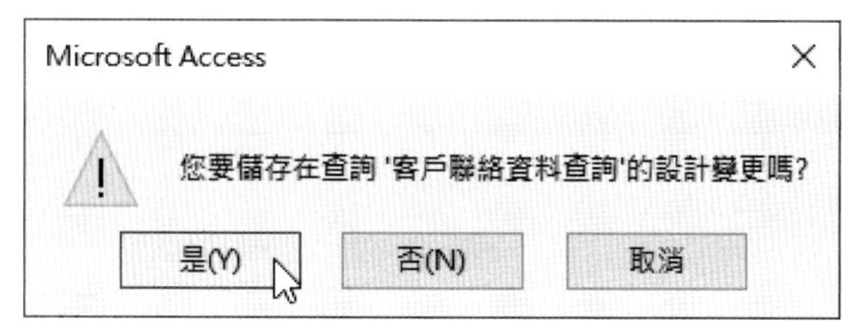

▲ 圖 12-1-13　警告訊息

Step 4：按兩下查詢物件或執行【右】鍵快顯功能表的【開啓】命令，在「輸入參數值」對話方塊的【請輸入客戶編號】欄輸入【1】，按【確定】鈕，如圖 12-1-14 所示：

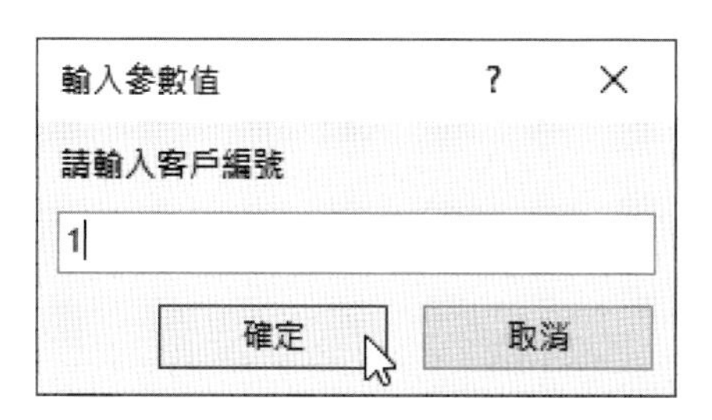

▲ 圖 12-1-14　輸入客戶編號的部分字串

Step 5：可以找到客戶編號中包含 1 的客戶聯絡資料，共 2 筆，如圖 12-1-15 所示：

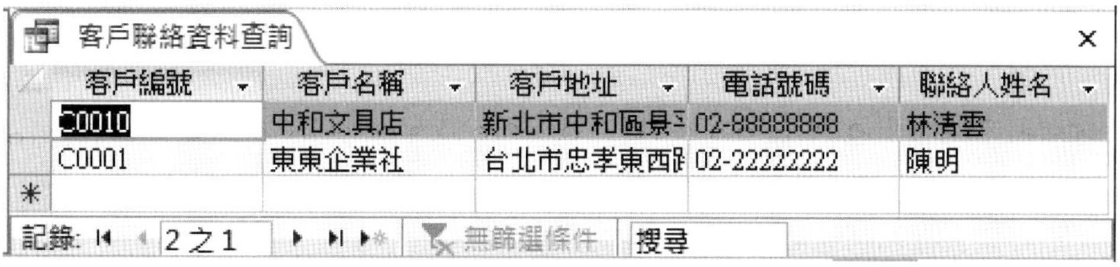

客戶聯絡資料查詢

客戶編號	客戶名稱	客戶地址	電話號碼	聯絡人姓名
C0010	中和文具店	新北市中和區景	02-88888888	林清雲
C0001	東東企業社	台北市忠孝東西	02-22222222	陳明

記錄: 2 之 1　無篩選條件　搜尋

▲ 圖 12-1-15　顯示客戶聯絡資料

12-1-4　使用簡單查詢精靈建立條件查詢

Access 查詢物件也可以使用【簡單查詢精靈】，以其他查詢物件來建立全新的條件查詢。

資料庫範例：ch12_1c.accdb

請擴充第 11-1-2 節建立的【員工薪資查詢】的查詢物件，新增輸入員工姓名的參數查詢，可以讓我們查詢指定員工的薪資資料，其步驟如下所示：

Step 1：請啓動 Access 開啓 ch12_1c.accdb 資料庫檔案，在上方功能區選【建立】索引標籤，點選【查詢精靈】後，選【簡單查詢精靈】，按【確定】鈕啓動簡單查詢精靈。

Step 2：在【資料表 / 查詢】欄選【查詢 : 員工薪資查詢】，下方可以看到可用欄位，按【>>】鈕全部新增為已選取的欄位，按【下一步】鈕，如圖 12-1-16 所示：

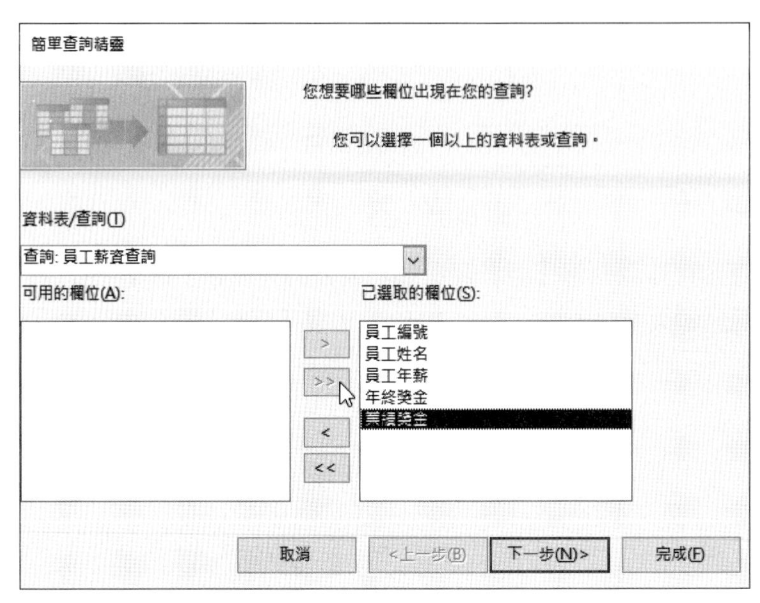

▲ 圖 12-1-16 選取【查詢 : 員工薪資查詢】的欄位

Step 3：選【詳細】顯示每一筆記錄的每一個欄位，按【下一步】鈕，如圖 12-1-17 所示：

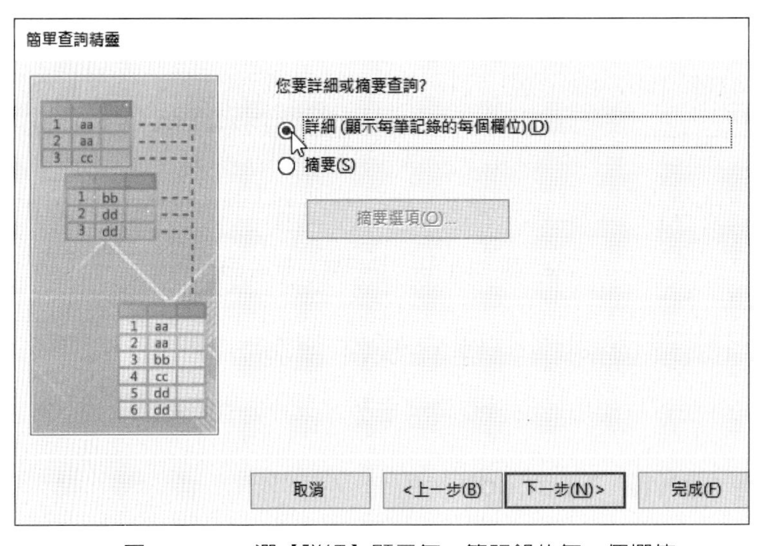

▲ 圖 12-1-17 選【詳細】顯示每一筆記錄的每一個欄位

Step 4：在上方欄位輸入查詢物件名稱【輸入姓名查詢員工薪資】，中間選【修改查詢的設計】，按【完成】鈕，如圖 12-1-18 所示：

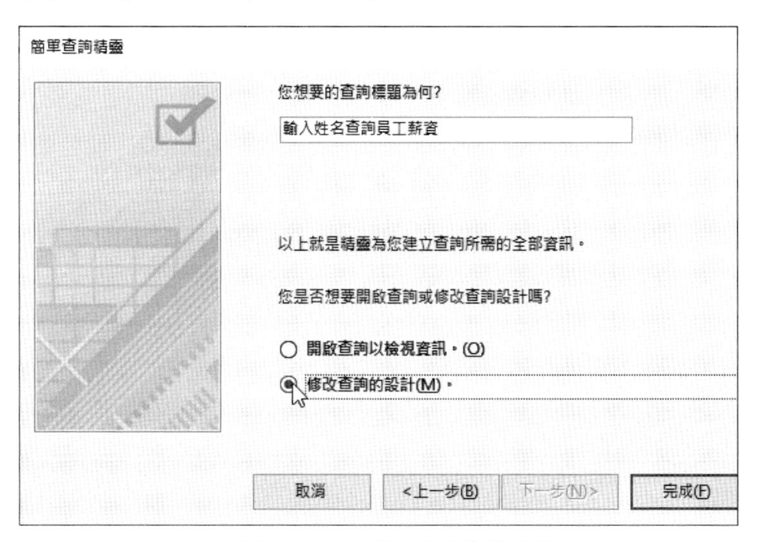

▲ 圖 12-1-18 輸入查詢物件名稱

Step 5：在查詢物件設計檢視標籤頁，找到【員工姓名】欄位的【準則】欄，輸入【Like "*" & [請輸入員工姓名] & "*"】運算式，如圖 12-1-19 所示：

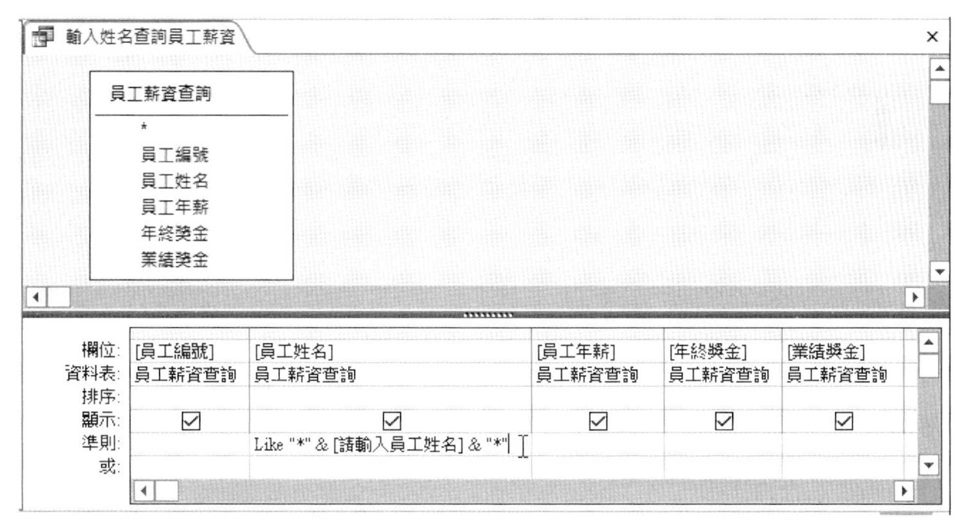

▲ 圖 12-1-19 修改【員工姓名】欄位的【準則】欄

Step 6：按右上角【X】鈕，按【是】鈕儲存查詢物件。

Step 7：按兩下查詢物件或執行【右】鍵快顯功能表的【開啓】命令，可以開啓查詢物件，在「輸入參數值」對話方塊的【請輸入員工姓名】欄輸入【傑】，按【確定】鈕，如圖 12-1-20 所示：

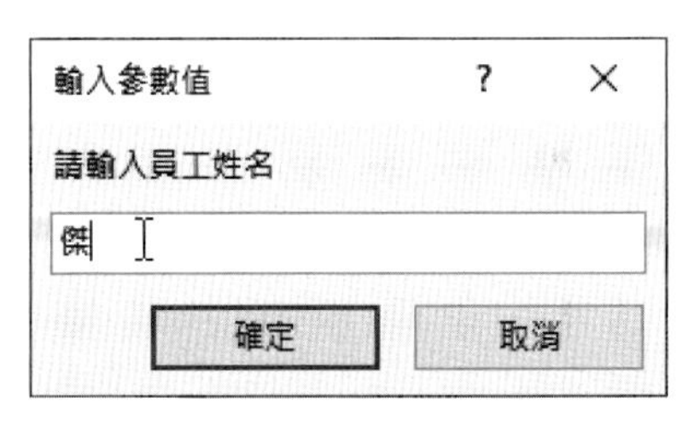

▲ 圖 12-1-20 輸入員工姓名的部分字串

Step 8：可以找到 2 筆符合條件的員工資料，如圖 12-1-21 所示：

輸入姓名查詢員工薪資

員工編號	員工姓名	員工年薪	年終獎金	業績獎金
E0002	周傑倫	1000000	300000	200000
E0003	林俊傑	800000	200000	100000

記錄: 2 之 1 無篩選條件 搜尋

▲ 圖 12-1-21 查詢結果

隨堂練習 12-1

1. 請修改第 10-3 節隨堂練習的【員工聯絡資料查詢】查詢物件，可以輸入員工編號的條件來執行查詢（需要輸入完整編號）。
2. 請繼續隨堂練習 1. 修改條件查詢，只需輸入部分員工編號即可執行查詢。

12-2 多資料表的條件查詢

資料表的條件查詢不只可以使用在單一資料表，如果是多資料表的查詢物件，我們一樣可以新增準則的條件來建立條件查詢。

12-2-1 一對多關聯性的條件查詢

在第 11-1-3 節建立的【客戶訂單】查詢物件，其查詢結果是全部客戶的訂單資料，我們可以修改查詢新增準則的條件，即可輸入客戶名稱來搜尋符合條件的客戶訂單資料。

資料庫範例：ch12_2.accdb

請修改第 11-1-3 節建立【客戶訂單】查詢物件，可以輸入客戶名稱來查詢客戶的訂單資料，其步驟如下所示：

Step 1：請啟動 Access 開啟 ch12_2.accdb 資料庫檔案，然後開啟【客戶訂單查詢】查詢物件的設計檢視標籤頁，修改【客戶名稱】的【準則】欄，輸入【Like "*" & [請輸入客戶名稱] & "*"】，如圖 12-2-1 所示：

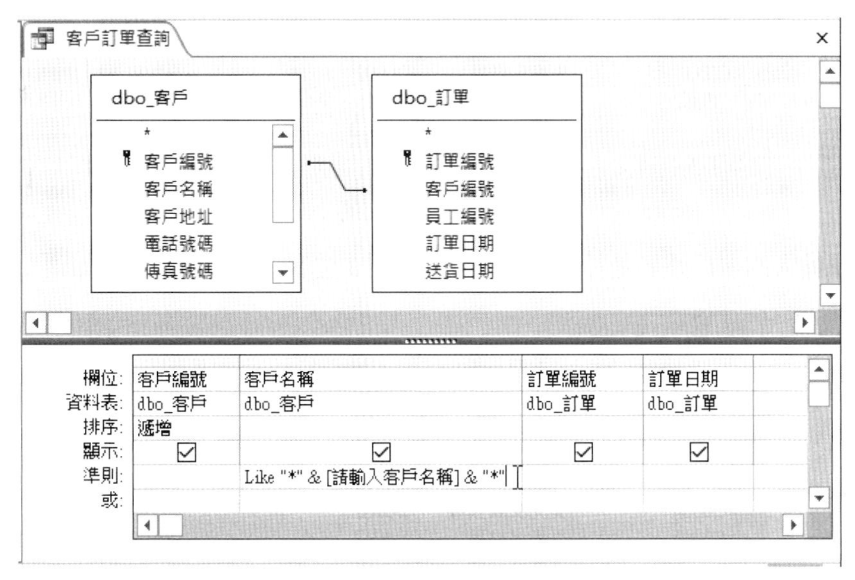

▲ 圖 12-2-1　修改【客戶名稱】的【準則】欄

Step 2：按右上角【X】鈕，按【是】鈕儲存查詢物件，如圖 12-2-2 所示：

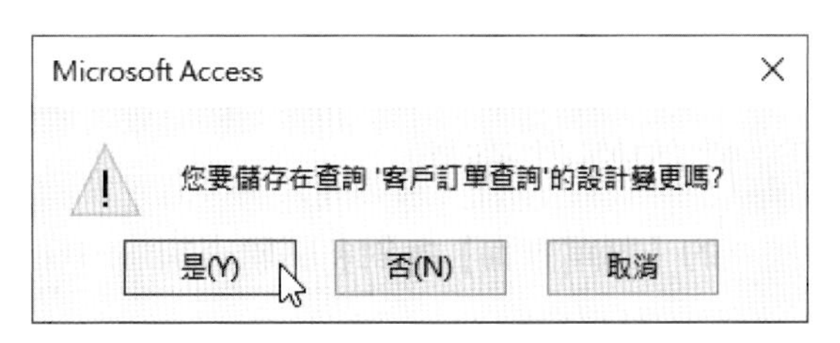

▲ 圖 12-2-2　警告訊息

Step 3：按兩下【客戶訂單查詢】查詢物件或執行【右】鍵快顯功能表的【開啟】命令，在「輸入參數值」對話方塊的【請輸入客戶名稱】欄輸入【東東】，按【確定】鈕，如圖 12-2-3 所示：

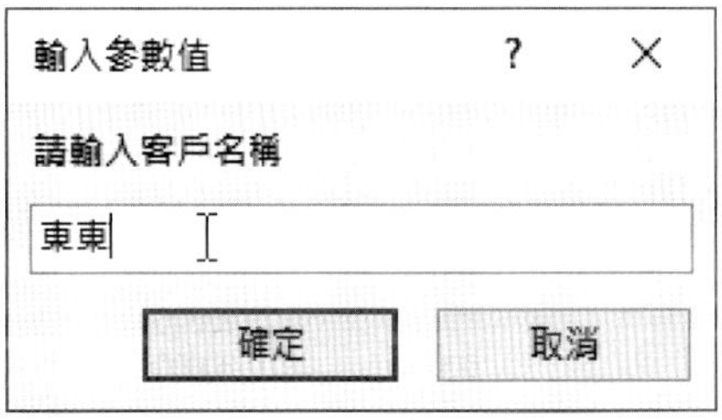

▲ 圖 12-2-3　輸入客戶名稱的部分字串

12-3　使用 Management Studio 查詢設計工具

SQL Server 可以使用 Management Studio 的查詢設計工具來幫助我們建立所需的查詢，其步驟如下所示：

Step 1：請在「物件總管」視窗展開資料庫後，選【銷售管理系統】資料庫，按上方工具列的【新增查詢】鈕新增查詢，如圖 12-3-1 所示：

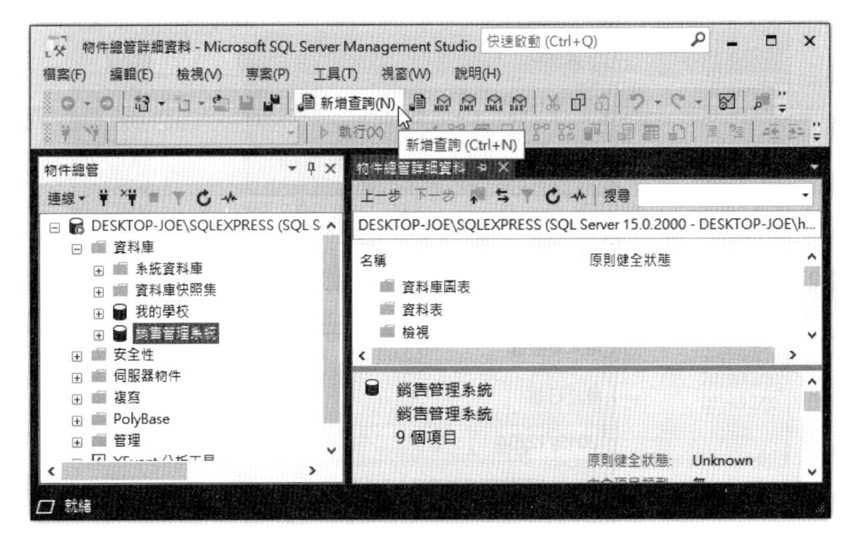

▲ 圖 12-3-1　點選【銷售管理系統】資料庫新增查詢

Step 2：在右邊編輯視窗的空白部分，執行【右】鍵快顯功能表的【在編輯器中設計查詢】命令，如圖 12-3-2 所示：

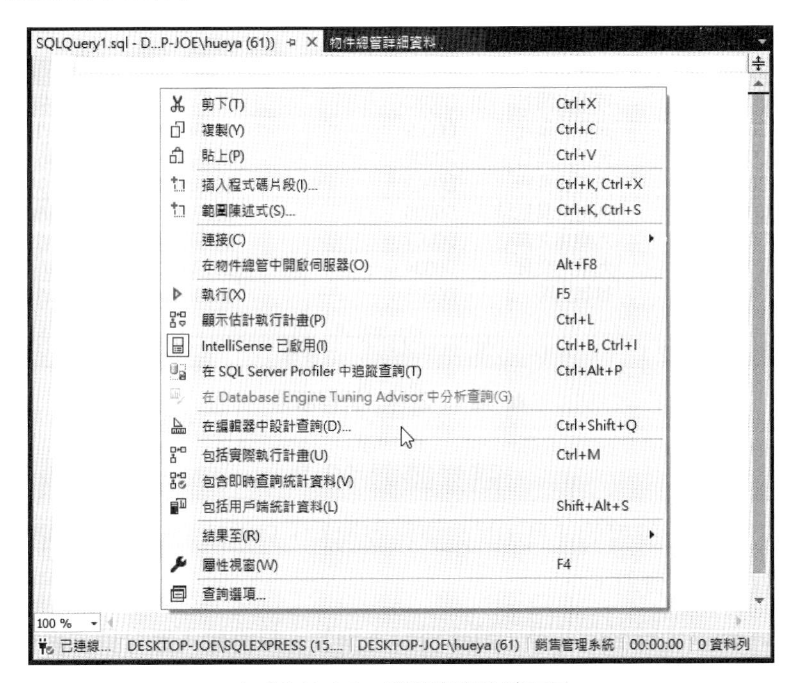

▲ 圖 12-3-2　啟動查詢設計工具

Step 3：在「加入資料表」對話方塊的【資料表】標籤選【員工】資料表，請按【加入】鈕新增後，再按【關閉】鈕，如圖 12-3-3 所示：

▲ 圖 12-3-3　加入【員工】資料表

Step 4：可以啓動 Management Studio 查詢設計工具，看到「查詢設計工具」對話方塊，如圖 12-3-4 所示：

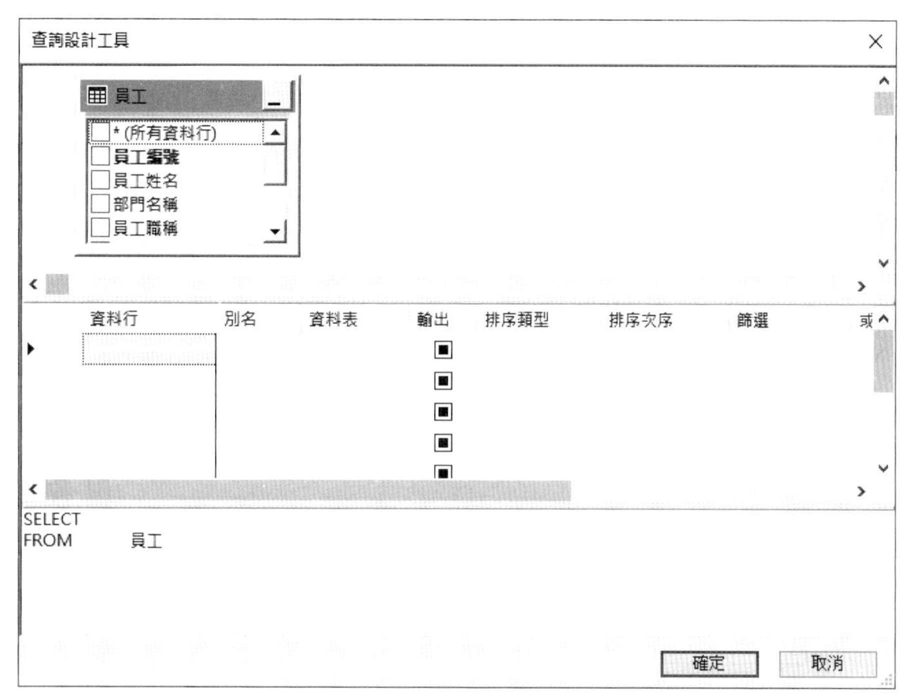

▲ 圖 12-3-4　「查詢設計工具」對話方塊

上述查詢設計工具由上而下依序是圖表窗格、準則窗格和 SQL 窗格。

NOTE

Chapter

13

資料定義語言演練

13-1 SQL 結構化查詢語言

「SQL」（Structured Query Language）是「ANSI」（American National Standards Institute）標準的資料庫語言，這是一種資料庫管理、操作和查詢語言，也是關聯式資料庫標準的資料庫語言，目前的關聯式資料庫系統大都支援 ANSI 的 SQL 語言。

早在 1970 年，E. F. Codd 建立關連性資料庫的觀念，同時就提出一種構想的資料庫語言，一種完整和通用的資料存取方式，雖然當時並沒有眞正建立語法，但這便是 SQL 的源起。

1974 年一種稱爲 SEQUEL 語言，這是 Chamberlin 和 Boyce 的作品，它建立 SQL 原型，IBM 稍加修改後作爲其資料庫 DBMS 的資料庫語言，稱爲 System R，1980 年 SQL 名稱正式誕生，從那天開始，SQL 逐漸壯大成爲一種標準關聯式資料庫語言。

雖然 SQL 語言都源於 ANSI-SQL，不過，在支援上仍有些許差異，有些沒有完全支援 ANSI-SQL 指令，或擴充程式化功能來新增條件與迴圈指令，例如：SQL Server 的 Transact-SQL（簡稱 T-SQL）、Oracle 的 PL/SQL（Procedure Language Extension to SQL）和 IBM 的 SQL PL。

SQL 語言主要分爲三大類指令，如下所示：

資料定義語言 DDL（Data Definition Language）

資料定義語言是建立資料庫、資料表和欄位定義的 SQL 語法，基本上，目前各家資料庫管理系統提供的資料定義語言差異比較大，除了語法不同，有些根本沒有資料定義語言，例如：Access。在本章是以 SQL Server 的 T-SQL 爲例來說明 SQL 資料定義語言。

資料操作語言 DML（Data Manipulation Language）

資料操作語言是資料表記錄插入、刪除、更新和查詢指令，主要有四個基本指令，其簡單說明如表 13-1-1 所示：

▼ 表 13-1-1 SQL 指令說明

SQL 指令	說明
INSERT	在資料表插入一筆新記錄
UPDATE	更新資料表的記錄，這些記錄是已經存在的記錄
DELETE	刪除資料表的記錄
SELECT	查詢資料表的記錄，使用條件篩選資料表符合條件的記錄

資料控制語言 DCL（Data Control Language）

資料控制語言是資料庫安全設定和權限管理的相關 SQL 指令。

隨堂練習 13-1

1. 請簡單說明何謂 SQL ？ SQL 指令分成幾類？和簡單說明這些分類？
2. 請說明資料定義語言（DDL）的用途是什麼？

13-2 SQL Server 資料庫結構

SQL Server 實體資料庫結構是在探討資料庫檔案的檔案結構（File Organizations）。檔案結構是安排記錄如何儲存在檔案中，不同檔案結構不只佔用不同大小的空間，因爲結構不同，所以擁有不同的存取方式。

SQL Server 資料庫結構可以分爲兩種，如下所示：

- 邏輯資料庫結構：使用者觀點的資料庫結構，SQL Server 邏輯資料庫結構是由資料表、檢視表、索引和限制條件等物件所組成。
- 實體資料庫結構：實際儲存觀點的資料庫結構，也就是如何將資料儲存在磁碟的結構，以作業系統來說，資料庫是以檔案爲單位來儲存在磁碟，檔案內容是由分頁（Pages）和範圍（Extents）組成，爲了方便管理，我們可以將檔案分類成檔案群組（Filegroups）。

13-2-1 資料庫檔案與檔案群組

SQL Server 資料庫是由多個作業系統檔案組成的集合，資料庫儲存的資料（Data）和交易記錄（Log）分別位在不同檔案。在資料部分基於存取效率、備份和還原的管理上考量，我們可以進一步將大型資料檔（Data Files）分割成多個小型資料檔。

檔案群組（Filegroups）是用來組織資料庫的多個資料檔，以方便資料庫管理師來管理多個資料檔，如圖 13-2-1 所示：

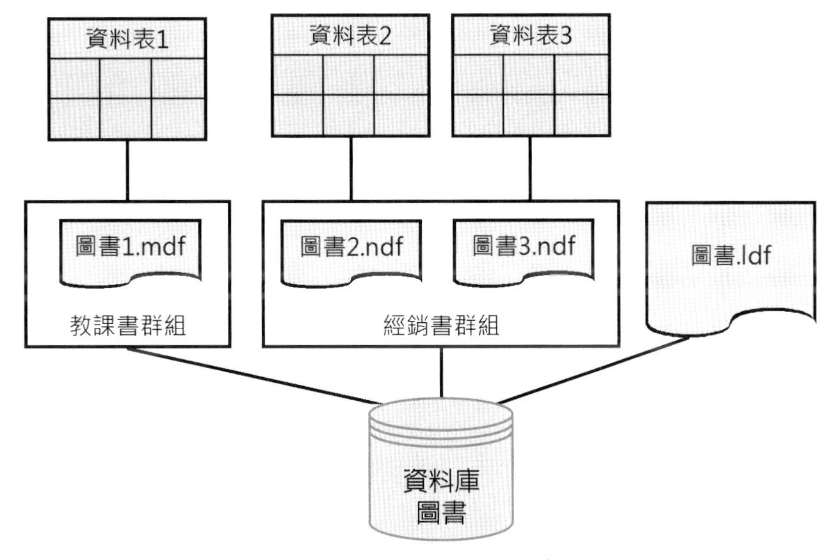

▲ 圖 13-2-1 檔案群組示意圖

上述圖例的【圖書】資料庫是由【教課書群組】、【經銷書群組】兩個檔案群組和圖書 .ldf 交易記錄檔所組成，在每一個檔案群組內可以包含多個資料檔，用來分別儲存不同資料表的記錄資料。

資料庫檔案

在 SQL Server 資料庫擁有三種類型的資料庫檔案（Database Files），其說明如下所示：

- 主資料檔（Primary Data Files）：資料庫儲存的資料一開始就是存入主資料檔，在主資料檔除了能夠儲存資料外，還包含資料庫的啓動資訊，即資料庫包含哪些資料檔的指標，每一個資料庫都有一個且只有一個主資料檔，其建議副檔名是 .mdf。
- 次資料檔（Secondary Data Files）：不是主資料檔的其他資料檔稱爲次資料檔，一個資料庫可能沒有任何次資料檔，也可能擁有多個次資料檔，其主要目的是因爲資料量太過龐大，所以分成多個次資料檔來儲存，或是將資料分散儲存至不同磁碟，以方便進行管理。其建議副檔名是 .ndf。
- 交易記錄檔（Log Files）：儲存交易記錄的檔案，這些交易記錄是復原資料庫的記錄資料，每一個資料庫至少擁有一個交易記錄檔，也有可能擁有多個交易記錄檔，其建議副檔名是 .ldf。

雖然 SQL Server 並沒有規定一定需要使用上述建議副檔名來替資料庫檔案命名，不過，我們仍然建議依據上述副檔名來命名，以方便辨識是哪一種資料庫檔案。

檔案群組

SQL Server 資料庫如果只有一個資料檔時，我們並不需要考量檔案群組的問題。但是，對於大型資料庫，或基於管理或配置磁碟空間的考量（例如：將部分資料置於不同磁碟），我們就需要將資料庫建立成多個資料檔，和將它們分成不同檔案群組（Filegroups），以方便資料庫檔案的管理。

當使用檔案群組來群組多個資料檔，而且將資料存入資料檔時，SQL Server 是以檔案群組爲單位，而不是個別資料檔。SQL Server 檔案群組也分爲三種，其說明如下所示：

- 主檔案群組（Primary Filegroups）：這是內含主資料檔的檔案群組，它是在建立資料庫時，SQL Server 預設建立的檔案群組，如果資料庫建立其他次資料檔時，沒有指定所屬檔案群組的資料檔（而且沒有指定預設檔案群組），就是屬於主檔案群組。
- 使用者定義檔案群組（User-defined Filegroups）：使用者自行建立的檔案群組，這是使用 FILEGROUP 關鍵字，在 T-SQL 指令 CREATE DATABASE 或 ALTER DATABASE 指令建立的檔案群組。
- 預設檔案群組（Default Filegroups）：這是資料庫預設使用的檔案群組，可以是主檔案群組或使用者定義檔案群組，如果沒有指定，預設是主檔案群組。當我們在資料庫建立資料表或索引時，如果沒有指定屬於哪一個檔案群組，就是屬於預設檔案群組。

SQL Server 資料檔一定屬於一個且只有一個檔案群組；交易記錄檔並不屬於任何檔案群組。我們可以將資料庫的資料表和索引分別建立在特定的檔案群組。

13-2-2 分頁

SQL Server 資料檔的內容在邏輯上是分成連續分頁（Pages），它是 SQL Server 最基本的儲存單位，當資料庫配置資料檔的磁碟空間（即副檔名 .mdf 或 ndf）時，就是配置 0 至 n 頁的連續分頁。資料庫的資料表或索引就是使用這些分頁來存放資料，不過，交易記錄檔的內容並不是由分頁組成，其儲存的內容是一系列交易記錄（Transaction Log）資料。

分頁（Pages）是 SQL Server 儲存資料的基本單位，其大小是 8KB，128 頁分頁等於 1MB 空間。當在資料檔（即副檔名 .mdf 或 ndf）新增記錄時，如果是在空資料檔新增第 1 筆記錄時，不論記錄大小，SQL Server 一定配置一頁分頁給資料表來儲存這筆記錄，其他記錄則會依序存入分頁配置的可用空間中，如圖 13-2-2 所示：

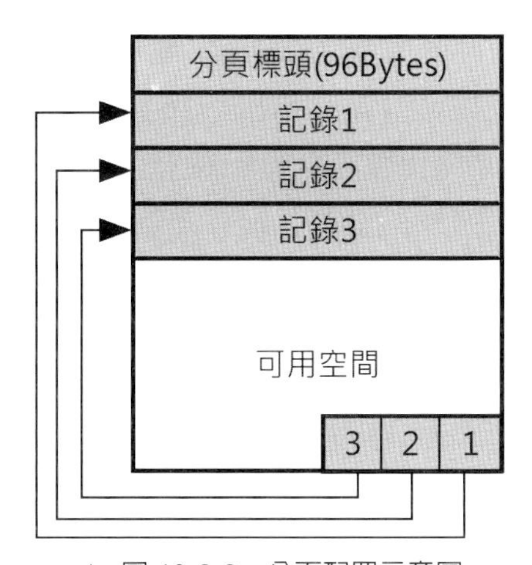

▲ 圖 13-2-2　分頁配置示意圖

上述圖例的分頁開始是 96 位元組的標頭資訊，用來儲存系統所需的相關資訊，之後依序是存入的記錄資料，在分頁的最後擁有資料列位移（Row Offsets）指標，可以指向分頁中各記錄的開始位址。

對於分頁中尚未使用的空間，SQL Server 可以存入其他新記錄，如果可用空間不足以存入一筆記錄時，SQL Server 就會配置一個新分頁儲存這筆記錄，所以，分頁中的記錄一定是完整記錄，並不會只有記錄的部分欄位資料。

13-2-3 範圍

範圍（Extends）是由八個連續分頁所組成，其目的是讓 SQL Server 可以更有效率的來管理資料檔的眾多分頁，如圖 13-2-3 所示：

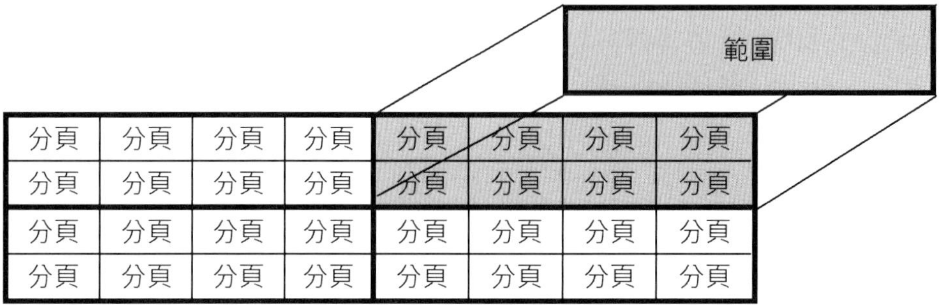

範圍

分頁	分頁	分頁	分頁	分頁	分頁	分頁	分頁
分頁	分頁	分頁	分頁	分頁	分頁	分頁	分頁
分頁	分頁	分頁	分頁	分頁	分頁	分頁	分頁
分頁	分頁	分頁	分頁	分頁	分頁	分頁	分頁

▲ 圖 13-2-3 範圍示意圖

上述圖例的範圍是由八頁分頁組成，資料檔的所有分頁都是儲存在範圍之中。

範圍（Extends）是基本的空間管理單位，一個範圍包含連續 8 頁分頁，即 64KB，每 16 個範圍等於 1MB，它是儲存資料表或索引資料所配置空間的基本單位。SQL Server 資料庫引擎為了更有效率的配置空間，它是使用兩種類型的範圍來配置空間。

制式範圍（Uniform Extends）

在制式範圍中的分頁都是儲存同一個物件的資料，即完全由一個物件所使用，例如：都是配置給資料表或都配置給索引。當我們建立存在資料表的索引時，如果一建立就需要配置超過 8 頁分頁的索引資料，此時就是使用制式範圍來儲存索引資料。

混合範圍（Mixed Extends）

混合範圍中的分頁是儲存不同物件的資料，例如：部分分頁屬於資料表；部分屬於索引。一般來說，新建立的資料表或索引都是儲存在混合範圍，等到資料表或索引成長至超過 8 頁分頁時，就會轉成使用制式範圍來儲存。

隨堂練習 13-2

1. 請問 SQL Server 資料庫擁有哪三種類型的資料庫檔案？
2. 請說明 SQL Server 檔案群組？檔案群組可以分為哪三種？

13-3 使用 SQL 指令建立資料庫

第 5 章我們是使用 Management Studio 圖形介面來建立資料庫，這一節我們準備改用 SQL Server 的 SQL 指令來建立和刪除使用者資料庫。

說明

因爲 Access 是使用 ODBC 連接 SQL Server 資料庫，在 Access 並不能在查詢物件執行 SQL 資料定義語言來建立資料庫和資料表，我們只能在 SQL Server Management 新增查詢來建立所需的 SQL 指令。

13-3-1 建立使用者資料庫

在 SQL Server 的 SQL 語言是使用 CREATE DATABASE 指令來建立資料庫，其基本語法如下所示：

```
CREATE DATABASE 資料庫名稱
[ ON [PRIMART] 資料檔規格清單 ]
[ LOG ON 交易記錄檔規格清單 ]
[COLLATE 定序名稱 ]
[FOR ATTACH]
```

上述語法使用「[]」方括號括起的子句表示是選項，可有可無，這個語法可以建立名爲【資料庫名稱】的資料庫，ON 與 LOG ON 子句的是資料和交易記錄檔的規格清單，PRIMARY 是主檔案群組，我們需要使用「( )」符號括起 NAME、FILENAME、SIZE、MAXSIZE、FILEGROWTH 的規格清單屬性，如下所示：

```
( NAME= ' 學校 ',
  FILENAME= 'C:\Data\ 學校 .mdf',
  SIZE=8MB,
  MAXSIZE=10MB,
  FILEGROWTH=1MB )
```

上述屬性依序指定資料庫的邏輯名稱、實體檔案的名稱和路徑、資料庫的初始尺寸、最大尺寸和檔案成長尺寸。

最後的 COLLATE 子句是資料庫的定序設定（定序是指定資料庫使用的字元集和排序方式），如果沒有 COLLATE 子句，就是使用 SQL Server 預設的定序設定，FOR ATTACH 子句是附加資料庫。

SQL 指令碼檔：ch13_3.sql

請使用 SQL 指令 CREATE DATABASE，在 SQL Server 使用預設值建立名為【圖書】的資料庫，在 Management Studio 新增查詢的步驟，如下所示：

Step 1：請啓動 Management Studio 和連接 SQL Server 執行個體後，執行「檔案 > 新增 > 使用目前的連接查詢」命令（或直接按上方工具列的【新增查詢】鈕），可以看到新增的 SQL 查詢標籤頁，如圖 13-3-1 所示：

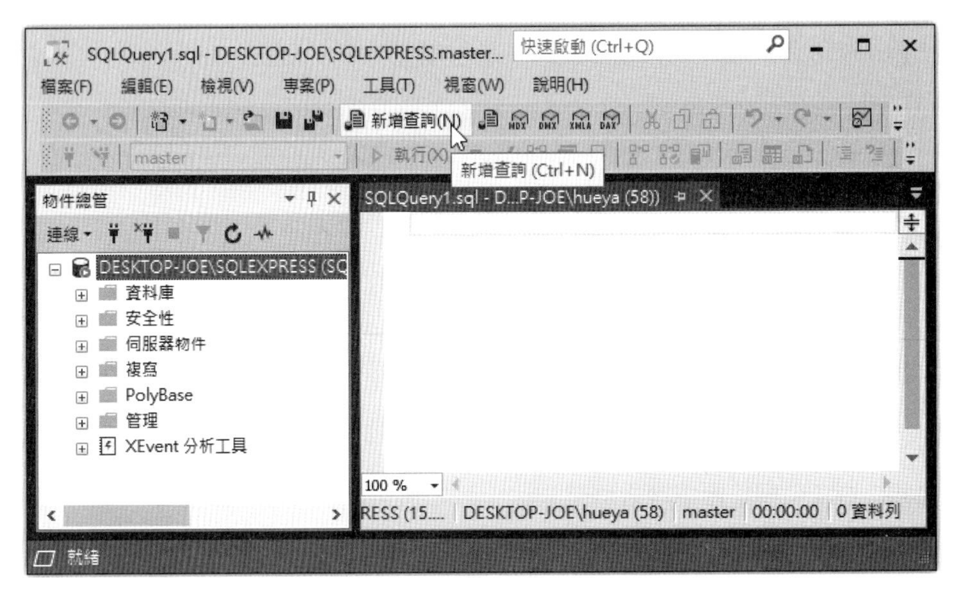

▲ 圖 13-3-1　新增的 SQL 查詢標籤頁

Step 2：在標籤頁輸入下列 SQL 指令碼，USE 是切換至系統資料庫 master（第 13-3-2 節有進一步的說明），如圖 13-3-2 所示：

```
USE master
GO
CREATE DATABASE 圖書
```

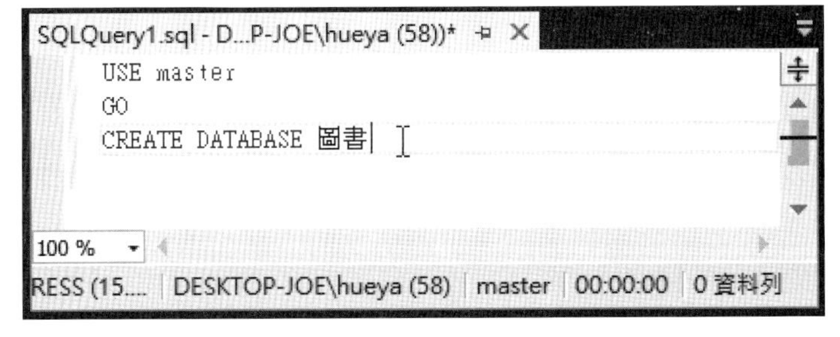

▲ 圖 13-3-2　在標籤頁輸入 SQL 指令碼

說明

在 SQL Server 的 Management Studio 是使用 GO 指令來定義批次的結束（SQL Server 預設是一次送出一批指令來執行，稱爲批次），GO 指令並不是 SQL 指令，只是一個代表結束點的符號，以便在 SQL 指令碼檔案分隔出一至多個批次。

Step 3：按上方【執行】鈕，可以在下方看到成功完成的訊息文字，如圖 13-3-3 所示：

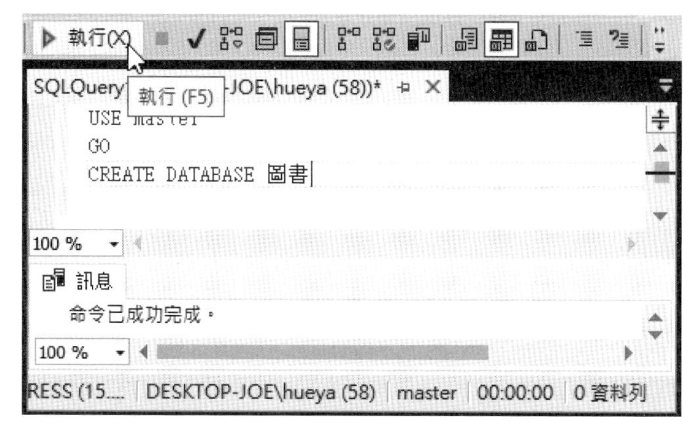

▲ 圖 13-3-3 成功執行 SQL 指令的訊息文字

Step 4：請執行「檔案 > 儲存 SQLQuery1.sql」命令，將 SQL 指令儲存成 ch13_3.sql。

在 Management Studio 的「物件總管」視窗，可以看到新增的【圖書】資料庫，如圖 13-3-4 所示：

▲ 圖 13-3-4 新增的【圖書】資料庫

SQL 指令碼檔：ch13_3a.sql

請自行指定資料檔和交易記錄檔的規格清單來建立名爲【學校】的資料庫，資料庫檔案是儲存在「D:\DBData」路徑（請自行建立此資料夾），如下所示：

```
CREATE DATABASE 學校
ON PRIMARY
 ( NAME=' 學校 ',
  FILENAME= 'D:\DBData\ 學校 .mdf',
  SIZE=8MB,
  MAXSIZE=10MB,
  FILEGROWTH=1MB )
LOG ON
 ( NAME=' 學校 _log',
  FILENAME = 'D:\DBData\ 學校 _log.ldf',
  SIZE=1MB,
  MAXSIZE=10MB,
  FILEGROWTH=10% )
```

當執行上述 SQL 指令後，可以在 Management Studio 的「物件總管」視窗看到新增的【學校】資料庫，如圖 13-3-5 所示：

▲ 圖 13-3-5 新增的【學校】資料庫

13-3-2 切換目前的使用者資料庫

因爲 SQL Server 可以同時管理多個資料庫，我們可以使用 SQL 語言的 USE 指令來切換目前的使用者資料庫，例如：切換至 master 系統資料庫，其語法如下所示：

```
USE 資料庫名稱
```

上述語法的【資料庫名稱】就是我們欲切換使用的資料庫。

SQL 指令碼檔：ch13_3b.sql

在 SQL Server 切換目前的資料庫是【學校】資料庫，如下所示：

```
USE 學校
```

上述指令切換目前資料庫是【學校】，在切換成【學校】資料庫後，我們就可以在此資料庫執行 SQL 指令來新增資料表、編輯記錄資料，或執行 SQL 查詢。

13-3-3 刪除使用者資料庫

在 SQL Server 的 SQL 語言刪除資料庫是使用 DROP DATABASE 指令，其語法如下所示：

```
DROP DATABASE 資料庫名稱清單
```

上述語法的【資料庫名稱清單】就是欲刪除的資料庫名稱，如果不只一個，請使用「,」號分隔。

SQL 指令碼檔：ch13_3c.sql

在 SQL Server 切換至 master 系統資料庫後，同時刪除【圖書】和【學校】資料庫，如下所示：

```
DROP DATABASE 圖書 , 學校
```

如果資料庫目前正在使用中，就會顯示無法刪除的錯誤訊息文字，例如：【學校】資料庫，如圖 13-3-6 所示：

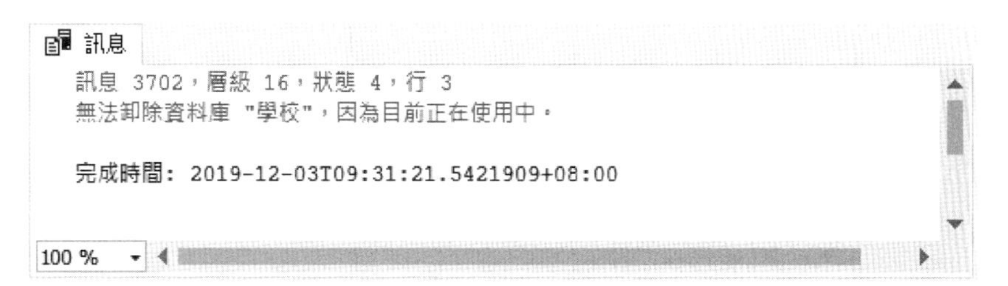

▲ 圖 13-3-6 無法刪除的錯誤訊息文字

隨堂練習 13-3

1. 請使用 Management Studio 執行 SQL 指令分別建立名爲【我的公司】和【我的學校】資料庫。
2. 請使用 SQL 指令切換至【我的公司】資料庫後，刪除【我的公司】資料庫。

13-4 使用 SQL 指令建立和修改資料表

SQL Server 可以使用 SQL 指令建立資料表、指定主鍵和建立關聯性，當然，我們也可以使用 SQL 指令來修改資料表的定義資料。

在執行本節 SQL 指令碼檔案前，請先實作第 13-3 節隨堂練習的【我的公司】資料庫。

13-4-1 使用 SQL 指令建立資料表

SQL 語言是使用 CREATE TABLE 指令在目前選擇的資料庫建立資料表，其基本語法如下所示：

```
CREATE TABLE 資料表名稱 (
  欄位名稱 1  資料類型  [ 欄位屬性清單 ],
  欄位名稱 2  資料類型  [ 欄位屬性清單 ],
  欄位名稱 3  資料類型  [ 欄位屬性清單 ],
  .........
  欄位名稱 n  資料類型  [ 欄位屬性清單 ]
  [ 資料表屬性清單 ]
)
```

上述語法建立名為【資料表名稱】的資料表，在之後的括號是使用逗號分隔的欄位定義清單，每一個欄位是使用空白字元分隔的定義資料，如下所示：

- 欄位名稱：資料表的欄位名稱。
- 資料類型：資料欄位儲存資料的類型。
- 欄位屬性清單：指定欄位屬性，如有多個，請使用空白字元分隔。常用的欄位屬性說明，如表 13-4-1 所示：

▼ 表 13-4-1 常用的欄位屬性說明

欄位屬性	說明
NOT NULL | NULL	欄位值是否是空值，沒有指明，預設值是 NULL，可以是空值
DEFAULT 預設值	指定欄位的預設值，當欄位沒有輸入資料，預設就是填入之後的預設值
IDENTITY(起始值 , 遞增值)	是否是自動編號欄位，在一個資料表只允許 1 個自動編號欄位，括號分別指定起始值和遞增值，沒有指定都是 1
PRIMARY KEY | UNIQUE	欄位是否是主鍵（PRIMARY KEY）或不可重複的唯一值（UNIQUE），如為主鍵，並不允許同時使用 NULL 屬性

說明

PRIMARY KEY 和 UNIQUE 欄位屬性都是指定欄位值是唯一值來避免重複資料，不過，同一資料表只允許指定一個 PRIMARY KEY 主鍵；但是可以有多個 UNIQUE 欄位，相當於是候選鍵，UNIQUE 欄位允許欄位值是 NULL 空值，但是只允許有一筆記錄的欄位資料是空值，否則就會產生重複資料。

在欄位定義清單後是資料表屬性清單（如有多個，請使用逗號分隔），這部分是用來建立完整性限制條件。

SQL 指令碼檔：ch13_4.sql

請在【我的公司】資料庫新增【員工】資料表，如下所示：

```
USE 我的公司
GO
CREATE TABLE 員工 (
 員工編號 char(5) NOT NULL PRIMARY KEY,
 員工姓名 nvarchar(16) NOT NULL,
 部門名稱 nvarchar(16) NOT NULL,
 員工職稱 nvarchar(16) NOT NULL,
 分機號碼 varchar(6) NULL,
 電郵地址 varchar(30) NULL,
 住家地址 nvarchar(50) DEFAULT '台北市',
 住家電話 varchar(16) NULL
)
```

上述 SQL 指令碼檔案首先使用 USE 指令切換使用的【我的公司】資料庫後，使用 CREATE TABLE 指令在資料庫建立【員工】資料表，PRIMARY KEY 屬性指定主鍵是【員工編號】欄位，在【住家地址】欄位有預設值為 '台北市'，其執行結果顯示成功完成命令的訊息文字，如圖 13-4-1 所示：

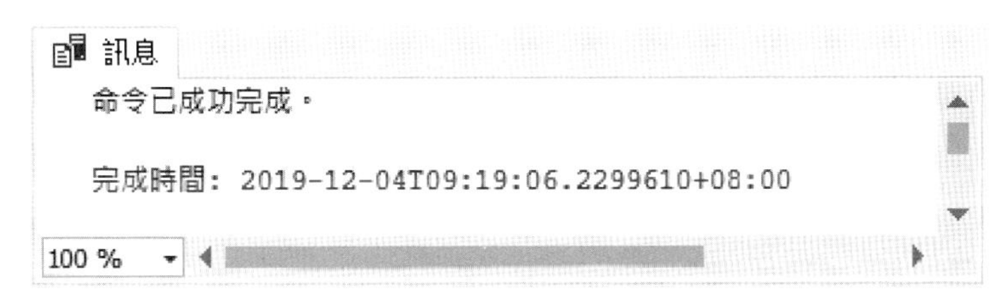

▲ 圖 13-4-1 顯示成功 SQL 指令的訊息文字

SQL 指令碼檔：ch13_4a.sql

請在【我們公司】資料庫新增【訂單】資料表，並且新增自動編號的【建檔編號】欄位，如下所示：

```
USE 我的公司
GO
CREATE TABLE 訂單 (
  建檔編號 int IDENTITY(1000, 1),
  訂單編號 char(5) NOT NULL PRIMARY KEY,
  客戶編號 char(5) NOT NULL,
  員工編號 char(5) NOT NULL
)
```

上述資料表的【建檔編號】欄位是一個自動編號欄位，在括號指定起始值 1000 和遞增值 1。

13-4-2 使用資料表的條件約束指定主鍵

SQL 語言的 CREATE TABLE 指令除了在欄位使用 PRIMARY KEY 屬性指定主鍵外，也可以指定資料表層級的 PRIMARY KEY 條件約束，其語法如下所示：

```
[ CONSTRAINT 條件約束名稱 ]
 PRIMARY KEY ( 欄位清單 )
```

上述語法建立名為【條件約束名稱】的條件約束，如果沒有指定名稱，SQL Server 就會自動產生條件約束名稱，在括號內的欄位清單如果為多個欄位的複合鍵，請使用逗號分隔欄位名稱。

SQL 指令碼檔：ch13_4b.sql

請在【我的公司】資料庫新增【客戶】資料表，主鍵是【客戶編號】，如下所示：

```
USE 我的公司
GO
CREATE TABLE 客戶 (
  客戶編號 char(5) NOT NULL,
  客戶名稱 nvarchar(50) NOT NULL,
  客戶地址 nvarchar(80) NULL,
  電話號碼 varchar(16) NOT NULL,
  傳真號碼 varchar(16) NULL,
  聯絡人姓名 nvarchar(20) NOT NULL,
  分機號碼 varchar(6) NULL,
  電郵地址 varchar(30) NULL,
  PRIMARY KEY ( 客戶編號 )
)
```

上述資料表是在最後使用 PRIMERY KEY 指定【客戶】資料表的主鍵是【客戶編號】欄位。

13-4-3 使用 SQL 指令建立關聯性

SQL 指令建立關聯性就是新增 FOREIGN KEY 條件約束，在 CREATE TABLE 指令的條件約束語法，如下所示：

```
[CONSTRAINT 條件約束名稱 ]
 [ [FOREIGN KEY ( 欄位清單 ) ]
  REFERENCES 參考資料表名稱 ( 欄位清單 )
  [ON DELETE { CASCADE | NO ACTION }]
  [ON UPDATE { CASCADE | NO ACTION }] ]
```

上述語法如果括號內的欄位清單是多欄位的複合鍵，請使用逗號分隔。REFERENCES 子句是參考資料表，括號是參考資料表的主鍵。ON DELETE 和 ON UPDATE 子句的說明，如下所示：

- ON DELETE 子句：指定當刪除參考資料表的關聯記錄時，資料表的記錄需要如何處理，CASCADE 是一併刪除；NO ACTION 是拒絕刪除操作，並且產生錯誤訊息。
- ON UPDATE 子句：指定當更新參考資料表的關聯記錄時，資料表的記錄需要如何處理，CASCADE 是一併更新；NO ACTION 是拒絕更新操作，並且產生錯誤訊息。

SQL 指令碼檔：ch13_4c.sql

請在【我的公司】資料庫建立【訂單明細】資料表，並且使用 FOREIGN KEY 條件約束，建立與【訂單】資料表之間的關聯性，如下所示：

```
USE 我的公司
GO
CREATE TABLE 訂單明細 (
 訂單編號 char(5) NOT NULL,
 產品編號 char(5) NOT NULL,
 數量 int NOT NULL,
 折扣 int NOT NULL,
 PRIMARY KEY ( 訂單編號 , 產品編號 ),
 FOREIGN KEY ( 訂單編號 ) REFERENCES 訂單 ( 訂單編號 )
)
```

上述 CREATE TABLE 指令的最後依序建立主鍵和和 FOREIGN KEY 條件約束的外來鍵，即建立訂單與訂單明細之間的一對多關聯性。

13-4-4 修改資料表欄位

SQL 語言是使用 ALTER TABLE 指令來修改資料表欄位，其基本語法如下所示：

```
ALTER TABLE 資料表名稱
ADD 新欄位名稱 資料類型 [ 欄位屬性清單 ]
   | 計算欄位名稱 AS 運算式 [,]
或
DROP COLUMN 欄位名稱
或
ALTER COLUMN 欄位名稱 新資料類型 [NULL | NOT NULL]
```

上述 ADD 子句可以新增欄位，如果不只一個，請使用逗號分隔；DROP COLUMN 子句是刪除欄位；ALTER COLUMN 子句是修改資料類型和是否允許 NULL 空值。

SQL 指令碼檔：ch13_4d.sql

請在【我們公司】資料庫修改【訂單】和【員工】資料表，在訂單資料表新增【訂單日期】和【送貨日期】欄位，資料類型都是 datetime，員工資料表新增【薪水】欄位，資料類型是 money，如下所示：

```
USE 我的公司
GO
ALTER TABLE 訂單
  ADD 訂單日期 datetime NOT NULL,
      送貨日期 datetime
GO
ALTER TABLE 員工
  ADD 薪水 money NOT NULL
```

上述 ALTER TABLE 指令可以在訂單資料表新增 2 個欄位；員工資料表 1 個欄位。

SQL 指令碼檔：ch13_4e.sql

請在【我的公司】資料庫修改【訂單】資料表，刪除【送貨日期】欄位，如下所示：

```
USE 我的公司
GO
ALTER TABLE 訂單
  DROP COLUMN 送貨日期
```

SQL 指令碼檔：ch13_4f.sql

請在【我的公司】資料庫修改【訂單】資料表，將【訂單日期】欄位的資料類型改為varchar(20)，如下所示：

```
USE 我的公司
GO
ALTER TABLE 訂單
  ALTER COLUMN 訂單日期 varchar(20) NOT NULL
```

13-4-5 修改條件約束

SQL 語言一樣可以使用 ALTER TABLE 指令來修改條件約束，其基本語法如下所示：

```
ALTER TABLE 資料表名稱
ADD 條件約束定義
或
DROP CONSTRAINT 條件約束名稱
```

上述 ADD 子句可以新增條件約束定義，包含：PRIMARY KEY、UNIQUE、FOREIGN KEY、DEFAULT 和 CHECK 條件約束；DROP CONSTRAINT 子句是刪除指定名稱的條件約束。

SQL 指令碼檔：ch13_4g.sql

請在【我的公司】資料庫修改【員工】資料表，新增【薪水】欄位的 CHECK 條件約束，條件運算式為【薪水 > 25000】，如下所示：

```
USE 我的公司
GO
ALTER TABLE 員工
  ADD CONSTRAINT 薪水_條件
     CHECK ( 薪水 > 25000)
```

上述 ALTER TABLE 指令新增的 CHECK 條件約束有指定條件約束名稱。

SQL 指令碼檔：ch13_4h.sql

請在【我的公司】資料庫修改【訂單】資料表，新增【客戶編號】欄位的外來鍵條件約束，如下所示：

```
USE 我的公司
GO
ALTER TABLE 訂單
  ADD CONSTRAINT 客戶編號_外來鍵
     FOREIGN KEY ( 客戶編號 ) REFERENCES 客戶 ( 客戶編號 )
```

SQL 指令碼檔：ch13_4i.sql

請在【我的公司】資料庫修改【員工】資料表，刪除名為【薪水 _ 條件】的條件約束，如下所示：

```
USE 我的公司
GO
ALTER TABLE 員工
  DROP CONSTRAINT 薪水_條件
```

13-4-6 使用 SQL 指令刪除資料表

SQL 語言是使用 DROP TABLE 指令來刪除資料表，刪除範圍包含資料表索引、記錄和檢視表，其基本語法如下所示：

```
DROP TABLE 資料表名稱
```

上述語法可以從資料庫刪除名為【資料表名稱】的資料表。

SQL 指令碼檔：ch13_4j.sql

請在【我的公司】資料庫刪除【訂單明細】資料表，如下所示：

```
USE 我的公司
GO
DROP TABLE 訂單明細
```

隨堂練習 13-4

1. 請繼續第 13-3 節隨堂練習建立的【我的學校】資料庫，執行 SQL 指令新增【課程】資料表，如下所示：

```
CREATE TABLE 課程 (
  課程編號 char(5)      NOT NULL PRIMARY KEY ,
  名稱     varchar(30) NOT NULL ,
  學分     int         DEFAULT 3
)
```

2. 請在【我的學校】資料庫修改【課程】資料表，在資料表新增【開始日期】和【結束日期】欄位，資料類型都是 datetime，並且新增【學生數】欄位，資料類型是 int。
3. 請在【我的學校】資料庫修改【課程】資料表，刪除【結束日期】欄位。
4. 請在【我的學校】資料庫修改【課程】資料表，將【開始日期】欄位的資料類型改為 varchar(15)。

13-5 SQL Server 產生和發佈指令碼精靈

SQL Server 的 Management Studio 提供兩種產生 SQL 指令碼的功能，如下所示：

- 產生和發佈指令碼精靈：建立多個物件的 SQL 指令碼，我們也可以使用此精靈來產生備份資料庫的 SQL 指令碼檔案，在這一節說明的是此精靈。
- 編寫…指令碼爲功能表：針對個別的物件或多個物件產生所需的 SQL 指令碼，詳見第 15-4 節的說明。

在實務上，我們可以使用產生和發佈指令碼精靈來爲多個物件建立 SQL 指令碼，支援多種指令碼選項，例如：是否要包含權限、資料、定序及條件約束等。

例如：小明準備使用 SQL 指令來備份資料庫，所以準備在「物件總管」視窗產生【銷售管理系統】資料庫定義和資料的 SQL 指令碼，其步驟如下所示：

Step 1：請啓動 Management Studio 建立連接後，在「物件總管」視窗展開資料庫清單後，在【銷售管理系統】資料庫上，執行【右】鍵快顯功能表的「工作 > 產生指令碼」命令，如圖 13-5-1 所示：

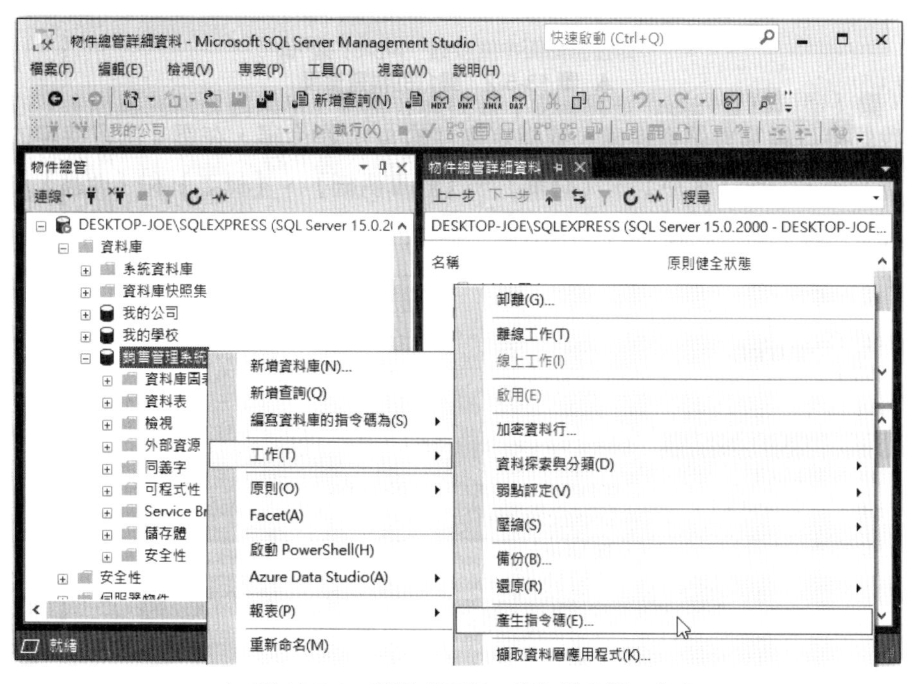

▲ 圖 13-5-1 執行「工作 > 產生指令碼」命令

14-1 SQL 基本查詢指令

SQL 語言的查詢指令只有一個 SELECT 指令，其基本語法如下所示：

```
SELECT 欄位清單
FROM 資料表來源
[WHERE 搜尋條件 ]
[GROUP BY 欄位清單 ]
[ORDER BY 欄位清單 ]
```

上述語法的【欄位清單】可以指定查詢欄位，如果不只一個，請使用「,」逗號分隔，搜尋條件是由多個比較和邏輯運算式組成，可以過濾 FROM 子句資料表來源的記錄資料。SELECT 指令各子句的說明，如表 14-1-1 所示：

▼ 表 14-1-1　SELECT 指令各子句的說明

子句	說明
SELECT	指定查詢結果包含哪些欄位
FROM	指定查詢的資料來源是哪些資料表
WHERE	過濾查詢結果的條件，可以從資料表來源取得符合條件的查詢結果
GROUP BY	將相同欄位值的欄位群組在一起，以便執行群組查詢
ORDER BY	指定查詢結果的排序欄位

14-1-1 SELECT 敘述設定查詢範圍

SELECT 敘述可以指定資料表查詢的欄位，FROM 子句設定查詢資料表，如果沒有 WHERE 條件子句，就是查詢資料表的所有記錄。

查詢資料表的部分欄位：ch14_1.sql

SELECT 敘述在查詢資料表時可以只顯示部分欄位，如下所示：

```
USE 銷售管理系統
GO
SELECT 產品編號 , 產品名稱 , 定價 FROM 產品
```

說明

欄位名稱可以使用空格，如果欄位名稱擁有空格，需要使用「[」和「]」符號將欄位括起，此時的 SQL 指令，如下所示：

```
SELECT [ 產品編號 ], [ 產品名稱 ], [ 定價 ] FROM 產品
```

上述 SELECT 敘述顯示【產品】資料表的欄位【產品編號】、【產品名稱】和【定價】，欄位使用逗號分隔，如圖 14-1-1 所示：

	產品編號	產品名稱	定價
1	P0001	原子筆1包	110.00
2	P0002	文具尺1包	45.00
3	P0003	訂書針1包	20.00
4	P0004	辦公剪刀(中)	35.00
5	P0005	雙面膠帶1組	38.00
6	P0006	螢光筆一套	35.00
7	P0007	訂書機	20.00
8	P0008	長尾夾一盒...	20.00
9	P0009	長尾夾一盒...	30.00
10	P0010	長尾夾一盒...	45.00
11	P0011	美工刀(小)	10.00
12	P0012	美工刀(中)	15.00
13	P0013	美工刀(大)	25.00
14	P0014	8色彩色筆	35.00
15	P0015	12色彩色筆	55.00
16	P0016	24色彩色筆	75.00

▲ 圖 14-1-1 部分欄位的查詢結果

上述圖例可以顯示【產品】資料表的所有記錄，但是只有顯示三個欄位。

查詢資料表的所有欄位：ch14_1a.sql

SELECT 敘述如果需要顯示記錄的所有欄位，請使用「*」符號代表所有欄位，其 SQL 指令如下所示：

```
USE 銷售管理系統
GO
SELECT * FROM 產品
```

上述 SQL 指令的執行結果顯示資料表的所有記錄和欄位，共有 16 筆記錄，如圖 14-1-2 所示：

	產品編號	產品名稱	產品說明	庫存量	安全庫存	定價
1	P0001	原子筆1包	一包10隻原子筆	20	15	110.00
2	P0002	文具尺1包	一包5個文具尺	120	20	45.00
3	P0003	訂書針1包	一包4盒訂書針	100	20	20.00
4	P0004	辦公剪刀(中)	適合在辦公室使用的剪刀	50	15	35.00
5	P0005	雙面膠帶1組	1組5個雙面膠	100	15	38.00
6	P0006	螢光筆一套	1套5色螢光筆	80	15	35.00
7	P0007	訂書機	標準尺寸訂書機	200	20	20.00
8	P0008	長尾夾一盒(小)	小尺寸長尾夾	200	20	20.00
9	P0009	長尾夾一盒(中)	中尺寸長尾夾	200	20	30.00
10	P0010	長尾夾一盒(大)	大尺寸長尾夾	200	20	45.00
11	P0011	美工刀(小)	小型美工刀	100	15	10.00
12	P0012	美工刀(中)	中型美工刀	100	15	15.00
13	P0013	美工刀(大)	大型美工刀	100	15	25.00
14	P0014	8色彩色筆	8個顏色的彩色筆	50	15	35.00
15	P0015	12色彩色筆	12個顏色的彩色筆	50	15	55.00
16	P0016	24色彩色筆	24個顏色的彩色筆	50	15	75.00

▲ 圖 14-1-2 所有記錄和欄位的查詢結果

欄位沒有重複值：ch14_1b.sql

資料表記錄的欄位值如果有重複值，只需在 SELECT 敘述加上 DISTINCT 指令，如果欄位（單一欄位）資料重複，即有相同值，就只會顯示其中一筆，如下所示：

```
USE 銷售管理系統
GO
SELECT DISTINCT 業績獎金 FROM 員工薪資
```

上述 SQL 指令的【業績獎金】欄位如果有重複值，只會顯示其中一筆，如圖 14-1-3 所示：

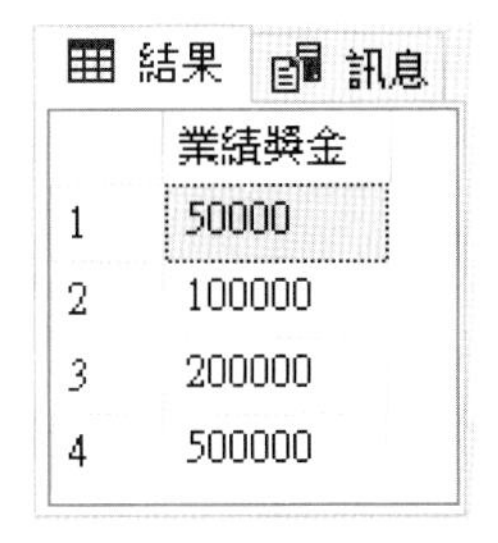

	業績獎金
1	50000
2	100000
3	200000
4	500000

▲ 圖 14-1-3 沒有重複值的查詢結果

右述圖例顯示 4 筆記錄，因為有兩筆記錄是 100000，如果使用 DISTINCTROW 指令是指整筆記錄所有欄位的資料重複。

使用欄位別名：ch14_1c.sql

SELECT 敘述查詢資料表顯示的欄位可以使用 AS 關鍵字設定別名，如下所示：

```
USE 銷售管理系統
GO
SELECT 產品編號 AS 型號 , 定價 AS 價格 FROM 產品
```

上述 SELECT 敘述顯示【產品】資料表的欄位【產品編號】和【定價】，欄位的別名分別是型號和價格，在向欄位是使用逗號分隔，可以看到欄位標題文字顯示的是別名，如圖 14-1-4 所示：

	型號	價格
1	P0001	110.00
2	P0002	45.00
3	P0003	20.00
4	P0004	35.00
5	P0005	38.00
6	P0006	35.00
7	P0007	20.00
8	P0008	20.00
9	P0009	30.00
10	P0010	45.00
11	P0011	10.00
12	P0012	15.00
13	P0013	25.00
14	P0014	35.00
15	P0015	55.00
16	P0016	75.00

▲ 圖 14-1-4 欄位別名的查詢結果

14-1-2 WHERE 條件子句

SELECT 敘述的 WHERE 條件子句才是眞正的查詢主角，我們是使用 SELECT 敘述指定查詢哪一個資料表和哪些欄位，WHERE 子句才是眞正篩選符合記錄的條件。

WHERE 條件的欄位值可以是文字、數字或日期 / 時間，支援的運算子如表 14-1-2 所示：

▼ 表 14-1-2 WHERE 條件支援的運算子

運算子	說明
=	相等
<>	不相等
>	大於
>=	大於等於
<	小於
<=	小於等於
LIKE	包含子字串

條件值為字串：ch14_1d.sql 和 ch14_1e.sql

WHERE 條件的欄位如果是字串請加上單引號或雙引號，條件是字串比較，支援的運算子和範例，如表 14-1-3 所示：

▼ 表 14-1-3 WHERE 條件值為字串的範例

運算子	範例
=	SELECT * FROM 產品 WHERE 產品編號 ='P0001'
>	SELECT * FROM 產品 WHERE 產品編號 >'P0001'
>=	SELECT * FROM 產品 WHERE 產品編號 >='P0001"
<	SELECT * FROM 產品 WHERE 產品編號 <'P0001'
<=	SELECT * FROM 產品 WHERE 產品編號 <='P0001'
<>	SELECT * FROM 產品 WHERE 產品編號 <>'P0001'

上述 SQL 指令範例是查詢【產品編號】欄位值等於、大於、大於等於、小於、小於等於和不等於字串【P0001】的記錄。例如：查詢產品編號爲【P0001】的記錄（SQL 指令碼檔：ch14_1d.sql），如下所示：

```
USE 銷售管理系統
GO
SELECT * FROM 產品 WHERE 產品編號 ='P0001'
```

上述 SQL 指令的查詢結果找到一筆符合條件的記錄，如圖 14-1-5 所示：

	產品編號	產品名稱	產品說明	庫存量	安全庫存	定價
1	P0001	原子筆1包	一包10隻原子筆	20	15	110.00

▲ 圖 14-1-5 WHERE 條件的查詢結果

例如：查詢產品編號不等於【P0001】的記錄（SQL 指令碼檔：ch14_1e.sql），如下所示：

```
USE 銷售管理系統
GO
SELECT * FROM 產品 WHERE 產品編號 <>'P0001'
```

上述 SQL 指令的查詢結果共找到 15 筆符合條件的記錄，如圖 14-1-6 所示：

	產品編號	產品名稱	產品說明	庫存量	安全庫存	定價
1	P0002	文具尺1包	一包5個文具尺	120	20	45.00
2	P0003	訂書針1包	一包4盒訂書針	100	20	20.00
3	P0004	辦公剪刀(中)	適合在辦公室使用的剪刀	50	15	35.00
4	P0005	雙面膠帶1組	1組5個雙面膠	100	15	38.00
5	P0006	螢光筆一套	1套5色螢光筆	80	15	35.00
6	P0007	訂書機	標準尺寸訂書機	200	20	20.00
7	P0008	長尾夾一盒...	小尺寸長尾夾	200	20	20.00
8	P0009	長尾夾一盒...	中尺寸長尾夾	200	20	30.00
9	P0010	長尾夾一盒...	大尺寸長尾夾	200	20	45.00
10	P0011	美工刀(小)	小型美工刀	100	15	10.00
11	P0012	美工刀(中)	中型美工刀	100	15	15.00
12	P0013	美工刀(大)	大型美工刀	100	15	25.00
13	P0014	8色彩色筆	8個顏色的彩色筆	50	15	35.00
14	P0015	12色彩色筆	12個顏色的彩色筆	50	15	55.00
15	P0016	24色彩色筆	24個顏色的彩色筆	50	15	75.00

▲ 圖 14-1-6 WHERE 條件的查詢結果

包含子字串：ch14_1f.sql、ch14_1g.sql 和 ch14_1h.sql

LIKE 包含運算子只需是包含的子字串就符合條件，還可以配合萬用字元建立範本字串（Pattern）進行比對，如表 14-1-4 所示：

▼ 表 14-1-4 SQL 萬用字元說明

SQL 萬用字元	說明
%	代表任何子字串，0、1 或多個任何字元
_	代表任何一個字元
[]	代表一個範圍的字元，例如：a~c 字元是 [a-c]

例如：查詢擁有子字串 '1' 的 SQL 指令（SQL 指令碼檔：ch14_1f.sql），如下所示：

```
USE 銷售管理系統
GO
SELECT * FROM 產品 WHERE 產品編號 LIKE '%1%'
```

上述 SQL 指令的條件只需欄位值擁有子字串【1】就符合條件，共找到 8 筆記錄，如圖 14-1-7 所示：

	產品編號	產品名稱	產品說明	庫存量	安全庫存	定價
1	P0001	原子筆1包	一包10隻原子筆	20	15	110.00
2	P0010	長尾夾一盒(大)	大尺寸長尾夾	200	20	45.00
3	P0011	美工刀(小)	小型美工刀	100	15	10.00
4	P0012	美工刀(中)	中型美工刀	100	15	15.00
5	P0013	美工刀(大)	大型美工刀	100	15	25.00
6	P0014	8色彩色筆	8個顏色的彩色筆	50	15	35.00
7	P0015	12色彩色筆	12個顏色的彩色筆	50	15	55.00
8	P0016	24色彩色筆	24個顏色的彩色筆	50	15	75.00

▲ 圖 14-1-7 WHERE 條件的查詢結果

上述 SQL 指令是使用萬用字元「%」代表任何字元，我們也可以使用「_」萬用字元代表任何一個字元（SQL 指令碼檔：ch14_1g.sql），如下所示：。

```
USE 銷售管理系統
GO
SELECT * FROM 產品 WHERE 產品編號 LIKE 'P00_1'
```

上述 SQL 指令【產品編號】欄位的倒數第 2 個可以是任何字元，共找到 2 筆記錄，如圖 14-1-8 所示：

	產品編號	產品名稱	產品說明	庫存量	安全庫存	定價
1	P0001	原子筆1包	一包10隻原子筆	20	15	110.00
2	P0011	美工刀(小)	小型美工刀	100	15	10.00

▲ 圖 14-1-8 WHERE 條件的查詢結果

我們可以使用「[]」方括號來指定一個數字範圍（SQL 指令碼檔：ch14_1h.sql），如下所示：

```
USE 銷售管理系統
GO
SELECT * FROM 產品 WHERE 產品編號 LIKE 'P000[1-3]'
```

上述 SQL 指令【產品編號】欄位的最後 1 個數字是 1~3 的範圍；共可以找到 3 筆記錄，如圖 14-1-9 所示：

結果 | 訊息

	產品編號	產品名稱	產品說明	庫存量	安全庫存	定價
1	P0001	原子筆1包	一包10隻原子筆	20	15	110.00
2	P0002	文具尺1包	一包5個文具尺	120	20	45.00
3	P0003	訂書針1包	一包4盒訂書針	100	20	20.00

▲ 圖 14-1-9　WHERE 條件的查詢結果

條件值為數字：ch14_1i.sql 和 ch14_1j.sql

WHERE 條件如果是數字欄位不需要使用單引號或雙引號括起，支援的運算子和範例，如表 14-1-5 所示：

▼ 表 14-1-5　WHERE 條件值為數字的範例

運算子	範例
=	SELECT * FROM 產品 WHERE 定價 =35
>	SELECT * FROM 產品 WHERE 定價 >35
>=	SELECT * FROM 產品 WHERE 定價 >=35
<	SELECT * FROM 產品 WHERE 定價 <35
<=	SELECT * FROM 產品 WHERE 定價 <=35
<>	SELECT * FROM 產品 WHERE 定價 <>35

上述 SQL 指令範例是查詢【定價】欄位值等於、大於、大於等於、小於、小於等於和不等於 35 元的記錄。例如：查詢【定價】為 35 元的記錄（SQL 指令碼檔：ch14_1i.sql），如下所示：

```
USE 銷售管理系統
GO
SELECT * FROM 產品 WHERE 定價 =35
```

上述 SQL 指令共找到 3 筆符合條件的記錄，如圖 14-1-10所示：

結果 | 訊息

	產品編號	產品名稱	產品說明	庫存量	安全庫存	定價
1	P0004	辦公剪刀(中)	適合在辦公室使用的剪刀	50	15	35.00
2	P0006	螢光筆一套	1套5色螢光筆	80	15	35.00
3	P0014	8色彩色筆	8個顏色的彩色筆	50	15	35.00

▲ 圖 14-1-10　WHERE 條件的查詢結果

例如：查詢【定價】欄位小於 35 元的記錄（SQL 指令碼檔：ch14_1j.sql），如下所示：

```
USE 銷售管理系統
GO
SELECT * FROM 產品 WHERE 定價 <35
```

上述 SQL 指令共找到 7 筆符合條件的記錄，如圖 14-1-11 所示：

結果 訊息

	產品編號	產品名稱	產品說明	庫存量	安全庫存	定價
1	P0003	訂書針1包	一包4盒訂書針	100	20	20.00
2	P0007	訂書機	標準尺寸訂書機	200	20	20.00
3	P0008	長尾夾一盒(小)	小尺寸長尾夾	200	20	20.00
4	P0009	長尾夾一盒(中)	中尺寸長尾夾	200	20	30.00
5	P0011	美工刀(小)	小型美工刀	100	15	10.00
6	P0012	美工刀(中)	中型美工刀	100	15	15.00
7	P0013	美工刀(大)	大型美工刀	100	15	25.00

▲ 圖 14-1-11 WHERE 條件的查詢結果

條件值為日期 / 時間：ch14_1k.sql 和 ch14_1l.sql

條件值如果為日期 / 時間時，SQL Server 需要使用單引號括起，支援的運算子和範例，如表 14-1-6 所示：

▼ 表 14-1-6 WHERE 條件值為日期 / 時間的範例

運算子	範例
=	SELECT * FROM 訂單 WHERE 訂單日期 ='2019-12-2'
>	SELECT * FROM 訂單 WHERE 訂單日期 >'2019-12-2'
>=	SELECT * FROM 訂單 WHERE 訂單日期 >='2019-12-2'
<	SELECT * FROM 訂單 WHERE 訂單日期 <'2019-12-2'
<=	SELECT * FROM 訂單 WHERE 訂單日期 <='2019-12-2'
<>	SELECT * FROM 訂單 WHERE 訂單日期 <>'2019-12-2'

上述 SQL 指令範例是查詢【訂單日期】欄位的日期等於、大於、大於等於、小於、小於等於和不等於日期 2019-12-2 的記錄。例如：查詢訂單日期是 2019-12-2 的記錄（SQL 指令碼檔：ch14_1k.sql），如下所示：

```
USE 銷售管理系統
GO
SELECT * FROM 訂單 WHERE 訂單日期 =#2019-12-2#
```

Avg() 函數：ch14_2a.sql

Avg() 函數可以用來計算欄位的平均值，如下所示：

```
USE 銷售管理系統
GO
SELECT Avg( 定價 ) FROM 產品
GO
   SELECT Count(*), Avg( 定價 ) FROM 產品
   WHERE 產品編號 LIKE '%2%'
```

上述 SQL 指令的執行結果，如圖 14-2-2 所示：

結果　訊息

	(沒有資料行名稱)
1	38.3125

	(沒有資料行名稱)	(沒有資料行名稱)
1	2	30.00

▲ 圖 14-2-2　聚合函數的查詢結果

Max() 函數：ch14_2b.sql

Max() 函數可以找出符合條件記錄中的欄位最大值，如下所示：

```
USE 銷售管理系統
GO
SELECT Max( 定價 ) FROM 產品
GO
SELECT Max( 定價 ) FROM 產品 WHERE 產品編號 LIKE '%2%'
```

上述 SQL 指令的執行結果，如圖 14-2-3 所示：

▲ 圖 14-2-3　聚合函數的查詢結果

Min() 函數：ch14_2c.sql

Min() 函數可以找出符合條件記錄中的欄位最小值，如下所示：

```
USE 銷售管理系統
GO
SELECT Min( 定價 ) FROM 產品
GO
SELECT Min( 定價 ) FROM 產品 WHERE 產品編號 LIKE '%2%'
```

上述 SQL 指令的執行結果，如圖 14-2-4 所示：

▲ 圖 14-2-4　聚合函數的查詢結果

Sum() 函數：ch14_2d.sql

Sum() 函數可以計算符合條件記錄的欄位總計，如下所示：

```
SELECT Sum( 定價 ) FROM 產品
SELECT Sum( 定價 ) FROM 產品 WHERE 產品編號 LIKE '%2%'
```

上述 SQL 指令的執行結果，如圖 14-2-5 所示：

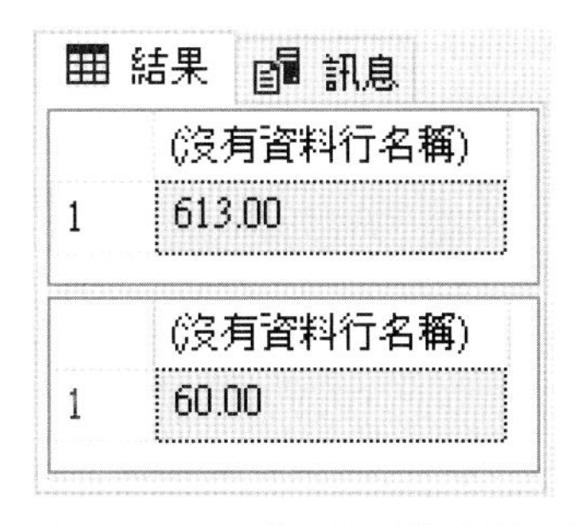

▲ 圖 14-2-5　聚合函數的查詢結果

隨堂練習 14-2

1. 請簡單說明什麼是 SQL 聚合函數？________ 函數可以計算記錄筆數，________ 函數可以計算欄位總和。

14-3 SQL 合併查詢

SQL 指令可以執行多個資料表的合併查詢，我們也可以使用子查詢取得其他資料表的欄位值，或使用 JOIN 指令建立合併查詢。

14-3-1　子查詢

SELECT 敘述的 WHERE 子句可以是另一個 SELECT 敘述來查詢其他資料表的記錄資料，通常是爲了用來取得所需的條件值。

SQL 子查詢：ch14_3.sql

在【客戶】資料表使用名稱查詢客戶編號後，使用取得的客戶編號在【訂單】資料表查詢此客戶的訂單數，如下所示：

```
USE 銷售管理系統
GO
SELECT Count(*) FROM 訂單
WHERE 客戶編號 =
(SELECT 客戶編號 FROM 客戶 WHERE 客戶名稱 =' 東東企業社 ')
```

上述 SQL 指令有 2 個 SELECT 敘述，分別查詢 2 個資料表，在客戶資料表取得客戶名稱爲【東東企業社】的客戶編號後，再從訂單資料表計算出此客戶的訂單數爲 4 筆，如圖 14-3-1 所示：

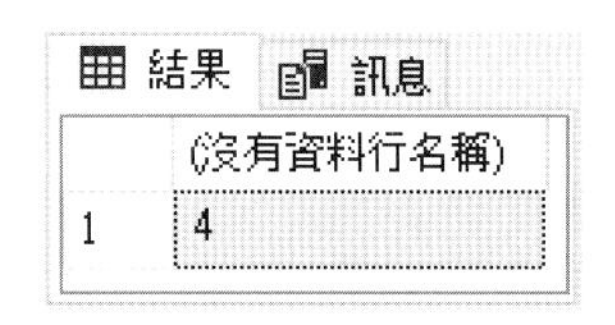

▲ 圖 14-3-1　子查詢的查詢結果

14-3-2　INNER JOIN 合併查詢指令

SQL 合併查詢是 JOIN 指令，依據 2 個資料表取得記錄的範圍分爲 INNER JOIN 和 OUTER JOIN 兩個指令。

INNER JOIN 合併查詢（一）：ch14_3a.sql

INNER JOIN 指令可以取回 2 個資料表都存在的記錄，例如：從客戶資料表取得客戶編號、客戶名稱，和從訂單資料表取得訂單編號，關聯欄位是客戶編號，如下所示：

```
USE 銷售管理系統
GO
SELECT 客戶 . 客戶編號 , 客戶 . 客戶名稱 , 訂單 . 訂單編號
FROM 客戶 INNER JOIN 訂單
        ON 客戶 . 客戶編號 = 訂單 . 客戶編號
```

上述 SQL 指令顯示客戶資料表的客戶編輯和客戶名稱，訂單資料表的訂單編號，關聯欄位是 ON 指令的客戶編號，其查詢結果如圖 14-3-2 所示：

結果 訊息

	客戶編號	客戶名稱	訂單編號
1	C0001	東東企業社	D0001
2	C0001	東東企業社	D0002
3	C0003	天天文具行	D0003
4	C0005	九乘九文具	D0004
5	C0006	華華出版	D0005
6	C0004	光光文具...	D0006
7	C0005	九乘九文具	D0007
8	C0003	天天文具行	D0008
9	C0001	東東企業社	D0009
10	C0004	光光文具...	D0010
11	C0002	明日書局	D0011
12	C0003	天天文具行	D0012
13	C0005	九乘九文具	D0013
14	C0006	華華出版	D0014
15	C0001	東東企業社	D0015

▲ 圖 14-3-2　合併查詢的查詢結果

上述查詢只顯示 2 個資料表都存在的記錄，所以查詢結果沒有客戶【南日企業社】、【金小刀文具批發】、【五福文具行】和【中和文具店】的記錄。

INNER JOIN 合併查詢（二）：ch14_3b.sql

目前的 SQL 查詢只取得訂單編號，我們可以進一步取得【訂單明細】資料表的欄位，如下所示：

```
USE 銷售管理系統
GO
SELECT 客戶 . 客戶編號 , 客戶 . 客戶名稱 , 訂單明細 .*
FROM 訂單明細
   INNER JOIN
   ( 客戶 INNER JOIN 訂單
   ON 客戶 . 客戶編號 = 訂單 . 客戶編號 )
   ON 訂單 . 訂單編號 = 訂單明細 . 訂單編號
```

上述 SQL 指令共查詢 3 個資料表，只需將原來 FROM 子句後的 INNER JOIN 使用括號括起當成查詢結果資料表，就可以進一步查詢訂單明細資料表的所有欄位，關聯欄位是訂單編號，其查詢結果如圖 14-3-3 所示：

結果　訊息

	客戶編號	客戶名稱	訂單編號	產品編號	數量	折扣
1	C0001	東東企業社	D0001	P0001	1	80
2	C0001	東東企業社	D0001	P0002	1	80
3	C0001	東東企業社	D0001	P0003	1	80
4	C0001	東東企業社	D0001	P0004	2	80
5	C0001	東東企業社	D0002	P0003	1	80
6	C0001	東東企業社	D0002	P0004	4	80
7	C0001	東東企業社	D0002	P0005	1	80
8	C0001	東東企業社	D0002	P0006	1	80
9	C0003	天天文具行	D0003	P0003	1	80

.... DESKTOP-JOE\hueya (63) | 銷售管理系統 | 00:00:00 | 50 資料列

▲ 圖 14-3-3　合併查詢的查詢結果

INNER JOIN 合併查詢（三）：ch14_3c.sql

目前的 SQL 查詢只取得產品編號，我們可以進一步取得【產品】資料表的欄位，如下所示：

```
USE 銷售管理系統
GO
SELECT 客戶 . 客戶編號 , 客戶 . 客戶名稱 ,
    訂單明細 .*, 產品 .*
FROM 產品 INNER JOIN
( 訂單明細 INNER JOIN
    ( 客戶 INNER JOIN 訂單
    ON 客戶 . 客戶編號 = 訂單 . 客戶編號 )
    ON 訂單 . 訂單編號 = 訂單明細 . 訂單編號 )
    ON 產品 . 產品編號 = 訂單明細 . 產品編號
```

上述 SQL 指令共查詢 4 個資料表，只需將原來 INNER JOIN 括起當成資料表，就可以進一步查詢產品資料表的所有欄位，關聯欄位是產品編號，其查詢結果如圖 14-3-4 所示：

結果　訊息

	客戶編號	客戶名稱	訂單編號	產品編號	數量	折扣	產品編號	產品名稱	產品說明	庫存量	安全庫存	定價
1	C0001	東東企業社	D0001	P0001	1	80	P0001	原子筆1包	一包10隻原子筆	20	15	110.00
2	C0001	東東企業社	D0001	P0002	1	80	P0002	文具尺1包	一包5個文具尺	120	20	45.00
3	C0001	東東企業社	D0001	P0003	1	80	P0003	訂書針1包	一包4盒訂書針	100	20	20.00
4	C0001	東東企業社	D0001	P0004	2	80	P0004	辦公剪刀(中)	適合在辦公室使用的剪刀	50	15	35.00
5	C0001	東東企業社	D0002	P0003	1	80	P0003	訂書針1包	一包4盒訂書針	100	20	20.00
6	C0001	東東企業社	D0002	P0004	4	80	P0004	辦公剪刀(中)	適合在辦公室使用的剪刀	50	15	35.00
7	C0001	東東企業社	D0002	P0005	1	80	P0005	雙面膠帶1組	1組5個雙面膠	100	15	38.00
8	C0001	東東企業社	D0002	P0006	1	80	P0006	螢光筆一套	1套5色螢光筆	80	15	35.00
9	C0003	天天文具行	D0003	P0003	1	80	P0003	訂書針1包	一包4盒訂書針	100	20	20.00

已成功執行查詢。 | DESKTOP-JOE\SQLEXPRESS (15.... | DESKTOP-JOE\hueya (63) | 銷售管理系統 | 00:00:00 | 50 資料列

▲ 圖 14-3-4　合併查詢的查詢結果

14-3-3 OUTER JOIN 合併查詢指令

OUTER JOIN 指令可以取回任一資料表的所有記錄，而不論是否是 2 個資料表都存在的記錄，可以分成兩種 JOIN 指令，如下所示：

- RIGHT JOIN 指令：取回右邊資料表內的所有記錄。
- LEFT JOIN 指令：取回左邊資料表內的所有記錄。

OUTER JOIN 合併查詢：ch14_3d.sql

從客戶資料表取得客戶編號、客戶名稱和訂單資料表取得訂單編號，關聯欄位是客戶編號，如下所示：

```
USE 銷售管理系統
GO
SELECT 客戶 . 客戶編號 , 客戶 . 客戶名稱 , 訂單 . 訂單編號
FROM 客戶
LEFT JOIN 訂單 ON 客戶 . 客戶編號 = 訂單 . 客戶編號
```

上述 SQL 指令顯示客戶資料表的客戶編號和客戶名稱，訂單資料表的訂單編號，關聯欄位是 ON 指令的客戶編號，其查詢結果如圖 14-3-5 所示：

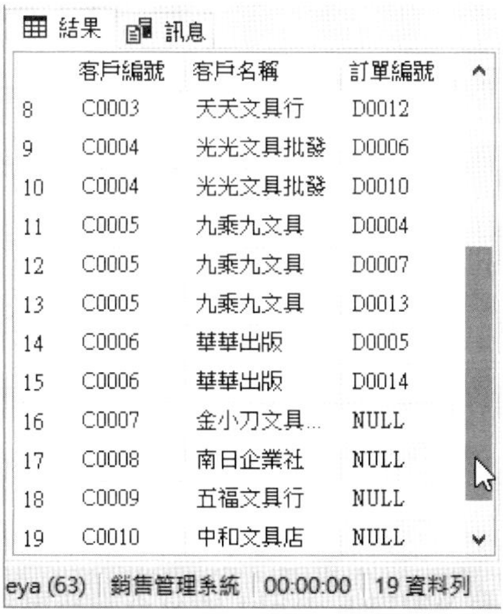

結果 訊息

	客戶編號	客戶名稱	訂單編號
8	C0003	天天文具行	D0012
9	C0004	光光文具批發	D0006
10	C0004	光光文具批發	D0010
11	C0005	九乘九文具	D0004
12	C0005	九乘九文具	D0007
13	C0005	九乘九文具	D0013
14	C0006	華華出版	D0005
15	C0006	華華出版	D0014
16	C0007	金小刀文具...	NULL
17	C0008	南日企業社	NULL
18	C0009	五福文具行	NULL
19	C0010	中和文具店	NULL

eya (63) 銷售管理系統 00:00:00 19 資料列

▲ 圖 14-3-5 合併查詢的查詢結果

LEFT JOIN 指令可以取得客戶資料表的所有記錄，所以最後 4 位客戶沒有訂單資料，訂單編號欄位值是 NULL。

如果需要取得訂單資料表的所有記錄資料，我們需要使用 RIGHT JOIN 指令，不過，因爲有客戶才有訂單，所以不會有訂單而沒有客戶的情況。

GROUP BY 群組查詢（一）：ch14_4.sql

請在【訂單明細】資料表查詢產品編號和計算每一項產品的購買次數，如下所示：

```
USE 銷售管理系統
GO
SELECT 產品編號 , COUNT(*) AS 購買次數
FROM 訂單明細 GROUP BY 產品編號
```

上述 SELECT 指令使用 GROUP BY 子句以【產品編號】建立群組後，使用 COUNT() 聚合函數計算每一項產品的購買次數，如圖 14-4-2 所示：

結果 訊息

	產品編號	購買次數
1	P0001	4
2	P0002	6
3	P0003	8
4	P0004	10
5	P0005	2
6	P0006	5
7	P0007	8
8	P0008	7

▲ 圖 14-4-2 群組查詢的查詢結果

GROUP BY 群組查詢（二）：ch14_4a.sql

請在【員工】資料表使用群組查詢來統計各種職稱的員工數，如下所示：

```
USE 銷售管理系統
GO
SELECT 員工職稱 , COUNT(*) AS 員工數
FROM 員工 GROUP BY 員工職稱
```

上述 SELECT 指令使用 GROUP BY 子句以【員工職稱】欄位建立群組後，使用 COUNT() 聚合函數計算員工數，如圖 14-4-3 所示：

結果 訊息

	員工職稱	員工數
1	助理	1
2	副理	1
3	專員	2
4	經理	1

▲ 圖 14-4-3 群組查詢的查詢結果

隨堂練習 14-4

1. 請舉例說明何謂群組資料？在使用 GROUP BY 子句進行指定欄位的分類查詢時，資料表需要滿足哪些條件？

14-5 Access 查詢物件的 SQL 檢視

Access 不只可以使用精靈或設計檢視來建立查詢物件，查詢物件還提供 SQL 檢視，可以直接輸入 SQL 指令來建立查詢物件。

資料庫範例：ch14_5.accdb

請使用 SQL 指令【SELECT * FROM dbo_ 產品】來新增查詢物件，其步驟如下所示：

Step 1：請啟動 Access 開啟 ch14_5.accdb 資料庫檔案，使用【查詢設計】新增查詢物件後，不需選取資料表，按【關閉】鈕進入設計檢視標籤頁。

Step 2：在功能區選第 1 個【檢視】切換成【SQL 檢視】，可以看到 SQL 指令編輯標籤頁，如圖 14-5-1 所示：

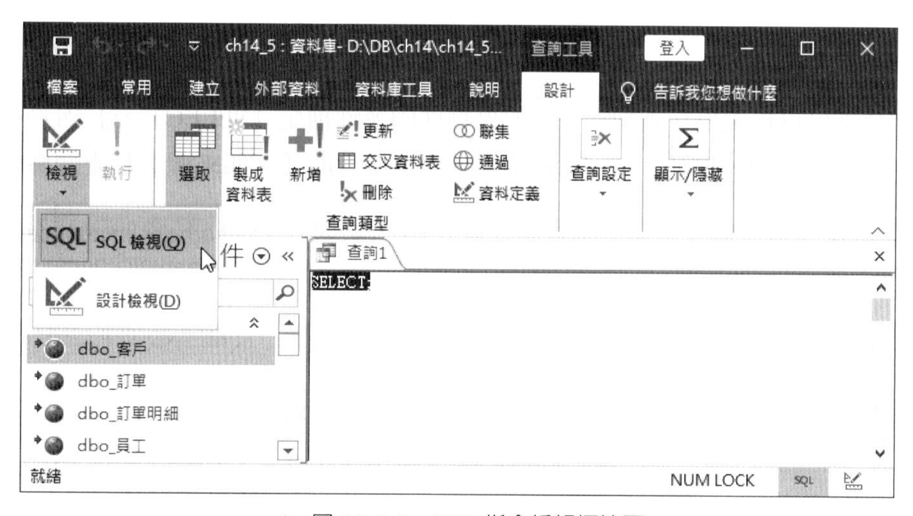

▲ 圖 14-5-1 SQL 指令編輯標籤頁

Step 3：在編輯區域輸入 SQL 指令【SELECT * FROM dbo_ 產品】，如圖 14-5-2 所示：

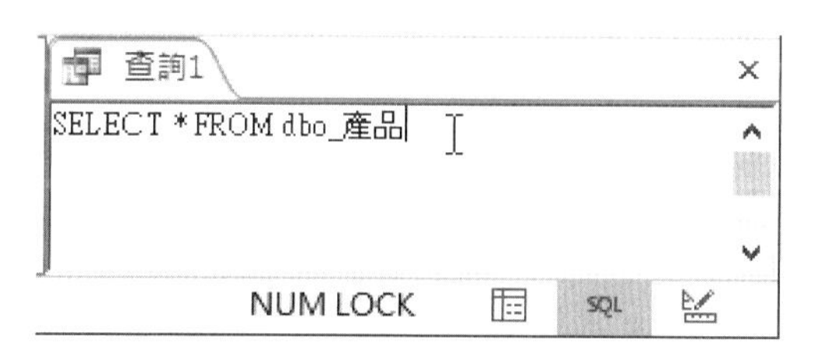

▲ 圖 14-5-2 輸入 SQL 指令

16-1-3 隱藏報表的欄位顯示

在 Access 使用報表精靈建立報表時，因爲使用群組的關係，報表中常常可能多出一些並不需要的欄位，或重複顯示的欄位，例如：在【訂單資料日報表】報表的【訂單日期】欄位，如圖 16-1-13 所示：

▲ 圖 16-1-13 在【訂單資料日報表】報表的【訂單日期】欄位

上述【訂單日期】欄位是以日來分組，這是使用報表精靈建立報表時，按【分組選項】鈕，在「分組區間」對話方塊的【分組區間】欄選【日】來進行分組，如圖 16-1-14 所示：

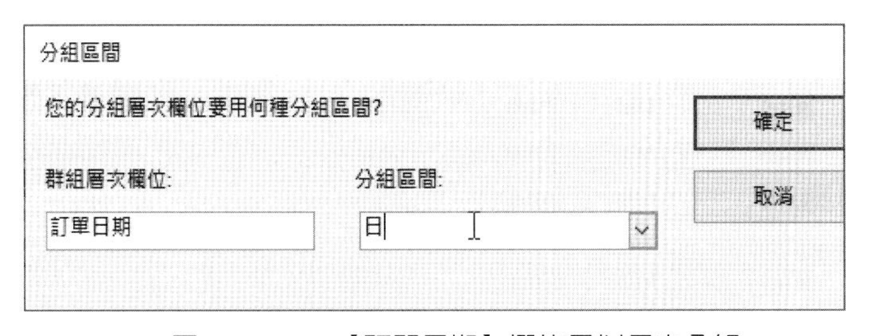

▲ 圖 16-1-14 【訂單日期】欄位是以日來分組

因爲報表已經使用日分組，所以訂單日期欄位根本沒有需要，我們可以在設計檢視更改欄位屬性，在報表隱藏顯示此欄位。

資料庫範例：ch16_1b.accdb

小明準備修改【訂單資料日報表】報表物件，隱藏【訂單日期】欄位的顯示，其步驟如下所示：

Step 1：請啓動 Access 開啓 ch16_1b.accdb 資料庫檔案，選【訂單資料日報表】報表物件，在功能區選【檢視】切換至設計檢視標籤頁。

Step 2：在「訂單編號群組首」區段選【訂單日期】控制項，在上方功能區點選游標所在的【屬性表】，如圖 16-1-15 所示：

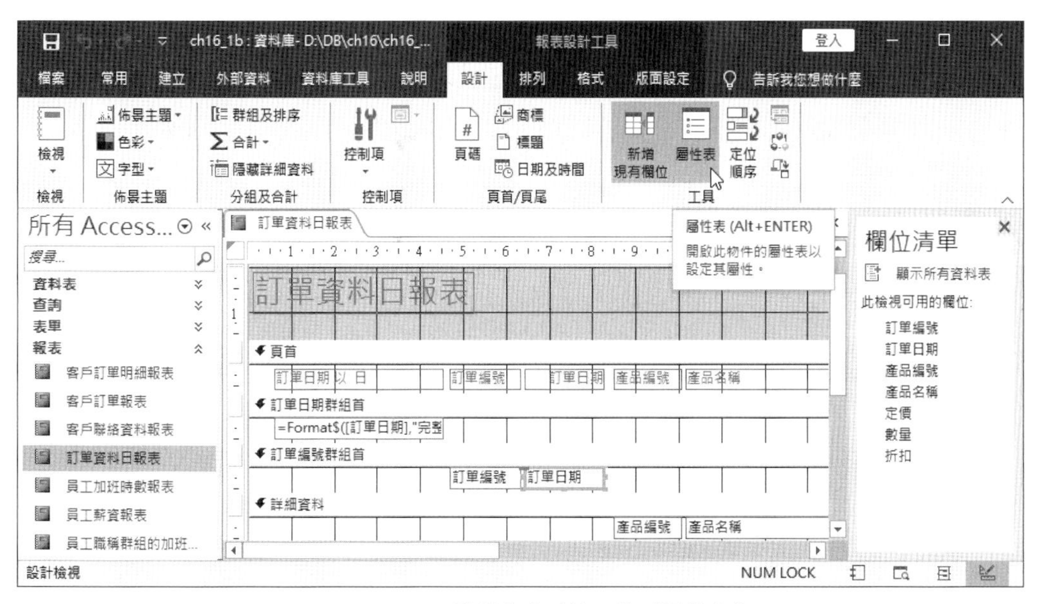

▲ 圖 16-1-15 點選上方功能區的【屬性表】

Step 3：在「屬性表」視窗選【全部】或【格式】標籤，找到【可見】欄後，選【否】來隱藏顯示此控制項的欄位，如圖 16-1-16 所示：

▲ 圖 16-1-16 在「屬性表」視窗更改屬性值

Step 4：在「頁首」區段選【訂單日期】控制項，在「屬性表」視窗選【全部】標籤的【可見】欄，然後選【否】隱藏控制項的標題文字。

Step 5：在儲存設計變更後，再次開啓報表可以看到【訂單日期】欄位已經不見了，如圖 16-1-17 所示：

▲ 圖 16-1-17 【訂單日期】欄位已經不見

隨堂練習 16-1

1. 請簡單說明 Access 報表設計檢視可以分成幾個區段？在 ________ 區段是用來顯示資料來源的每一筆記錄資料。
2. 請開啓 ch16_1b.accdb，修改【客戶聯絡資料報表】報表物件，調整控制項位置與尺寸，以便在【預覽列印檢視】可以完整顯示最後的【聯絡人姓名】欄位。

16-2 客製化表單使用介面

如同報表物件，Access 表單也可以在版面配置或設計檢視進行控制項的細部編輯，事實上，在第 16-1 節說明的報表編輯功能，也都適用在表單物件；同樣的，本節內容也適用在客製化報表物件。

16-2-1 在表單設計檢視更改控制項尺寸和位置

Access 表單物件的設計檢視一樣分成多個區段，在了解這些區段後，就可以客製化所需的表單設計。

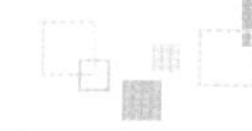

表單區段的說明

請啓動 Access 開啓 ch16_2.accdb 資料庫檔案，選【客戶單筆記錄表單】的表單物件，執行【右】鍵快顯功能表的【設計檢視】命令，可以看到表單的設計檢視，如圖 16-2-1 所示：

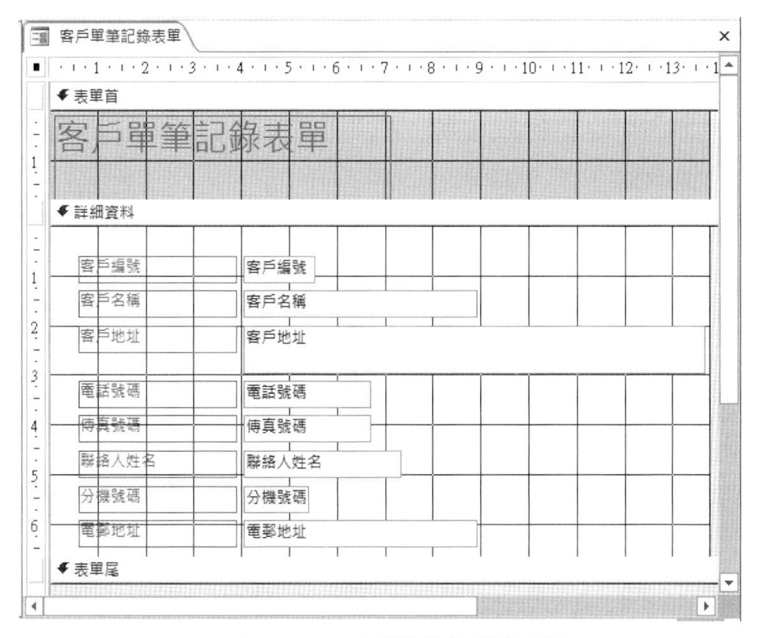

▲ 圖 16-2-1 表單物件的設計檢視

上述表單從上而下各區段的說明，如下所示：

- 表單首 / 表單尾：整個表單的表單首和表單尾區段不會跟著捲動，我們通常在表單首顯示表單名稱；表單尾插入一些控制項按鈕，用來顯示整個資料來源相關的統計資訊。
- 詳細資料：在表單顯示的控制項主要是置於此區段。
- 頁首 / 頁尾：表單每一頁的頁首和頁尾區段，可以顯示每一頁表單的統計資料，如果沒有看到此區段，請在表單上執行【右】鍵快顯功能表的【頁首 / 頁尾】命令。

如果需要調整表單尺寸，我們可以在表單設計檢視直接拖拉區段上、下和右邊界來調整區段尺寸，即表單尺寸，當然，我們也可以直接拖拉調整欄位的尺寸和位置。

資料庫範例：ch16_2.accdb

小明準備修改名爲【客戶單筆記錄表單】的表單物件，客製化調整指定控制項的位置和尺寸，其步驟如下所示：

Step 1：請啓動 Access 開啓 ch16_2.accdb 資料庫檔案後，開啓【客戶單筆記錄表單】的設計檢視標籤頁。

Step 2：因爲下一節會增加【客戶名稱】欄位的尺寸，請先向下拖拉邊界增加「詳細資料」區段的尺寸，如圖 16-2-2 所示：

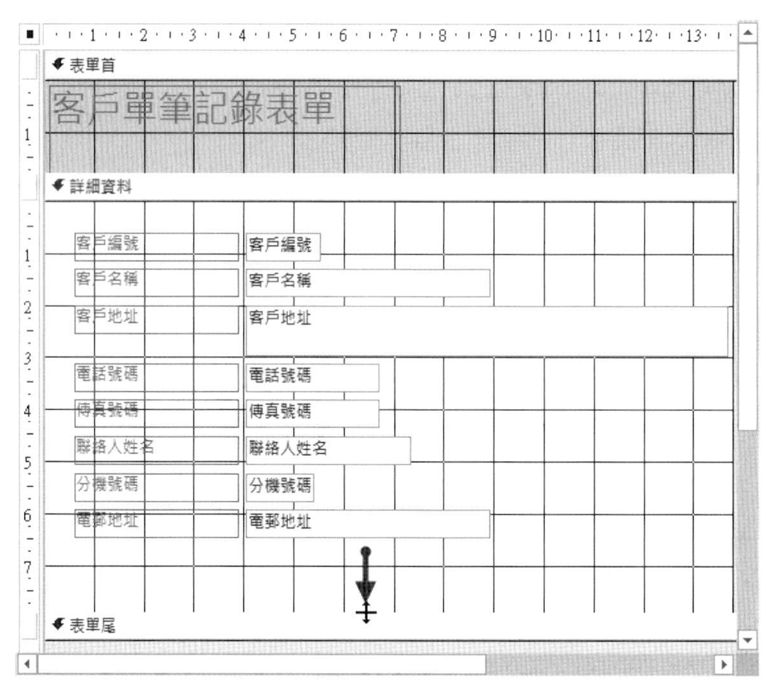

▲ 圖 16-2-2 增加「詳細資料」區段的尺寸

Step 3：使用 Ctrl 或 Shift 鍵配合滑鼠鍵選取客戶地址欄位之下的所有控制項後，將選取控制項拖拉向下，以便放大【客戶名稱】控制項的下方空間，如圖 16-2-3 所示：

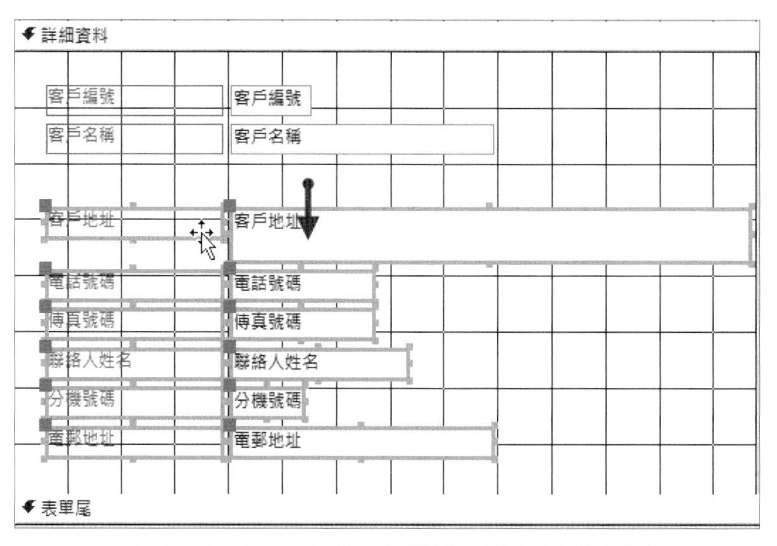

▲ 圖 16-2-3 放大【客戶名稱】控制項的下方空間

Step 4：儲存設計變更後再次開啓表單，可以看到變更後的表單內容，如圖 16-2-4 所示：

▲ 圖 16-2-4 變更後的表單內容

說明

爲了方便編排表單或報表的控制項，在選擇控制項後，位在功能區【排列】索引標籤的【調整大小和排序】群組，選【對齊】可以看到對齊控制項的各種命令，如圖 16-2-5 所示：

▲ 圖 16-2-5 對齊控制項的各種命令

上述命令可以將選取的一或多個控制項，貼齊格線、向上、向下、向左和向右對齊排列。

16-2-2　變更控制項的外觀

對於表單或報表物件，除了更改整張表單或報表的佈景主題外，我們還可以變更指定控制項的外觀樣式，例如：字型、字型大小、粗體、斜體和底線字等。

在這一節筆者準備詳細說明如何變更選擇控制項的外觀樣式，這些都屬於功能區【格式】索引標籤的相關功能，如圖 16-2-6 所示：

▲ 圖 16-2-6　【格式】索引標籤的相關功能

上述【選取範圍】群組可以選擇全部或指定控制項，在【字型】群組上方可以選擇字體和尺寸；下方指定字型效果的粗體、斜體和底線字，最右邊是靠右、置中和靠左對齊，中間色彩部分的說明如下所示：

- 字型色彩：設定控制項的文字色彩。
- 背景色彩：設定控制項文字的背景色彩。

在功能區的【數值】群組可以指定文字方塊的資料輸入格式，【控制項格式設定】群組是填滿控制項和指定外框線，如圖 16-2-7 所示：

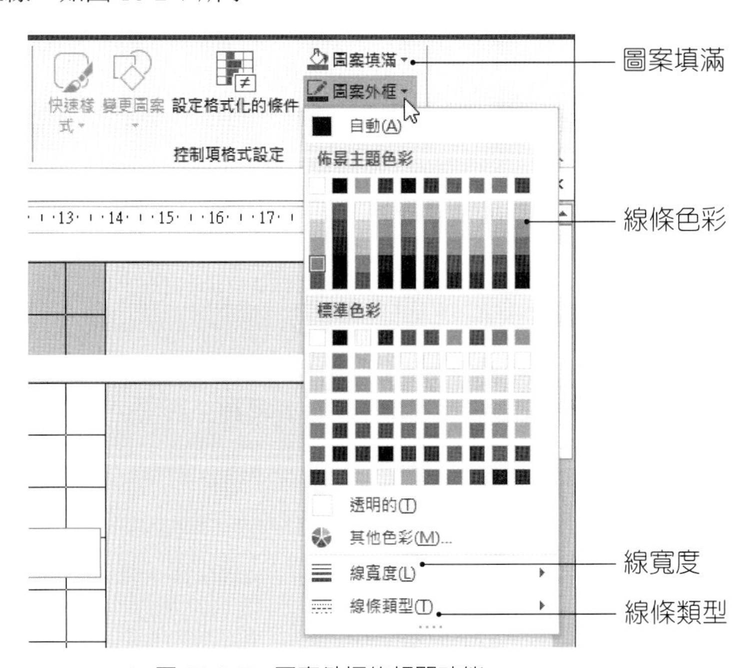

▲ 圖 16-2-7　圖案外框的相關功能

上述圖例的相關命令說明，如下所示：

- 線寬度：設定控制項框線的寬度。
- 線條類型：指定框線是實線或虛線等類型。
- 線條色彩：設定控制項的框線色彩。
- 圖案填滿：設定控制項的背景填滿圖片。

當選擇控制項後，在其上執行【右】鍵顯示快顯功能表，也一樣提供上述外觀樣式命令，對於框線還提供【特殊效果】命令來套用框線效果，如圖 16-2-8 所示：

▲ 圖 16-2-8 框線的【特殊效果】

在上述圖例的按鈕，從左至右依序是：平面、凸起、下凹、凹陷、陰影和鑿刻效果。

資料庫範例：ch16_2a.accdb

小明準備變更【客戶單筆記錄表單】的控制項外觀，依序更改表單背景色彩、控制項字型、色彩和框線效果，其步驟如下所示：

Step 1：請啟動 Access 開啟 ch16_2a.accdb 資料庫檔案後，開啟【客戶單筆記錄表單】設計檢視。

Step 2：在表單【詳細資料】區段上，執行【右】鍵快顯功能表的【填滿 / 背景顏色】命令，在色彩視窗選游標所在的【暗紅 2】色彩，如圖 16-2-9 所示：

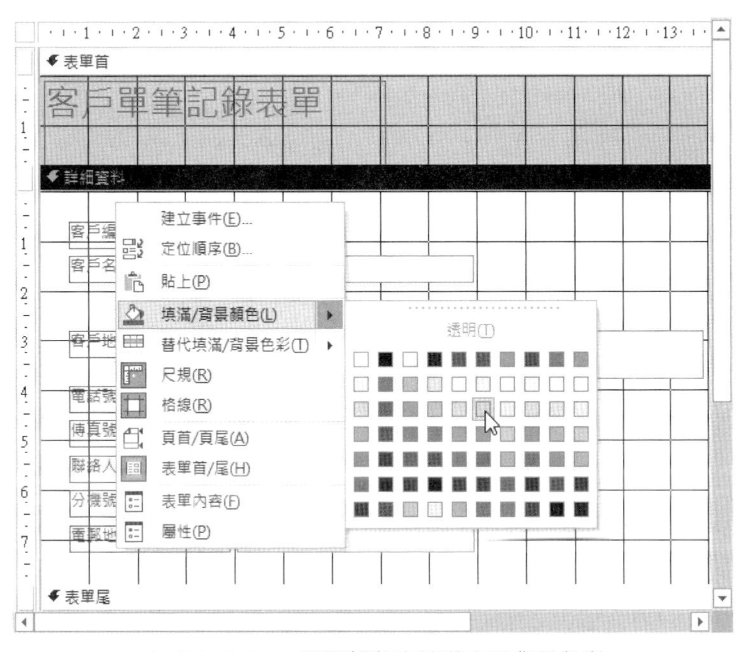

▲ 圖 16-2-9 選取顏色來填滿表單背景色彩

Step 3：可以看到使用【暗紅 2】色彩填滿表單的背景，如圖 16-2-10 所示：

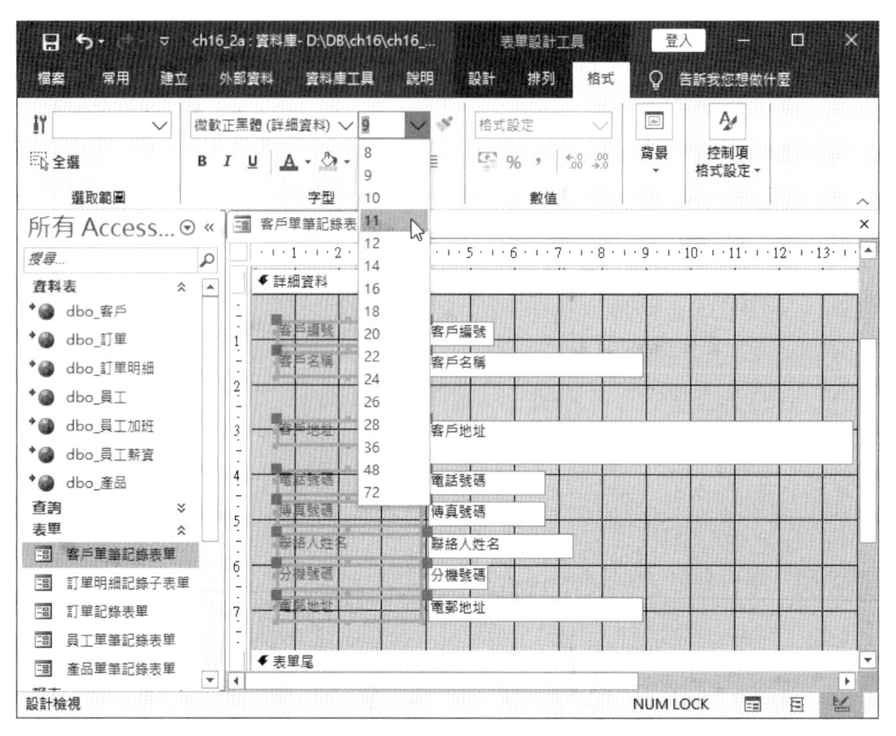

▲ 圖 16-2-10 使用【暗紅 2】色彩填滿表單的背景

Step 4：選左邊整欄標籤控制項，點選功能區的【格式】索引標籤，在【字型】群組的【字型大小】欄，選【11】放大文字的尺寸。

Step 5：接著指定整欄控制項框線的特殊效果，請選控制項在其上執行【右】鍵快顯功能表的【特殊效果】命令，選【凹陷】效果，如圖 16-2-11 所示：

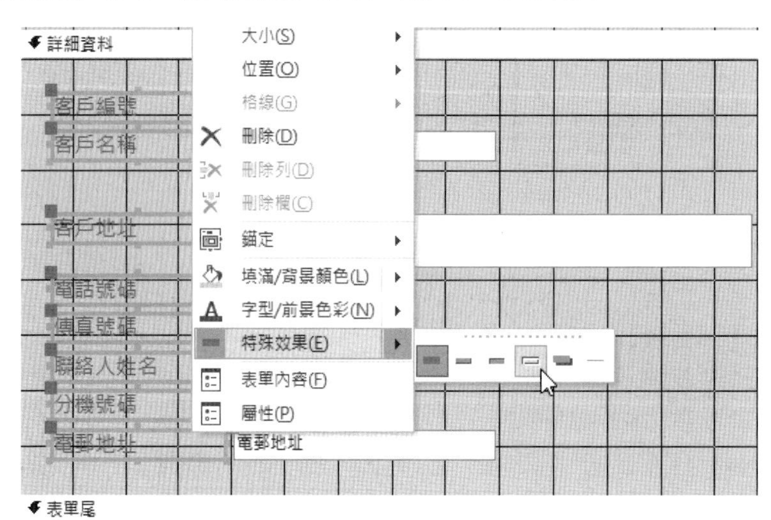

▲ 圖 16-2-11 指定控制項框線的【凹陷】效果

Step 6：然後選取右邊所有控制項來變更背景色彩，請執行【右】鍵快顯功能表的【填滿 / 背景顏色】命令，選【暗紅 3】將控制項背景改爲暗紅色，如圖 16-2-12 所示：

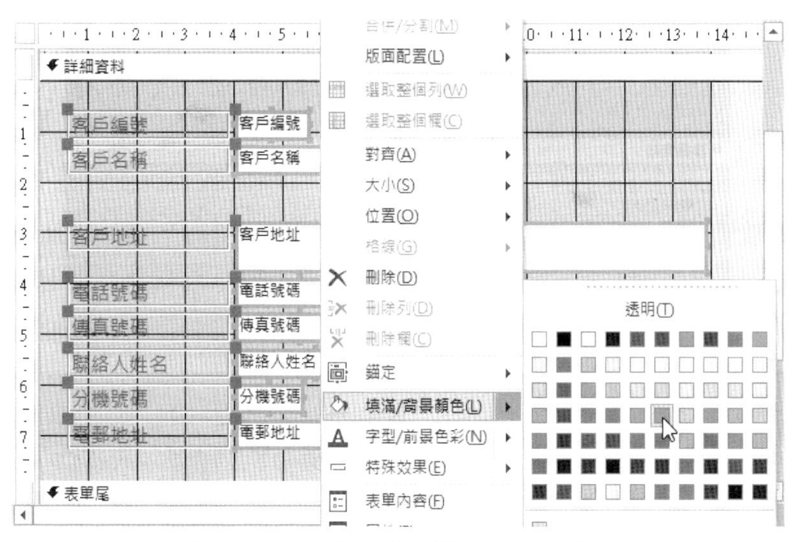

▲ 圖 16-2-12 更改控制項背景色彩為【暗紅 3】

Step 7： 接著指定右邊所有控制項框線的特殊效果，請在其上執行【右】鍵快顯功能表的【特殊效果】命令，選【凸起】效果，如圖 16-2-13 所示：。

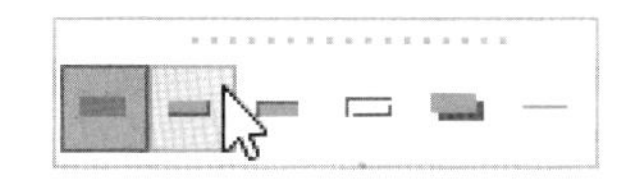

▲ 圖 16-2-13 指定控制項框線的【凸起】效果

Step 8：可以看到欄位凸起的特殊效果，然後選【客戶名稱】的 2 個控制項，如圖 16-2-14 所示：

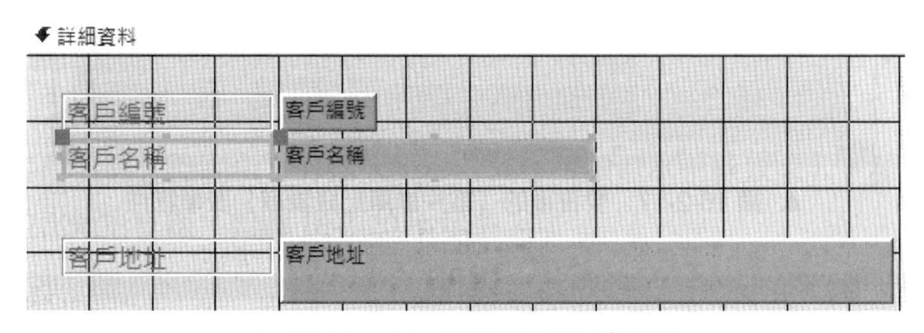

▲ 圖 16-2-14 表單欄位的凸起效果

Step 9：選功能區命令將字型大小改爲 14、色彩爲藍色和背景是黃色，接著指定粗體字和放大控制項尺寸，可以看到更改後的字型樣式，如圖 16-2-15 所示：

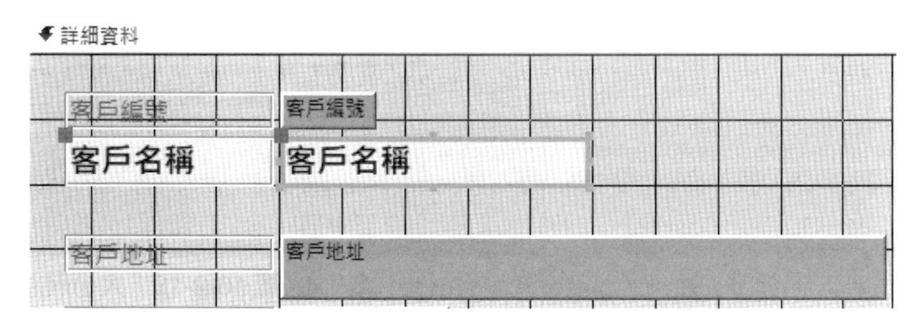

▲ 圖 16-2-15 更改後放大的字型樣式

Step 3：在功能區選【屬性表】開啓「屬性表」視窗，將【框線寬度】欄設定寬度【3pt】；【特殊效果】欄指定效果為【微凹的】，如圖 16-2-21 所示：

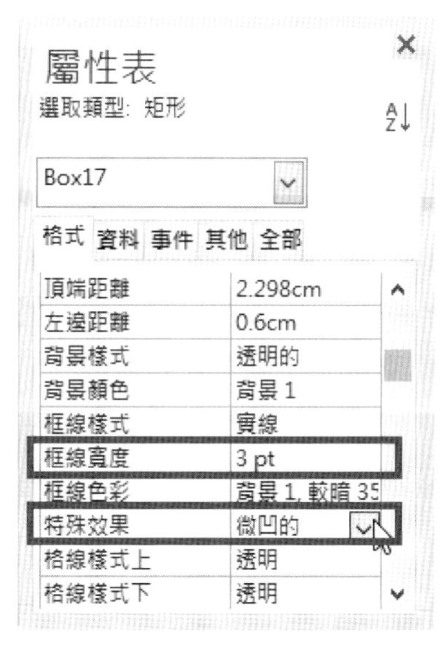

▲ 圖 16-2-21　修改【框線寬度】與【特殊效果】

Step 4：在儲存設計變更後再次開啓表單，可以看到變更後的【客戶單筆記錄表單】的表單物件，如圖 16-2-22 所示：

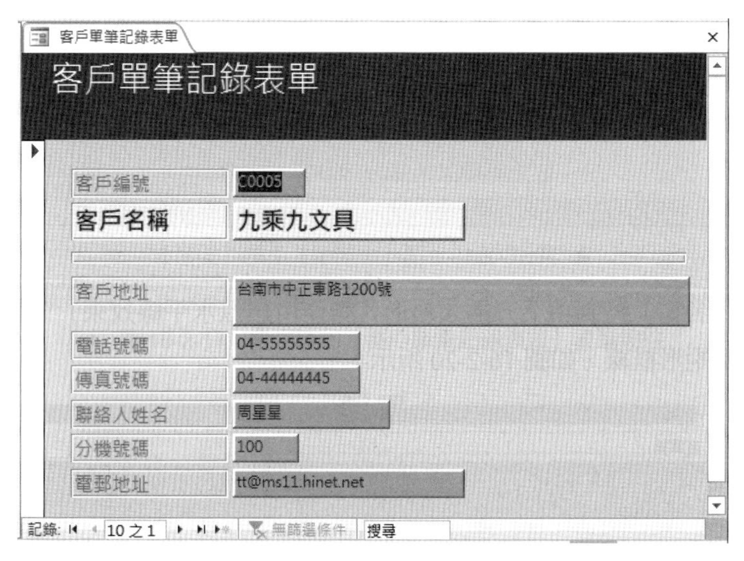

▲ 圖 16-2-22　變更後的【客戶單筆記錄表單】的表單物件

隨堂練習 16-2

1. 請簡單說明 Access 表單設計檢視可以分成幾個區段？
2. 請參考第 16-2 節的說明修改 sales.accdb 的【員工單筆記錄表單】表單物件，在放大【員工姓名】欄位後，在下方新增矩形方框的分隔線。

16-3 建立客戶資料管理

在說明 Access 報表和表單物件的客製化設計後，我們就可以建立銷售管理系統所需的客戶資料管理功能。

16-3-1 客戶資料管理的物件說明

客戶資料管理的相關表單、查詢和報表物件都是修改自之前建立的 Access 物件。請注意！在本節並不準備重複說明這些物件的建立，只準備簡單說明物件的使用介面和相關功能，因為本節重點是 Access 事件與功能選單的建立。

客戶單筆記錄表單

客戶單筆記錄表單是在銷售管理系統編輯客戶資料，在第 16-2 節已經重新設計過這個表單物件，如圖 16-3-1 所示：

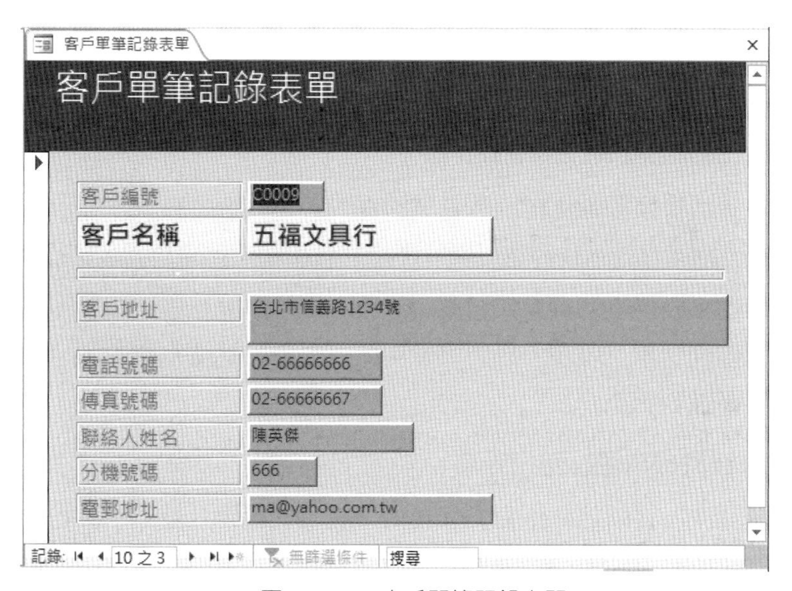

▲ 圖 16-3-1 客戶單筆記錄表單

客戶聯絡資料查詢

客戶聯絡資料查詢是一個參數查詢物件，只需輸入客戶編號，就可以查詢符合條件的客戶聯絡資料，其準則欄位值如表 16-3-1 所示：

▼ 表 16-3-1 客戶編號欄位的準則

欄位	準則
客戶編號	Like "*" & [請輸入客戶編號] & "*"

客戶聯絡資料報表

這個報表是使用【客戶聯絡資料查詢】的查詢物件作爲資料來源所建立的報表，可以列印客戶聯絡資料的查詢結果，如圖 16-3-2 所示：

客戶聯絡資料報表

客戶聯絡資料報表

2020年1月9日
下午 07:53:48

客戶編號	客戶名稱	客戶地址	電話號碼	聯絡人姓名
C0001	東東企業社	台北市忠孝東西路500號	02-22222222	陳明
C0002	明日書局	台北市光復南路1234號	02-22223333	王珍妮
C0003	天天文具行	桃園市中正路1000號	03-33333333	李志明
C0004	光光文具批發	台中市台中港路三段500號	03-44444444	林春嬌
C0005	九乘九文具	台南市中正東路1200號	04-55555555	周星星
C0006	華華出版	高雄市四維路1000號	05-66666666	吳鴻志
C0007	金小刀文具批發	台北市羅斯福路1500號	02-99999999	鄭功成
C0008	南日企業社	台北市信義路1500號	02-55555555	王中平
C0009	五福文具行	台北市信義路1234號	02-66666666	陳英傑
C0010	中和文具店	新北市中和區景平路500號	02-88888888	林清雲

10

▲ 圖 16-3-2 客戶聯絡資料的報表物件

16-3-2 建立客戶資料管理選單

基本上，客戶資料管理選單也是一個表單物件，其建立方式與表單相同，只是此表單是客戶資料管理的選單，相同方式，我們也可以分別建立員工和產品資料管理的選單。

客戶資料管理選單表單是結合事件和命令按鈕，在選單擁有命令按鈕，可以執行客戶資料管理的各項功能和離開選單。現在，我們準備從開啓表單設計檢視開始，一步一步建立客戶資料管理選單，其步驟如下所示：

步驟一：使用表單設計檢視建立空白表單

請啓動 Access 開啓 ch16_3.accdb 資料庫檔案，在功能區選【建立】索引標籤，點選【空白表單】，如圖 16-3-3 所示：

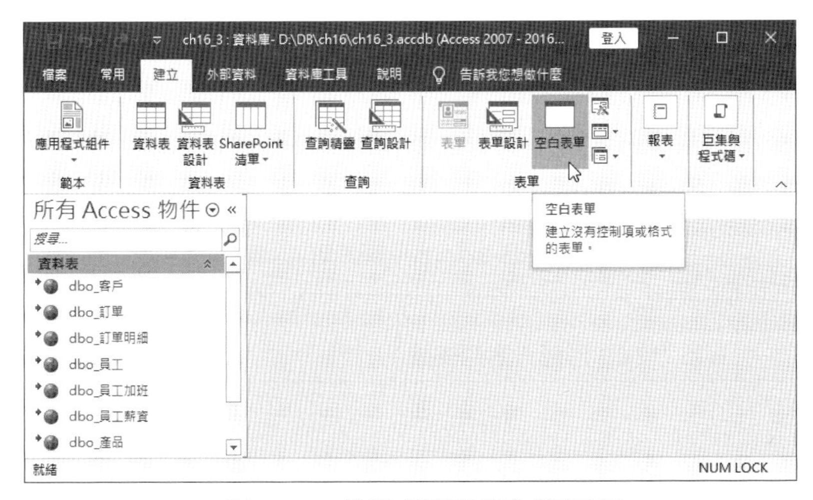

▲ 圖 16-3-3 點選【空白表單】建立表單

可以建立一張空白表單，預設使用版面配置檢視，請選「檢視 > 設計檢視」切換至設計檢視，如圖 16-3-4 所示：

▲ 圖 16-3-4　選「檢視 > 設計檢視」切換至設計檢視

步驟二：縮小設計檢視的表單尺寸

因爲【客戶資料管理選單】預設的表單尺寸太大，請將滑鼠移到表單區域的右下角，當游標成爲十字形時，往左上方拖拉縮小表單的寬度和高度，如圖 16-3-5 所示：

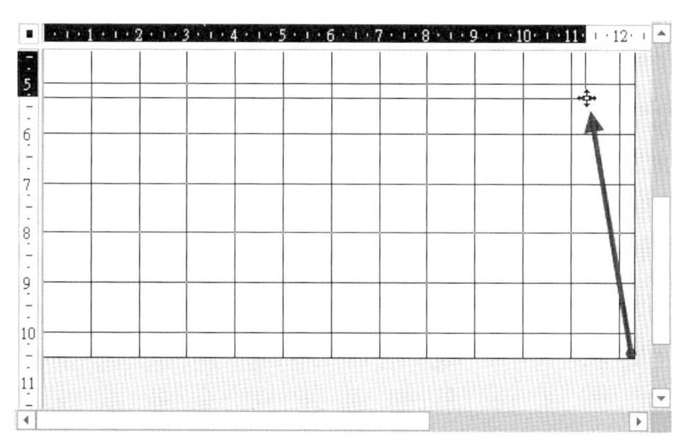

▲ 圖 16-3-5　拖拉縮小表單的寬度和高度

可以看到表單已經縮小成約 5 X 11 左右的尺寸，如圖 16-3-6 所示：

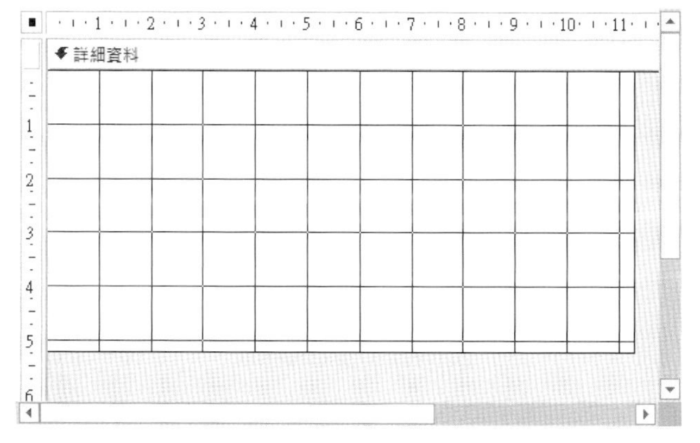

▲ 圖 16-3-6　5 X 11 尺寸的表單

步驟三：指定表單的背景圖片

Access 表單背景除了套用佈景主題外，我們也可以改用背景圖片，請在表單設計檢視，開啓表單的「屬性表」視窗，選【格式】標籤後，向下捲動找到【圖片】屬性，按欄位右邊的【...】鈕，如圖 16-3-7 所示：

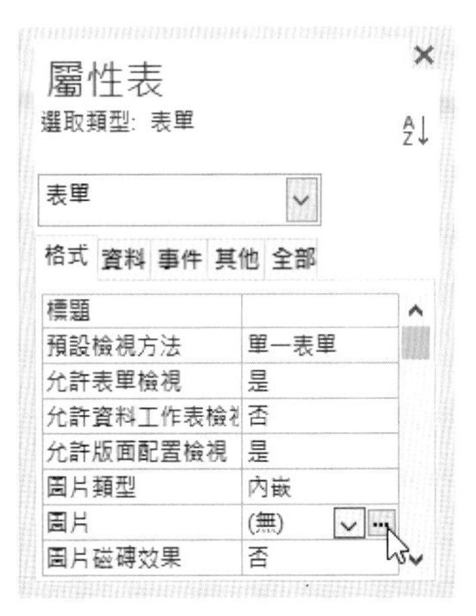

▲ 圖 16-3-7　點選【圖片】屬性的按鈕

請在「插入圖片」對話方塊切換到「ch16」資料夾，選【背景 .bmp】點陣圖，按【確定】鈕，如圖 16-3-8 所示：

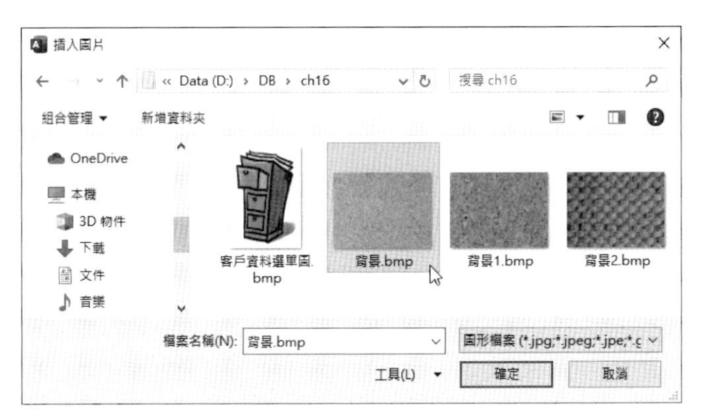

▲ 圖 16-3-8　選取圖片

在表單設計檢視的正中央可以看到插入的背景圖片，如圖 16-3-9 所示：

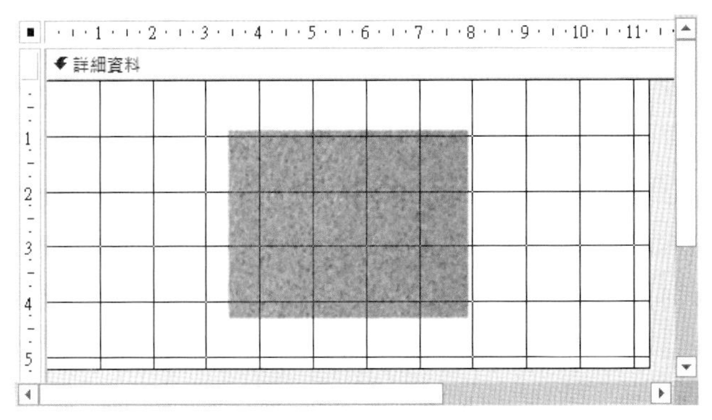

▲ 圖 16-3-9　設計檢視可看到插入的背景圖片

步驟四：設定背景圖片的顯示效果

因爲希望能夠填滿整個表單設計區域，而且在變更設計區域的寬度和高度時，也能夠自動調整尺寸，請再次開啓表單的「屬性表」視窗，在表單【圖片磁磚效果】屬性選【是】，如圖 16-3-10 所示：

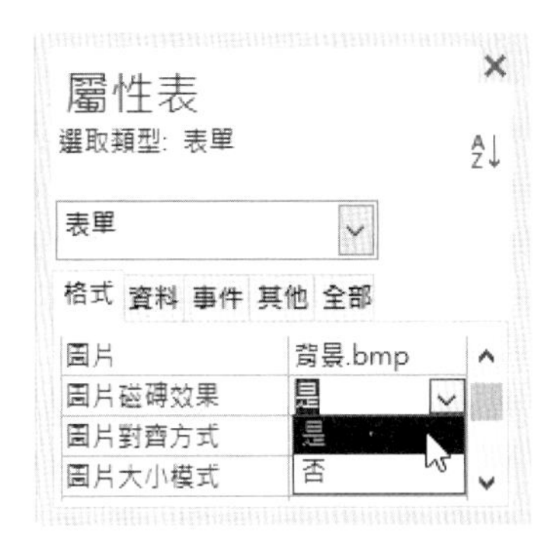

▲ 圖 16-3-10 【圖片磁磚效果】屬性選【是】

在 Access 表單可以看到圖片填滿整個設計檢視的背景，如圖 16-3-11 所示：

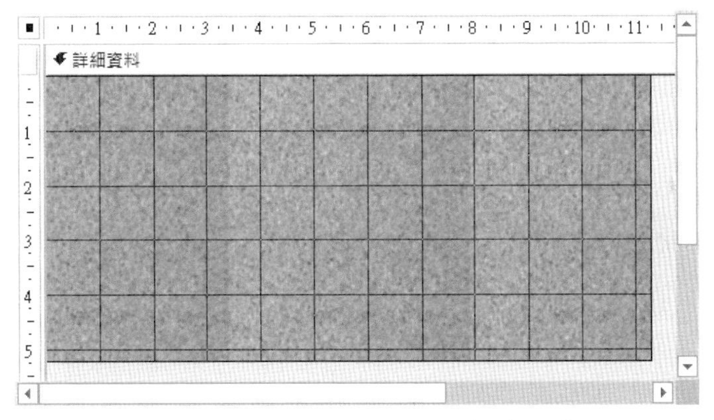

▲ 圖 16-3-11 圖片填滿整個設計檢視的背景

步驟五：在表單插入標題文字標籤

接著準備替選單新增標題文字，請在上方功能區選【標籤】控制項，然後在表單上方插入標籤控制項，如圖 16-3-12 所示：

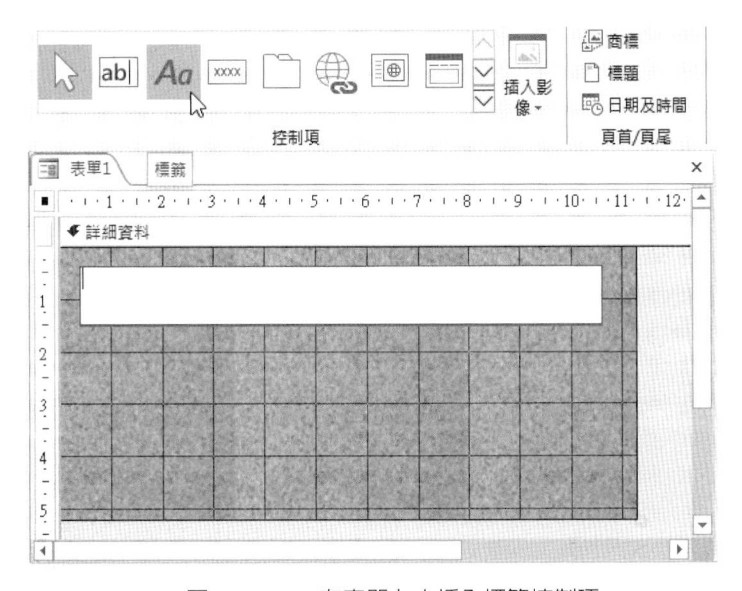

▲ 圖 16-3-12 在表單上方插入標籤控制項

在標籤內輸入【客戶資料管理選單】後，開啓「屬性表」視窗在【格式】標籤更改標籤屬性，需更改的相關屬性值，如表 16-3-2 所示：

▼ 表 16-3-2 【客戶資料管理選單】需更改的屬性表

屬性名稱	屬性值
字型大小	24
字型名稱	微軟正黑體
前景色彩	暗紅 5
背景顏色	黃色
文字對齊	分散
特殊效果	下陷的

上表相關屬性變更僅供讀者參考，讀者可以自行作適當調整來建立個人風格的表單。最後可以看到建立的選單，如圖 16-3-13 所示：

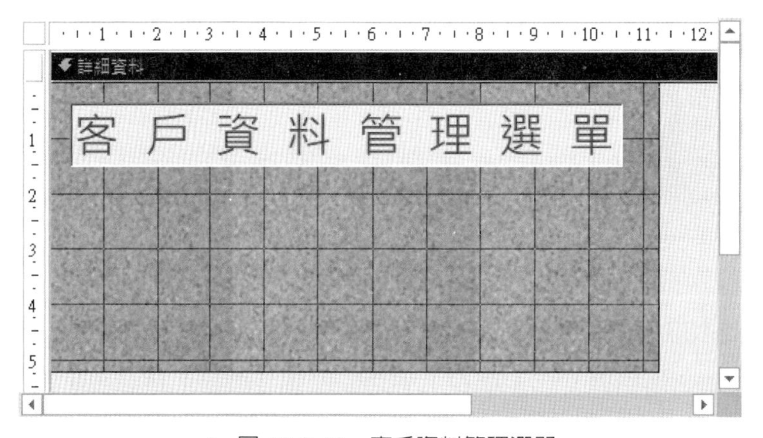

▲ 圖 16-3-13 客戶資料管理選單

步驟六：在表單插入矩形的方框

請在上方功能區選【矩形】控制項，在標題文字下方插入一個矩形方框，然後在「屬性表」視窗指定框線的【框線寬度】屬性爲【3pt】；【特殊效果】爲【凸起的】，如圖 16-3-14 所示：

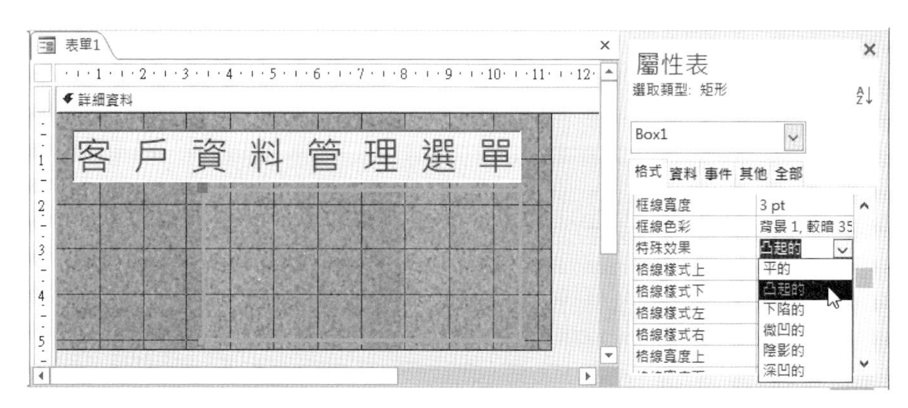

▲ 圖 16-3-14 插入矩形方框並修改屬性

步驟七：在表單插入圖像控制項

接著，在上方功能區選【圖像】控制項，使用滑鼠拖拉出圖片區域後，插入「ch16\ 客戶資料選單圖 .bmp」圖檔後，在「屬性表」視窗指定【圖片磁磚效果】屬性選【是】；【特殊效果】為【凸起的】，如圖 16-3-15 所示：

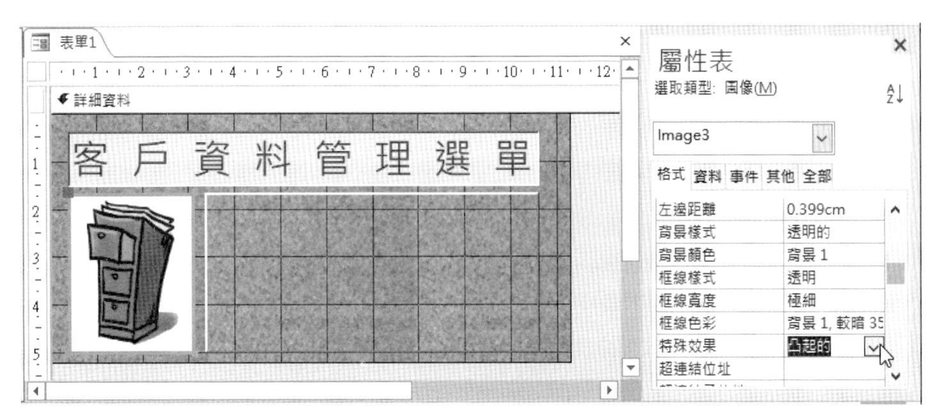

▲ 圖 16-3-15 插入和修改圖像的屬性

步驟八：儲存表單物件

現在，我們已經完成客戶資料管理選單，請儲存表單設計變更，在「另存新檔」對話方塊的【表單名稱】欄輸入【客戶資料管理選單】，按【確定】鈕完成選單表單的建立，如圖 16-3-16 所示：

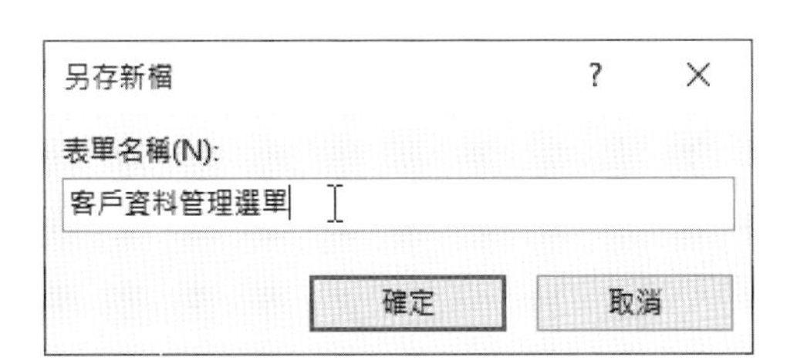

▲ 圖 16-3-16 儲存表單物件

16-3-3 使用重疊視窗顯示選單表單

在成功建立客戶資料管理選單後，因為這是一個選單功能的表單，我們需要將預設使用索引標籤頁顯示的 Access 物件改為重疊視窗，然後進一步設定表單屬性，取消顯示資料表記錄操作的相關介面元件。

這一節我們準備更改 Access 表單屬性來取消顯示捲軸列、記錄選取器、記錄導覽按鈕、關閉按鈕和控制項方塊等相關功能，可以讓表單看起來像是功能選單，而不是記錄編輯的 Access 表單。

步驟一：將文件視窗改為重疊視窗

請啓動 Access 開啓 ch16_3a.accdb 資料庫檔案，執行「檔案 > 選項」命令，在「Access 選項」對話方塊左邊選【目前資料庫】，然後在文件視窗下選【重置視窗】後，按【確定】鈕，如圖 16-3-17 所示：

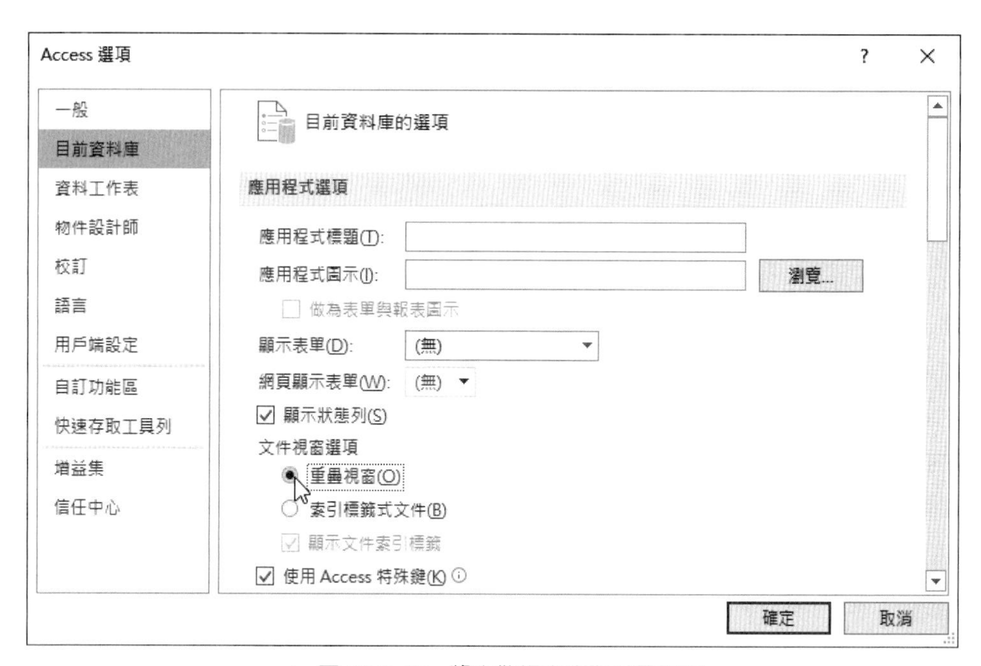

▲ 圖 16-3-17　將文件視窗改為重疊視窗

接著可以看到一個警告訊息視窗，顯示需重新開啓資料庫，請按【確定】鈕繼續，如圖 16-3-18 所示：

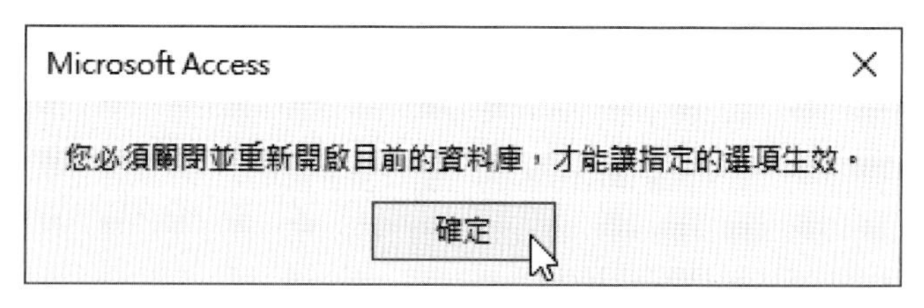

▲ 圖 16-3-18　警告訊息視窗

請關閉資料庫後，重新開啓 ch16_3a.accdb 資料庫檔案。

步驟二：修改選單表單的屬性設定

在開啓【客戶資料管理選單】設計檢視後，請在「屬性表」視窗選【格式】標籤，如圖 16-3-19 所示：

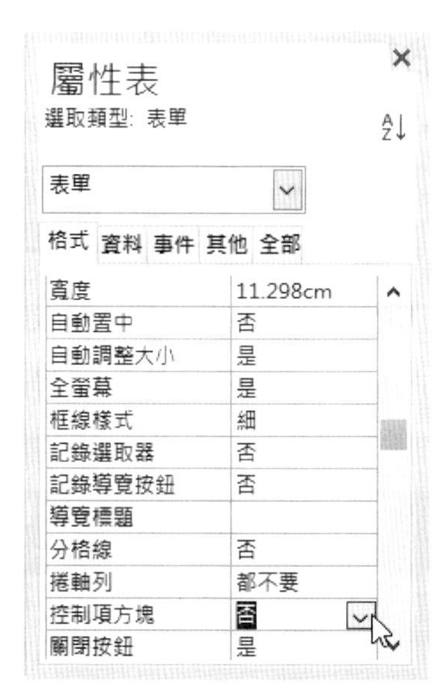

▲ 圖 16-3-19　「屬性表」視窗選【格式】標籤

上述【格式】標籤需更改的屬性值，如表 16-3-3 所示：

▼ 表 16-3-3　表單需更改的屬性說明

表單屬性	屬性值	說明
自動置中	否	如果選【是】，表單在開啟後將自動置於視窗正中央，而且位置無法調整
自動調整大小	是	因為表單常有一些空白區域，所以設定自動調整表單大小
框線樣式	細	樣式提供無、細、可變大小的和對話方塊
記錄選取器	否	因為不用選取記錄，所以取消顯示記錄選取器
記錄導覽按鈕	否	此按鈕是用來在資料表瀏覽記錄，所以取消記錄導覽按鈕的顯示
分格線	否	這是用來區分【頁首 / 尾】或【表單首 / 尾】與【細部】的格線
捲軸列	都不要	取消捲軸列的顯示
控制項方塊	否	設定在視窗右上角的三個按鈕是否有作用，否，表示沒有作用

在儲存表單屬性設定變更後，可以看到一個邊框寬度變細的視窗，而且已經取消水平與垂直捲軸列、記錄選取器和記錄導覽按鈕等介面元件，如圖 16-3-20 所示：

▲ 圖 16-3-20　客戶資料管理選單

16-4 完成客戶資料管理

現在，我們已經在客戶資料管理選單新增編輯客戶資料表的命令按鈕，選單上其他命令按鈕的新增，因為步驟相似，就不重複說明，其各命令按鈕的說明如下所示：

查詢客戶聯絡資料

此命令按鈕是執行【客戶聯絡資料查詢】查詢物件，在命令按鈕精靈的第一步驟是選【雜項】類別的【執行查詢】巨集指令，如圖 16-4-1 所示：

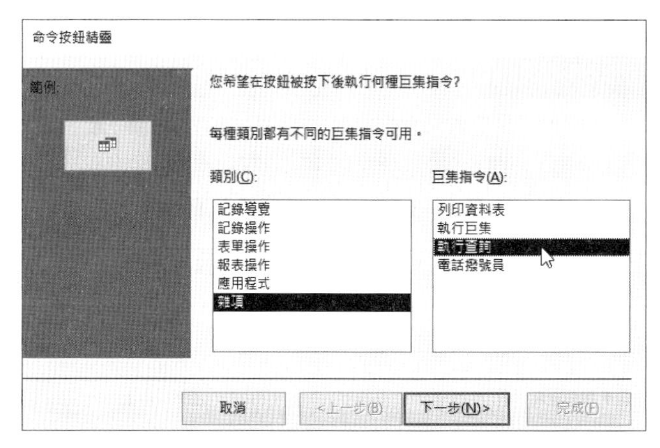

▲ 圖 16-4-1 選【雜項】類別的【執行查詢】巨集指令

報表預覽列印

這個命令按鈕是執行【客戶聯絡資料報表】報表物件，在命令按鈕精靈的第一步驟是選【報表操作】類別的【預覽報表】巨集指令。

關閉表單命令按鈕

此命令按鈕是用來關閉表單，請選【表單操作】類別的【關閉表單】巨集指令，然後選擇圖片按鈕，如圖 16-4-2 所示：

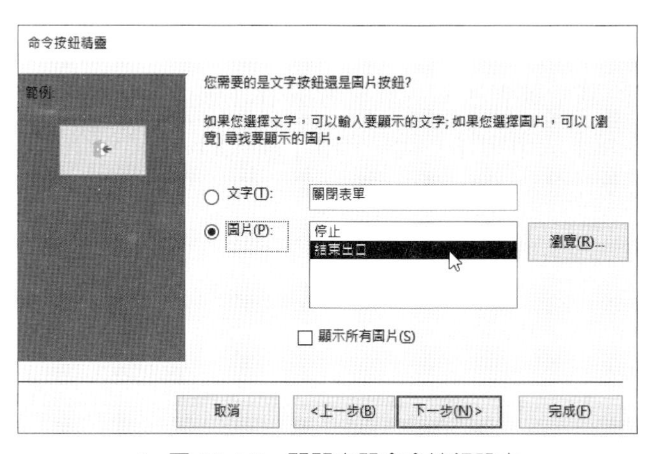

▲ 圖 16-4-2 關閉表單命令按鈕設定

在新增上述選單的命令按鈕後，請重新編排按鈕位置來完成客戶資料管理選單的表單，如圖 16-4-3 所示：

▲ 圖 16-4-3　完成客戶資料管理選單

隨堂練習 16-3

1. 請繼續第 16-3 節的隨堂練習 1.，參考第 16-4 節的說明，在新增相關查詢和報表物件後，完成 sales.accdb 的產品資料管理功能。

本章習題

選擇題

(　　) 1. 在 Access 報表精靈中如果不是群組層次的欄位，則這些欄位是顯示在下列哪一個報表設計檢視的區段？(A) 報表首 / 報表尾　(B) 詳細資料　(C) 頁首 / 頁尾　(D) 群組首。

(　　) 2. 請問 Access 報表是在下列哪一種檢視來顯示和列印報表內容？(A) 版面配置檢視　(B) 預覽列印檢視　(C) 設計檢視　(D) 標準檢視。

(　　) 3. 如果在報表精靈選擇群組層次欄位，此欄位是顯示在下列報表設計檢視的哪一個區段？(A) 報表首 / 報表尾　(B) 詳細資料　(C) 頁首 / 頁尾　(D) 群組首。

(　　) 4. 請問下列哪一個並不是 Access 表單設計檢視的區段？(A) 表單 / 表單尾　(B) 頁首 / 頁尾　(C) 群組首 / 群組尾　(D) 詳細資料。

(　　) 5. 請問在 Access 表單上插入下列哪一種控制項，可以執行特定操作的巨集指令？(A) 命令按鈕　(B) 標籤　(C) 文字方塊　(D) 圖像。

實作題

1. 請開啟 sales.accdb，修改【客戶訂單明細報表】的報表物件，並且調整控制項位置與尺寸，以便可以在【預覽列印檢視】完整顯示最後的幾個欄位。

2. 請參考第 16-2 節的說明和步驟修改 sales.accdb 的【產品單筆記錄表單】的表單物件，在放大【產品名稱】欄位後，在下方新增矩形方框的分隔線。

3. 請繼續實作題 2. 參考第 16-3 節的說明和步驟，在 sales.accdb 新增【產品資料管理表單】的表單物件，背景使用【背景 1.bmp】，和在表單插入【產品資料選單圖 .bmp】圖片。

4. 請繼續實作題 3. 參考第 16-4 節的說明，在新增相關查詢和報表物件後，完成 sales.accdb 的產品資料管理功能。

Chapter

17

資料庫網站建置

- ◆ 17-1　Web 應用程式的基礎
- ◆ 17-2　資料庫網站的基礎
- ◆ 17-3　建立 ASP.NET 的 Web 應用程式

17-1 Web 應用程式的基礎

「Web 應用程式」（Web Applications）是一種使用 HTTP 通訊協定作為溝通橋樑，在 WWW 建立的主從架構應用程式。

17-1-1 WWW 與 HTTP 通訊協定的基礎

「WWW」（World Wide Web，簡稱 Web）全球資訊網是 1989 年歐洲高能粒子協會一個研究小組開發的 Internet 網際網路服務，WWW 能夠在網路上傳送圖片、文字、影像和聲音等多媒體資料，這是 Tim Berners Lee 領導的小組所開發的主從架構和分散式網路服務系統。

WWW 是目前 Internet 網際網路的熱門服務之一，之所以熱門的原因，就是因為打破了距離障礙，使用者只需在家中，就可以透過瀏覽器，輕鬆存取全世界各角落的資源，這是架構在 Internet 網際網路的一種主從架構應用程式，在主從端間使用 HTTP 通訊協定來交換資料。

HTTP 通訊協定（Hypertext Transfer Protocol）

HTTP 通訊協定是一種在伺服端（Server）和客戶端（Client）之間交換資料的通訊協定，如圖 17-1-1 所示：

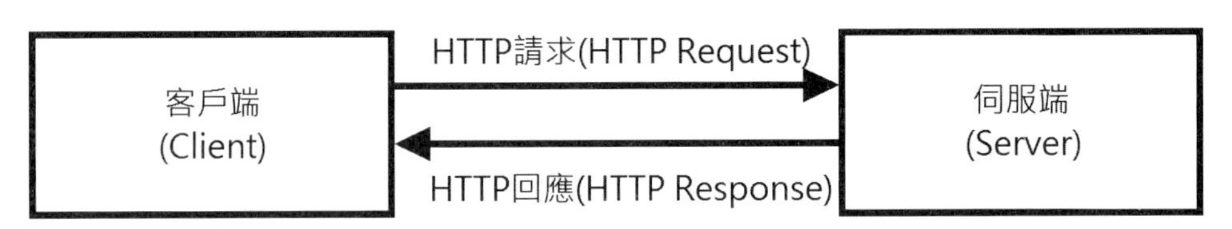

▲ 圖 17-1-1 伺服端和客戶端交換資料的 HTTP 通訊協定

上述使用 HTTP 通訊協定的應用程式是一種主從架構（Client-Server Architecture）應用程式，在客戶端使用 URL（Uniform Resource Locations）萬用資源定位器指定連線的伺服端資源，在連線後，傳送 HTTP 訊息（HTTP Message）進行溝通，可以請求指定的資源，資源可能是 HTML 檔案、圖片和相關程式檔案，其過程如下所示：

Step 1：客戶端要求連線伺服端。

Step 2：伺服端允許客戶端的連線。

Step 3：客戶端送出 HTTP 請求訊息，內含 GET 指令請求取得伺服端的指定資源。

Step 4：伺服端以 HTTP 回應訊息來回應客戶端的請求，傳回訊息包含請求的資源內容。

WWW 架構

WWW 全球資訊網是一種主從架構系統，在主從架構的主端是指伺服端（Server）的 Web 伺服器，儲存 HTML 網頁、圖片和相關檔案，從端是客戶端（Client），也就是使用者執行瀏覽器的電腦，負責和伺服器溝通和讀取伺服器的資源，如圖 17-1-2 所示：

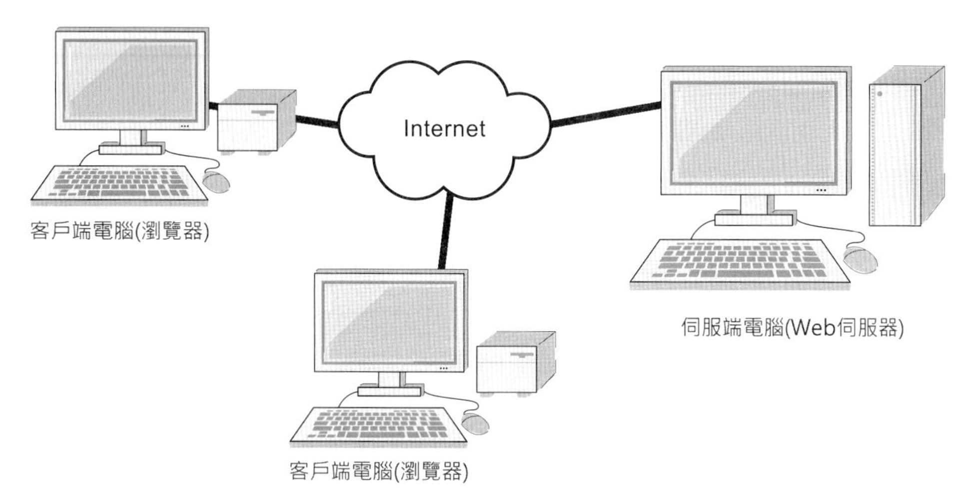

▲ 圖 17-1-2 WWW 全球資訊網的主從架構系統

上述圖例的網路資源是儲存在 Web 伺服器，從端使用瀏覽器取得與顯示伺服端提供的資源，即 HTML 網頁、圖檔等相關資源。

基本上，Web 伺服器是處於被動角色，等待使用者藉著瀏覽器提出 HTTP 請求，然後針對請求進行檢查，沒有問題就開始傳輸資源，換句話說，就是從 Web 伺服器下載相關資源檔案。

當客戶端使用瀏覽器接收到檔案資源後，即直譯 HTML 網頁和樣式後將內容顯示出來，這就是我們在網站看到的網頁內容。

17-1-2 Web 應用程式

Web 應用程式（Web Applications）就是一組網頁（包含 HTML 網頁、圖檔和相關伺服端網頁技術的程式檔案）的集合，請注意！ Web 應用程式是在 Web 伺服器上執行，並不是在客戶端電腦的瀏覽器執行。

Web 應用程式主要的功能是在回應使用者的請求，和與使用者進行互動。目前有多種不同類型的 Web 應用程式，例如：網路銀行、電子商務網站、搜尋引擎、網路商店、拍賣網站和電子公共論壇等。

事實上，Web 應用程式就是一種「Web 基礎」（Web-Based）的資訊處理系統（Information Processing Systems），這是使用資訊處理模型（Information Processing Model）建立的應用程式。以 Web 開發環境來說，可以分爲資訊處理模型和資訊傳遞模型（Information Delivery Model）兩種。

資訊傳遞模型（Information Delivery Model）

資訊傳遞模型就是傳統靜態的 Web 網站，所有資訊內容都是 HTML 語言撰寫的靜態 HTML 網頁，我們可以使用網頁編輯工具或 HTML 語言來建立網站內容，如圖 17-1-3 所示：

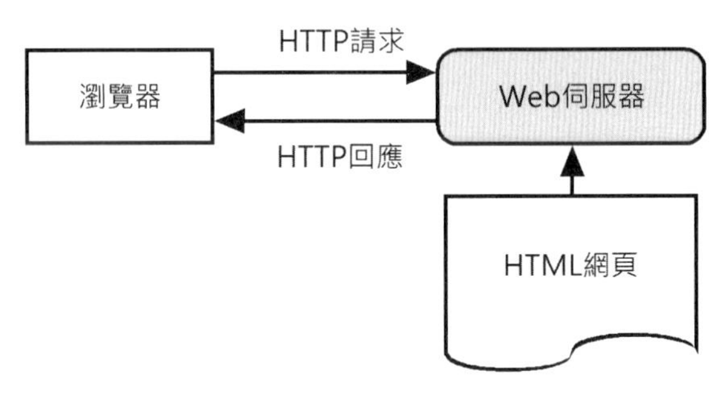

▲ 圖 17-1-3 資訊傳遞模型

上述使用者在瀏覽器的【網址】欄輸入 URL 網址後，透過 HTTP 通訊協定取得 Web 伺服器的 HTML 網頁。資訊傳遞模型的 Web 伺服器只是單純儲存和傳遞 HTML 網頁，並沒有執行任何伺服端技術，使用者只能單純的閱讀網站提供的資料，並無法與網站進行互動。

資訊處理模型（Information Processing Model）

資訊處理模型可以建立互動的 Web 網站內容，Web 伺服器的角色不只在傳遞資料，而是一個完整資訊處理系統的執行平台，我們需要使用伺服端網頁技術來建立，如圖 17-1-4 所示：

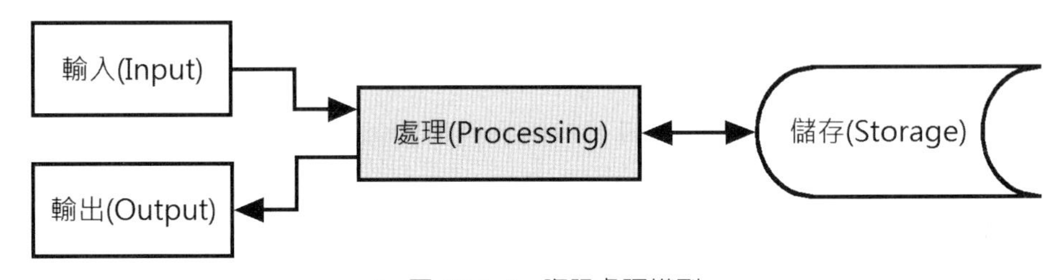

▲ 圖 17-1-4 資訊處理模型

上述輸入部分是 HTML 網頁的表單欄位，例如：查詢圖書輸入書號的欄位，儲存部分是使用資料庫，例如：網路書店儲存圖書商品的資料庫。

伺服端網頁技術可以依照輸入資料來進行處理，以此例，就是使用書號從資料庫找出圖書的詳細資料來產生輸出結果，即圖書詳細內容的 HTML 網頁。例如：進入 Amazon 網路書店輸入關鍵字來查詢圖書時，可以看到查詢結果的網頁內容。

很明顯的！網頁內容並不是靜態 HTML 網頁，而是動態使用伺服端技術產生的內容，整個架構是從資料庫取得資料所驅動的一種 Web 應用程式，這就是一種資料庫網站，或稱為「網頁資料庫」（Web Databases）。

隨堂練習 17-1

1. 請簡單說明什麼是 WWW？何謂 HTTP 通訊協定？
2. 請問 Web 應用程式可以分成哪兩種模型？

17-2 資料庫網站的基礎

在實務上，Web 應用程式就是一種使用資訊處理模型建立的應用程式，我們需要使用伺服端網頁技術來建立，常用技術有：ASP.NET、JSP 和 PHP 等，在本章是使用微軟 ASP.NET 技術來實作資料庫網站。

17-2-1 認識資料庫網站

一般來說，我們在瀏覽器看到的 HTML 網頁內容，在伺服端是分開儲存的外部資料來源，當 Web 伺服器收到 HTTP 請求時，才執行伺服端網頁技術的程式碼來產生回應的 HTML 網頁，資料庫就是 Web 應用程式最常使用的外部資料來源，目前的大部分網站都是一種資料庫網站。

資料庫網站是一種結合前端 HTML 網頁或表單的使用介面，配合後端 Web 伺服器和資料庫系統的應用程式架構，事實上，資料庫系統轉換到 Web 舞台的本質沒有改變，資料庫的目的仍然是儲存資料，和提供快速的資料查詢，只是使用介面改成 HTML 網頁。

基本上，使用 ASP.NET 技術和 SQL Server 資料庫建立的資料庫網站是一種多層式主從架構的資料庫系統，如圖 17-2-1 所示：

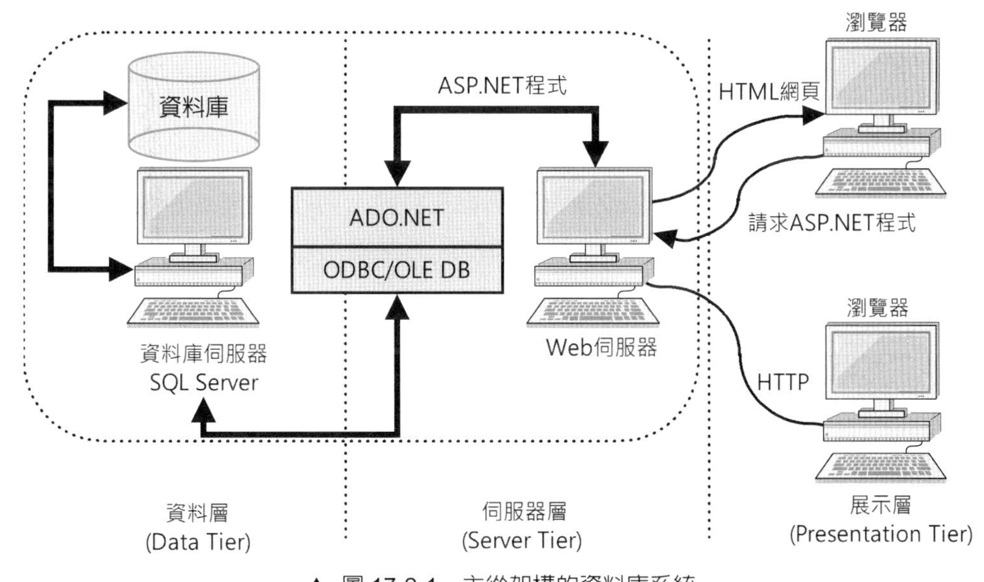

▲ 圖 17-2-1 主從架構的資料庫系統

上述資料庫網站是使用多層式資料庫系統架構，瀏覽器是展示層應用程式，負責向伺服器層的 Web 伺服器提出 ASP.NET 程式的請求。

在伺服器層的 Web 伺服器執行 ASP.NET 程式，以 ADO.NET 元件的 OLE DB 存取資料層的資料庫伺服器，最後將取得資料使用 HTML 網頁傳回瀏覽器，然後在瀏覽器顯示資料庫的查詢結果。

17-2-2 ASP.NET 資料控制項

ASP.NET 可以使用資料控制項（Data Controls）建立資料庫網站，資料控制項分爲：資料來源控制項和資料邊界控制項。

資料來源控制項

資料來源控制項（DataSource Controls）是使用宣告方式來存取資料來源的資料。例如：宣告資料來源是 SQL Server 資料庫和指定相關屬性後，就可以存取資料庫的記錄資料。

在資料來源控制項的背後是自動產生 ADO.NET 元件 DataSet、DataReader、Connection 和 Command 物件的程式碼，我們只需使用控制項標籤，不用撰寫任何一行程式碼，就可以輕鬆存取資料來源的資料。

ASP.NET 存取 SQL Server 和 Access 資料庫的資料來源控制項，其說明如表 17-2-1 所示：

▼ 表 17-2-1　資料來源控制項說明

資料來源控制項	說明
SqlDataSource	存取關聯式資料庫的資料來源，支援 SQL Server，Access 和 Oracle 等，如果使用 SQL Server，控制項會自動使用 SqlClient 類別來最佳化資料庫存取
AccessDataSource	存取微軟 Access 資料庫，屬於 SqlDataSource 控制項的特別版本

資料邊界控制項

資料邊界控制項（DataBound Controls）也稱爲資料顯示與維護控制項，可以將資料來源取得的資料呈現給使用者檢視或編輯，這是一種現成的資料顯示和維護介面，可以將資料來源的資料編排成瀏覽器顯示的網頁內容。

資料邊界控制項依資料本身的性質和顯示方式，可以分爲數種控制項，其簡單說明如下所示：

- 表格顯示控制項：這類控制項是建立傳統 HTML 表格的顯示外觀，讓我們一列一筆記錄來顯示資料表的記錄資料，並且提供分頁功能，例如：GridView、DataList 和 ListView 控制項。
- 單筆顯示控制項：此類控制項是顯示單筆記錄，如同一疊卡片，每一張卡片顯示一筆記錄，提供巡覽功能可以顯示指定卡片，或前一張和後一張卡片的記錄資料，例如：DetailsView 和 FormView 控制項。
- 選擇功能控制項：這是清單控制項的 DropDownList 和 ListBox 控制項等，一樣支援從資料來源控制項取得項目資料。
- 樹狀結構控制項：這類控制項是顯示階層結構資料，特別是針對 XML 文件的資料來源，例如：TreeView 和 Menu 控制項。

隨堂練習 17-2

1. 請使用圖例說明什麼是資料庫網站？
2. 請問 ASP.NET 資料控制項是什麼？資料控制項分成哪兩種？

17-3 建立 ASP.NET 的 Web 應用程式

ASP.NET 技術的主要目的是建立 Web 應用程式，大部分 ASP.NET 建立的都是一種資料庫網站，在伺服端有提供資料來源的資料庫系統。

17-3-1 新增 ASP.NET Web 應用程式專案

在 Visual Studio Community 是使用專案來管理應用程式開發，我們需要新增 ASP.NET Web 應用程式專案後，才能新增 Web 表單網頁，其步驟如下所示：

Step 1：請執行「開始 >Visual Studio 2019」命令啟動 Visual Studio Community 後，在右邊「開始使用」框選【建立新專案】，如圖 17-3-1 所示：

▲ 圖 17-3-1 在 Visual Studio 2019 新增專案

Step 2：選 C# 語言的【ASP.NET Web 應用程式 (.NET Framework)】後，按右下方【下一步】鈕，如圖 17-3-2 所示：

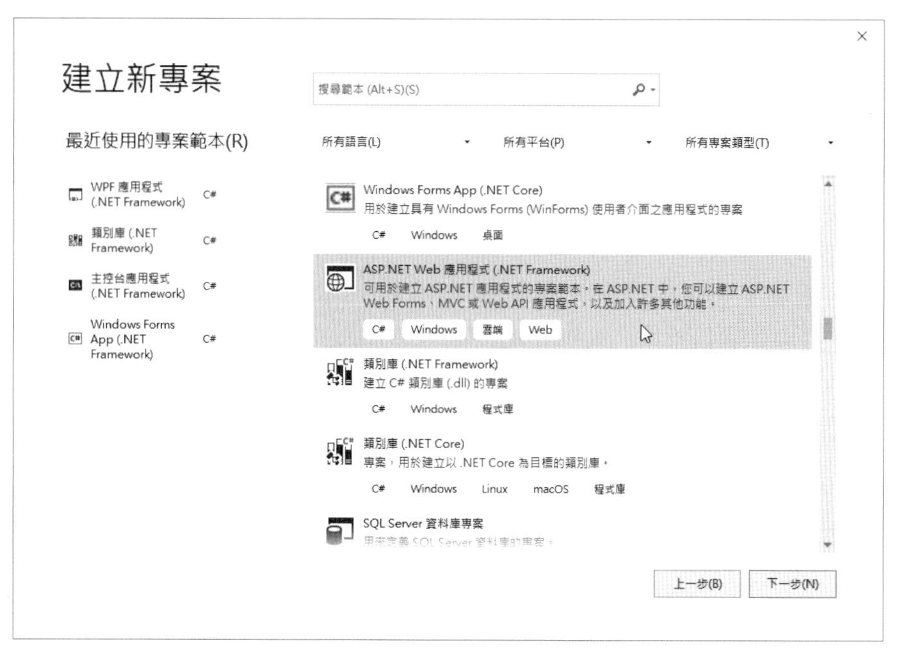

▲ 圖 17-3-2　選擇【ASP.NET Web 應用程式 (.NET Framework)】

Step 3：在【專案名稱】欄輸入專案名稱【ch17_3】，按【位置】欄後【瀏覽】鈕選擇儲存位置「DB\Ch17」資料夾，按【建立】鈕，如圖 17-3-3 所示：

▲ 圖 17-3-3　設定新的專案

Step 4：選【Web Form】，按【建立】鈕，如圖 17-3-4 所示：

▲ 圖 17-3-4 建立 ASP.NET Web 應用程式

Step 5：稍等一下，可以看到建立的 ASP.NET 專案，如圖 17-3-5 所示：

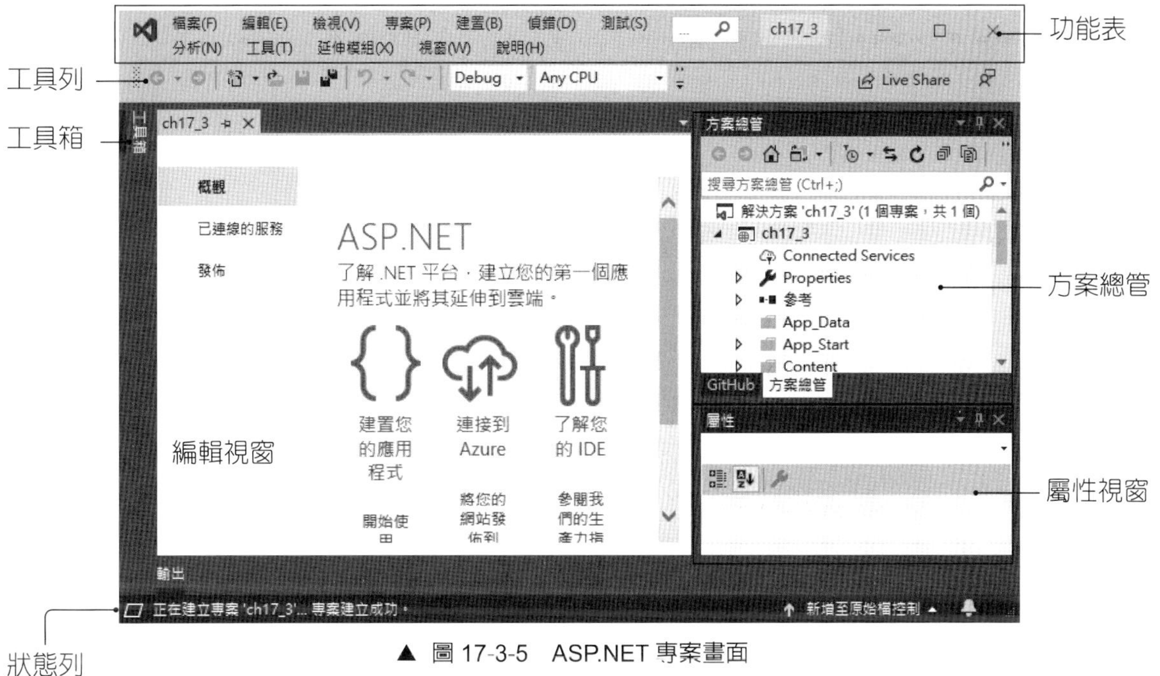

▲ 圖 17-3-5 ASP.NET 專案畫面

Step 6：請執行「專案 > 加入新項目」命令，在「新增項目」對話方塊左邊選 Web Form，中間選【使用主版頁面的 Web Form】，在輸入名稱【Customers.aspx】後，按【新增】鈕，如圖 17-3-6 所示：

▲ 圖 17-3-6 新增項目

Step 7：在「選取主版頁面」對話方塊，選【Site.Master】後，按【確定】鈕，如圖 17-3-7 所示：

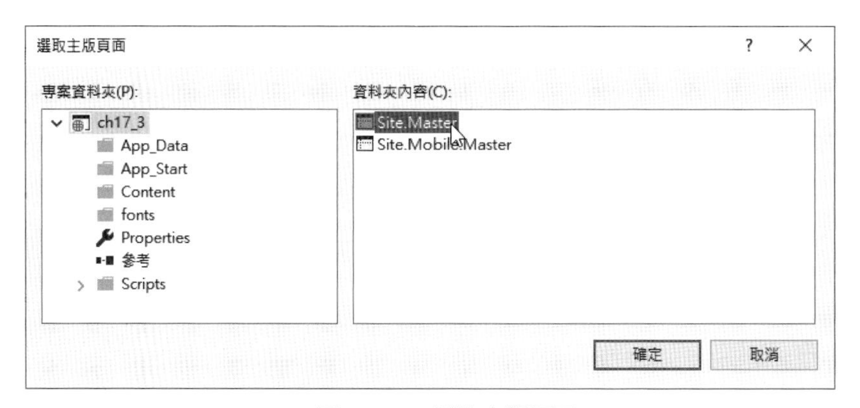

▲ 圖 17-3-7 選取主版頁面

Step 8：在下方切換至【設計】標籤，可以看到套用主版頁面的 ASP.NET 網頁，如圖 17-3-8 所示：

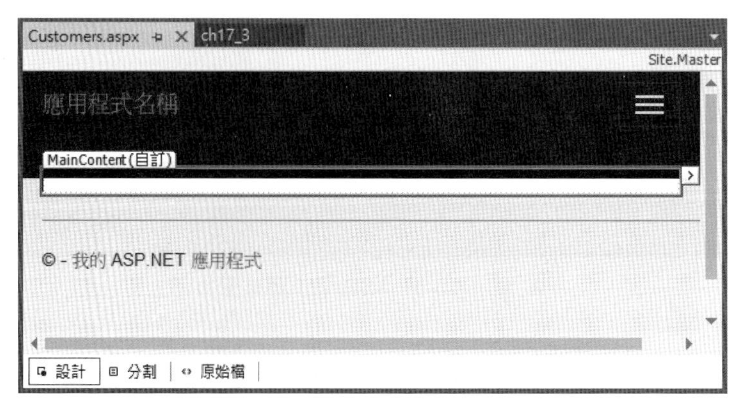

▲ 圖 17-3-8 【設計】標籤的 ASP.NET 網頁

Step 9：請執行「檔案 > 全部儲存」命令儲存 ASP.NET 專案。

離開 Visual Studio Community 請執行「檔案 > 結束」命令。

17-3-2 新增資料連接和 SqlDataSource 控制項

在 ASP.NET 專案需要先建立資料庫連接後，我們才能新增 SqlDataSource 控制項執行 SQL 指令來查詢 SQL Server 資料庫，其步驟如下所示：

Step 1：請啟動 Visual Studio Community 新增名為 ch17_3a 的專案和 Customers.aspx 網頁後，執行「工具 > 連接到資料庫」命令，如圖 17-3-9 所示：

▲ 圖 17-3-9 連接到資料庫

Step 2：在【伺服器名稱】欄輸入【(local)\SQLEXPRESS】，選【SQL Server 驗證】後輸入使用者名稱【Mary】和密碼【12345678】，並且勾選【儲存我的密碼】後，在「連接至資料庫」框選【銷售管理系統】資料庫，按【確定】鈕，如圖 17-3-10 所示：

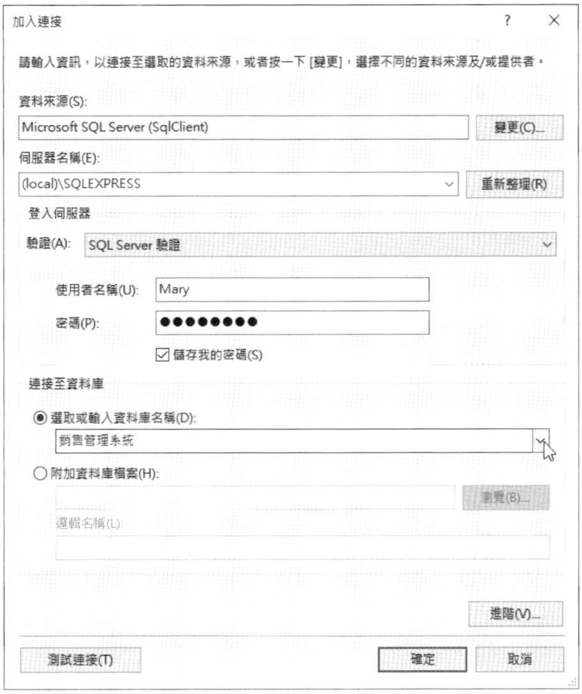

加入連接
請輸入資訊，以連接至選取的資料來源，或者按一下 [變更]，選擇不同的資料來源及/或提供者。
資料來源(S):
Microsoft SQL Server (SqlClient)
變更(C)...
伺服器名稱(E):
(local)\SQLEXPRESS
重新整理(R)
登入伺服器
驗證(A): SQL Server 驗證
使用者名稱(U): Mary
密碼(P): ●●●●●●●●
儲存我的密碼(S)
連接至資料庫
選取或輸入資料庫名稱(D):
銷售管理系統
附加資料庫檔案(H):
瀏覽(B)...
邏輯名稱(L):
進階(V)...
測試連接(T)
確定
取消

▲ 圖 17-3-10 加入資料庫連接

Step 3：可以在「伺服器總管」視窗看到新增的資料連接，如圖 17-3-11 所示：

▲ 圖 17-3-11　新增的資料連接

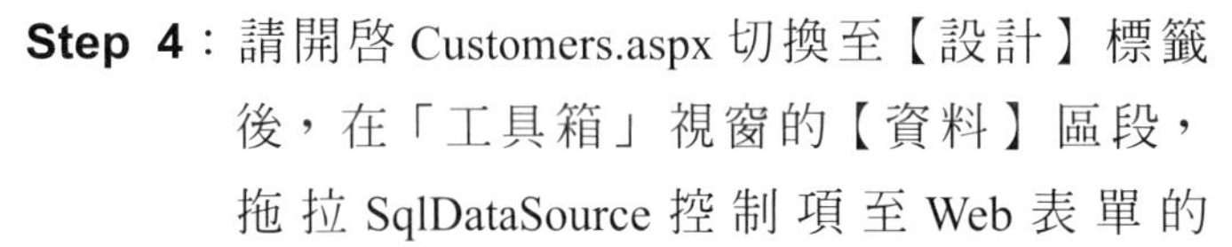

Step 4：請開啓 Customers.aspx 切換至【設計】標籤後，在「工具箱」視窗的【資料】區段，拖拉 SqlDataSource 控制項至 Web 表單的 MainContent，即可新增 SqlDataSource 控制項，如圖 17-3-12 所示：

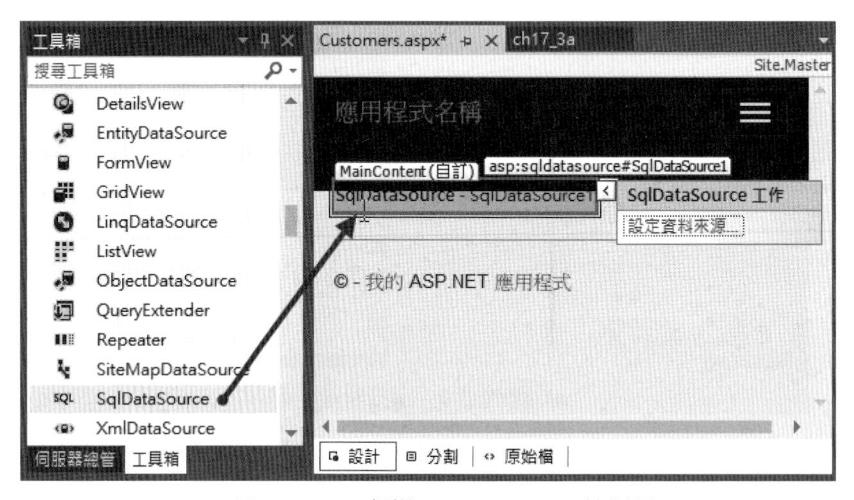

▲ 圖 17-3-12　新增 SqlDataSource 控制項

Step 5：選 SqlDataSource 控制項，點選右上方箭頭圖示開啓「SqlDataSource 工作」功能表，選【設定資料來源】超連結，可以看到設定資料來源的精靈畫面。

Step 6：因爲已經新增資料連接，請選此資料連接，在下方勾選【連接字串】，可以看到連接字串內容後，按【下一步】鈕，如圖 17-3-13 所示：

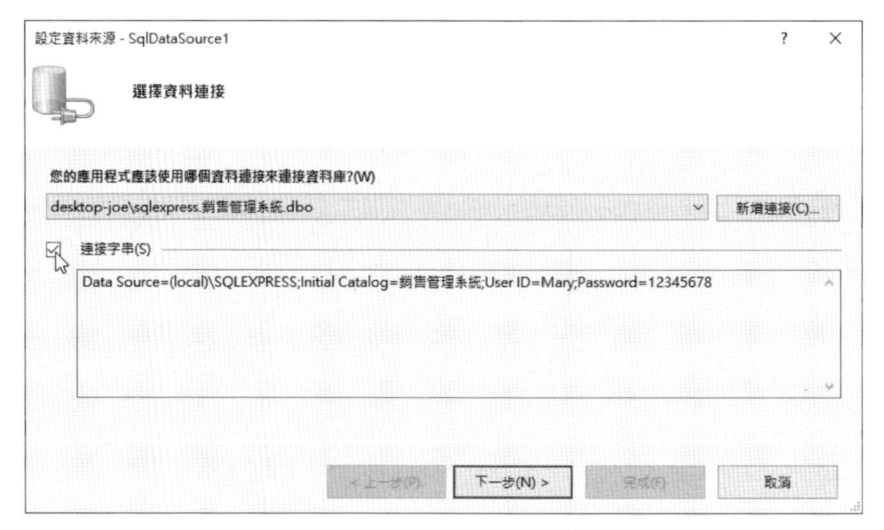

▲ 圖 17-3-13　選擇資料連接

Step 7：預設勾選儲存連接至應用程式組態檔，名稱是【銷售管理系統 ConnectionString】，不用更改，按【下一步】鈕，如圖 17-3-14 所示：

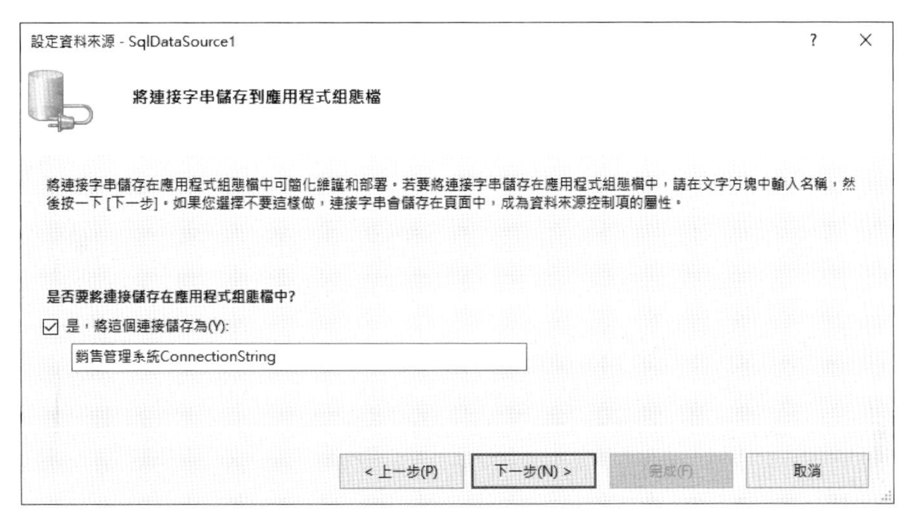

▲ 圖 17-3-14　儲存連接至應用程式組態檔

Step 8：選【指定資料表或檢視的資料行】，在【名稱】欄選【客戶】資料表，勾選【*】欄位，可以在下方看到 SQL 指令【SELECT * FROM [客戶]】後，按【下一步】鈕，如圖 17-3-15 所示：

▲ 圖 17-3-15　設定 SQL 指令碼

Step 9：按右下方【測試查詢】鈕可以在中間顯示查詢結果，沒有問題，請按【完成】鈕完成資料來源控制項的設定，如圖 17-3-16 所示：

客戶編	客戶名稱	客戶地址	電話號碼	傳真號碼	聯絡人姓名	分機號碼	電郵地址
C0001	東東企業社	台北市忠孝東西路500號	02-22222222	02-22222229	陳明		chen@gmail.
C0002	明日書局	台北市光復南路1234號	02-22223333	02-22223334	王珍妮	20	jane@ms1.hir
C0003	天天文具行	桃園市中正路1000號	03-33333333	03-33333334	李志明		lu@tpts2.seec
C0004	光光文具批發	台中市台中港路三段500號	03-44444444	03-44444445	林春嬌	15	ko@gcn.net.t
C0005	九乘九文具	台南市中正東路1200號	04-55555555	04-44444445	周星星	100	tt@ms11.hine
C0006	華華出版	高雄市四維路1000號	05-66666666	05-66666667	吳鴻志	105	wang@ms10.
C0007	金小刀文具批發	台北市羅斯福路1500號	02-99999999	02-99999990	鄭功成	2	join@gcn.net
C0008	南日企業社	台北市信義路1500號	02-55555555	02-55555556	王中平	220	test@gcn.net.

▲ 圖 17-3-16 測試查詢

17-3-3 使用 GridView 控制項瀏覽客戶資料

GridView 控制項是使用表格方式來顯示、分頁、排序和建立資料表瀏覽與編輯功能，當在 GridView 控制項指定資料來源控制項後，就可以使用表格顯示記錄資料，內建自動格式化來指定顯示樣式，可以輕鬆格式化整個 GridView 控制項。

我們準備在 ASP.NET 網頁新增 GridView 控制項來瀏覽客戶資料，並且使用自動格式化來指定【專業】顯示樣式，其建立步驟如下所示：

Step 1：請啟動 Visual Studio Community 新增名為 ch17_3b 的專案和 Customers.aspx 網頁後，新增上一節的 SqlDataSource 控制項，如圖 17-3-17 所示：

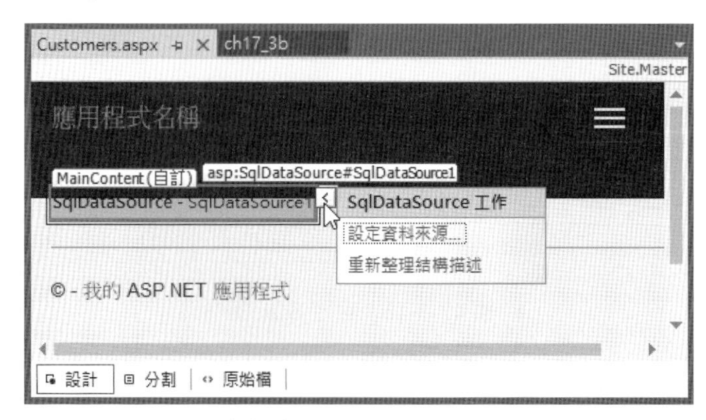

▲ 圖 17-3-17 新增專案的網頁和 SqlDataSource 控制項

上述 Web 表單已經新增 SqlDataSource 控制項和設定資料來源，其 SQL 指令如下所示：

```
SELECT * FROM [客戶]
```

Step 2：請開啟「工具箱」視窗的【資料】區段，拖拉 GridView 控制項至 Web 表單的 MainContent 的 SqlDataSource 控制項上方，如圖 17-3-18 所示：

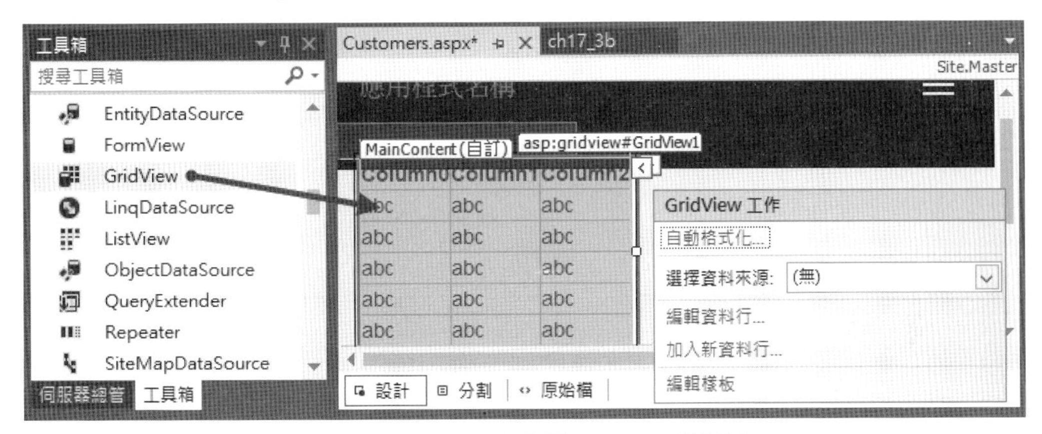

▲ 圖 17-3-18　拖拉新增 GridView 控制項

Step 3：選 GridView 控制項，點選右上方箭頭圖示開啟「GridView 工作」功能表，在【選擇資料來源】欄選【SqlDataSource1】，如圖 17-3-19 所示：

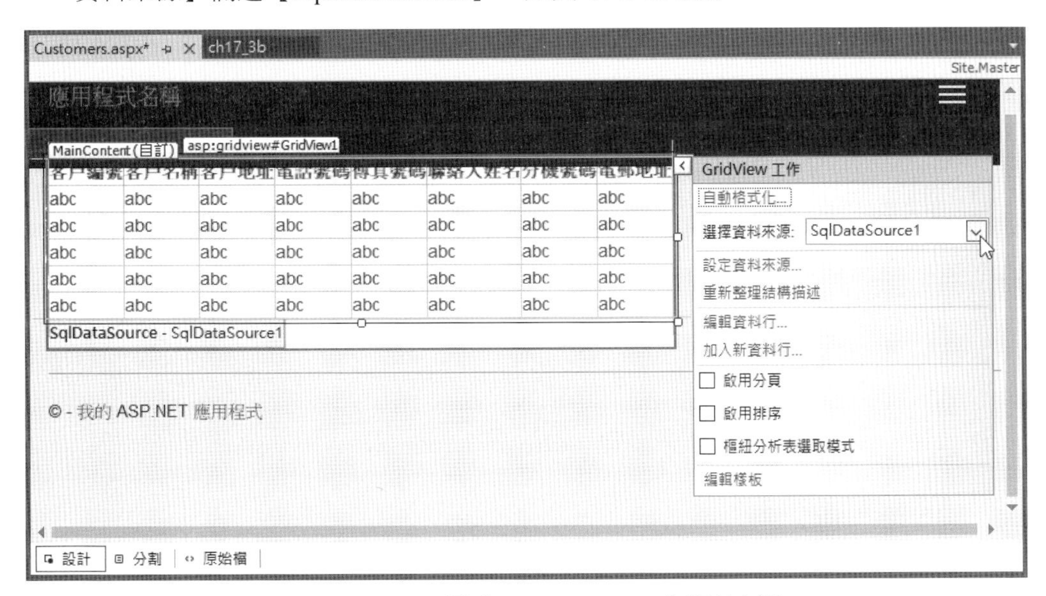

▲ 圖 17-3-19　選【SqlDataSource1】資料來源

Step 4：在「GridView 工作」功能表選【自動格式化】超連結，然後在「自動格式設定」對話方塊的「選取結構描述」框選【專業】樣式，按【確定】鈕，如圖 17-3-20 所示：

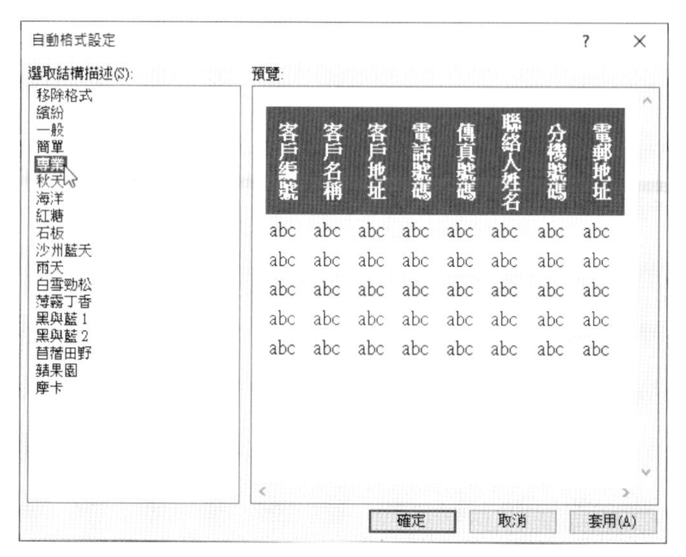

▲ 圖 17-3-20 選【專業】樣式

Step 5：儲存後，在「方案總管」視窗選 Customers.aspx，執行「檔案 > 在瀏覽器中檢視」命令，可以看到執行結果的 ASP.NET 網頁，在網頁中是使用格式化的 HTML 表格來顯示客戶資料，如圖 17-3-21 所示：

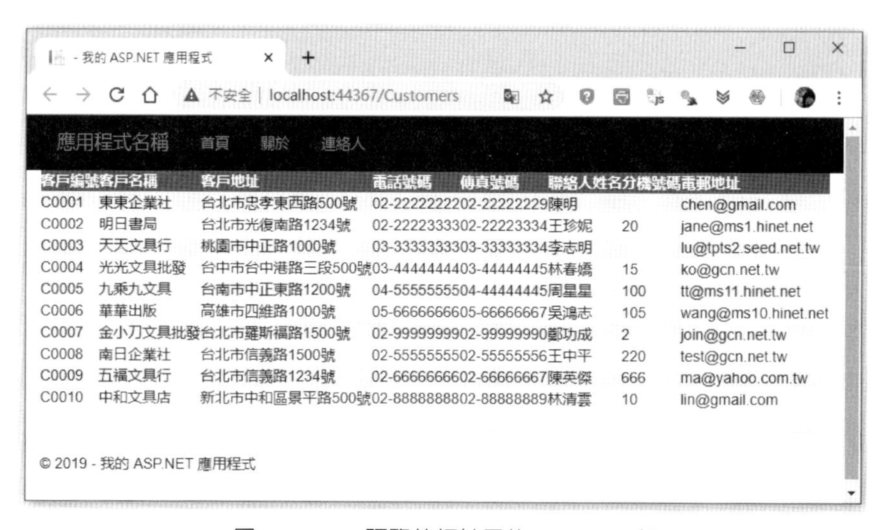

客戶編號	客戶名稱	客戶地址	電話號碼	傳真號碼	聯絡人姓名	分機號碼	電郵地址
C0001	東東企業社	台北市忠孝東西路500號	02-22222222	02-22222229	陳明		chen@gmail.com
C0002	明日書局	台北市光復南路1234號	02-22223333	02-22223334	王珍妮	20	jane@ms1.hinet.net
C0003	天天文具行	桃園市中正路1000號	03-33333333	03-33333334	李志明		lu@tpts2.seed.net.tw
C0004	光光文具批發	台中市台中港路三段500號	03-44444444	03-44444445	林春嬌	15	ko@gcn.net.tw
C0005	九乘九文具	台南市中正東路1200號	04-55555555	04-44444445	周星星	100	tt@ms11.hinet.net
C0006	華華出版	高雄市四維路1000號	05-66666666	05-66666667	吳鴻志	105	wang@ms10.hinet.net
C0007	金小刀文具批發	台北市羅斯福路1500號	02-99999999	02-99999990	鄭功成	2	join@gcn.net.tw
C0008	南日企業社	台北市信義路1500號	02-55555555	02-55555556	王中平	220	test@gcn.net.tw
C0009	五福文具行	台北市信義路1234號	02-66666666	02-66666667	陳英傑	666	ma@yahoo.com.tw
C0010	中和文具店	新北市中和區景平路500號	02-88888888	02-88888889	林清雲	10	lin@gmail.com

▲ 圖 17-3-21 預覽執行結果的 ASP.NET 網頁

17-3-4 使用 DetailsView 控制項編輯客戶資料

DetailsView 控制項提供資料表單筆記錄的編輯功能，我們不只可以更新和刪除記錄，還可以新增記錄。因為提供編輯功能，我們需要先在資料來源控制項勾選【產生 INSERT、UPDATE 和 DELETE 陳述式】後，才能在 DetailsView 控制項啓用編輯功能。

請在 ASP.NET 網頁 CustomerEdit.aspx 使用 DetailsView 控制項來編輯單筆的客戶資料，其步驟如下所示：

Step 1：請啟動 Visual Studio Community 新增名為 ch17_3c 的專案和 CustomerEdit.aspx 網頁後，如圖 17-3-22 所示：

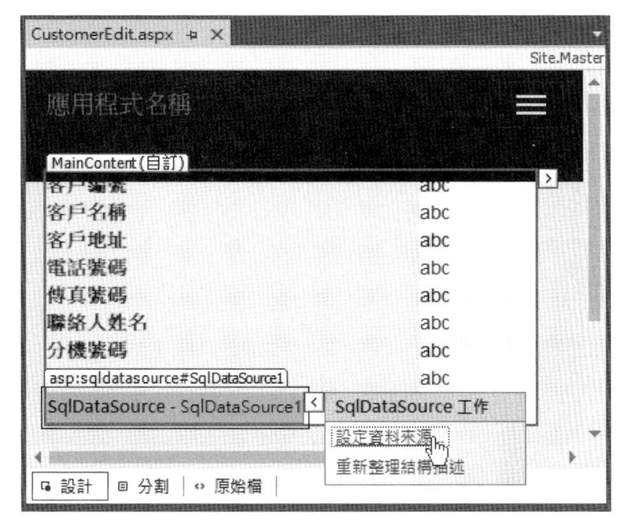

▲ 圖 17-3-22　新增專案的網頁和 SqlDataSource 控制項

上述 Web 表單上方是增加寬度和設定【專業】樣式的 DetailsView 控制項；下方是 SqlDataSource 控制項，已經設定資料來源，其 SQL 指令如下所示：

```
SELECT * FROM [ 客戶 ]
```

Step 2：選 SqlDataSource 控制項開啟「SqlDataSource 工作」功能表，選【設定資料來源】超連結，在選擇資料連接步驟按【下一步】鈕，如圖 17-3-23 所示：

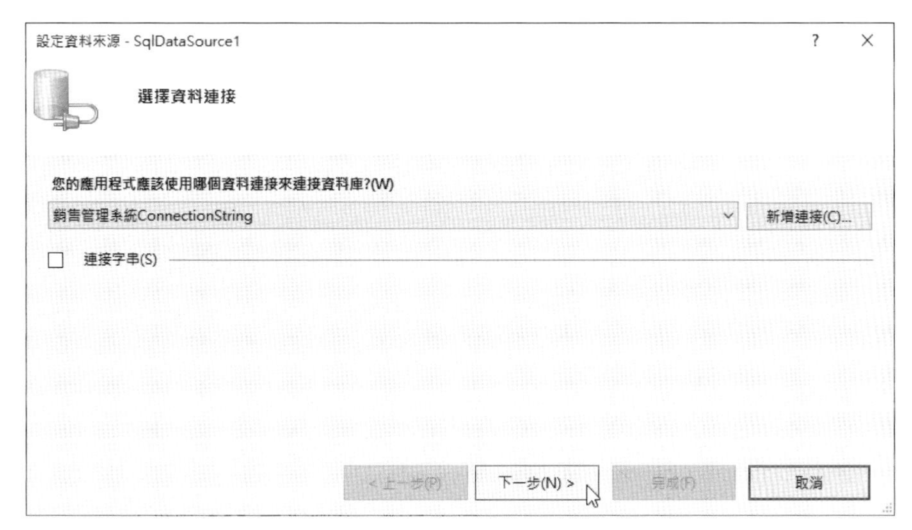

▲ 圖 17-3-23　選擇資料連接

Step 3：在設定 Select 陳述式步驟按【進階】鈕，如圖 17-3-24 所示：

▲ 圖 17-3-24　在設定 Select 陳述式步驟按【進階】鈕

Step 4：在「進階 SQL 產生選項」對話方塊勾選【產生 INSERT、UPDATE 和 DELETE 陳述式】，按【確定】鈕來自動產生新增、更新和刪除的 SQL 指令，如圖 17-3-25 所示：

▲ 圖 17-3-25　勾選【產生 INSERT、UPDATE 和 DELETE 陳述式】

Step 5：按【下一步】鈕測試 SQL 查詢後，沒有問題，請按【完成】鈕完成資料來源控制項的更改設定。如果看到重新整理 DetailsView 控制項的欄位和索引資料的訊息視窗，請按【否】鈕，不需重新整理。

Step 6：請選 DetailsView 控制項開啓「DetailsView 工作」功能表，勾選【啓用分頁】、【啓用插入】、【啓用編輯】和【啓用刪除】，可以在 DetailsView 控制項分頁顯示記錄，和開啓新增、更新和刪除記錄功能，如圖 17-3-26 所示：

▲ 圖 17-3-26　設定 DetailsView 控制項的編輯分頁功能

Step 7：儲存後，在「方案總管」視窗選 CustomerEdit.aspx，執行「檔案 > 在瀏覽器中檢視」命令預覽執行結果，可以看到 DetailsView 控制項顯示的單筆客戶記錄，如圖 17-3-27 所示：

▲ 圖 17-3-27　預覽執行結果的 ASP.NET 網頁

點選最下方頁碼可以切換記錄資料，在下方選【編輯】超連結，可以編輯欄位資料，如圖 17-3-28 所示：

▲ 圖 17-3-28 編輯欄位資料

隨堂練習 17-3

1. 請在 ASP.NET 專案 ch17_3b 新增 GridView 控制項的 Employees.aspx 網頁來瀏覽員工資料。
2. 請在 ASP.NET 專案 ch17_3c 新增 DetailsView 控制項的 EmployeeEdit.aspx 網頁，可以用來編輯員工資料。

本章習題

選擇題

(　　) 1. 請問下列哪一個關於 WWW 和 HTTP 通訊協定的說明是不正確的？
(A) WWW 是目前 Internet 網際網路的熱門服務之一
(B) WWW 是 Tim Berners Lee 領導小組所開發
(C) WWW 並不是使用 HTTP 通訊協定
(D) WWW 是一種主從架構系統。

(　　) 2. 請問下列哪一個關於資料庫網站的說明是不正確的？
(A) 建立資料庫網站的常用技術有：ASP.NET、JSP 和 PHP 等
(B) 資料庫網站只需有資料庫系統，並不需要 Web 伺服器
(C) 資料庫網站的資料來源是資料庫系統
(D) 資料庫網站是一種多層式主從架構的資料庫系統。

(　　) 3. 請問下列哪一個 ASP.NET 資料來源控制項可以連接 SQL Server 資料庫？
(A) SqlDataSource (B) AccessDataSource (C) SqlDBSource (D) SqlServerDBSource。

(　　) 4. 請問下列哪一個 ASP.NET 資料邊界控制項是使用表格來顯示記錄資料？
(A) DetailsView (B) FormView (C) TableView (D) GridView。

(　　) 5. 請問 ASP.NET 網頁的副檔名是下列哪一個？(A)「.asp」 (B)「.aspx」 (C)「.php」 (D)「.jsp」。

實作題

1. 請使用 Visual Studio Community 新增 ASP.NET 專案後，建立一頁瀏覽產品資料的 ASP.NET 網頁。
2. 請繼續實作題 1.，再建立一頁 ASP.NET 網頁來編輯產品資料的網頁。

NOTE

Chapter

18

大數據與 NoSQL 資料庫

18-1 認識物聯網與大數據

目前的大型網路公司 Google、Facebook、Twitter、Digg、Amazon 和 LinkedIn 等都已經使用 NoSQL 資料庫來分散儲存和處理非常大量的巨量資料，這是傳統關聯式資料庫並無法負擔的龐大資料，即所謂的「大數據」（Big Data）。

物聯網（Internet of Things，IoT）

物聯網簡單的說就是萬物連網，所有東西（物體）都可以上網，因爲所有東西都連上了網路，所以，我們可以透過任何連網裝置來遠端控制這些連網的東西、就算遠在天涯海角也一樣可以進行監控，如圖 18-1-1 所示：

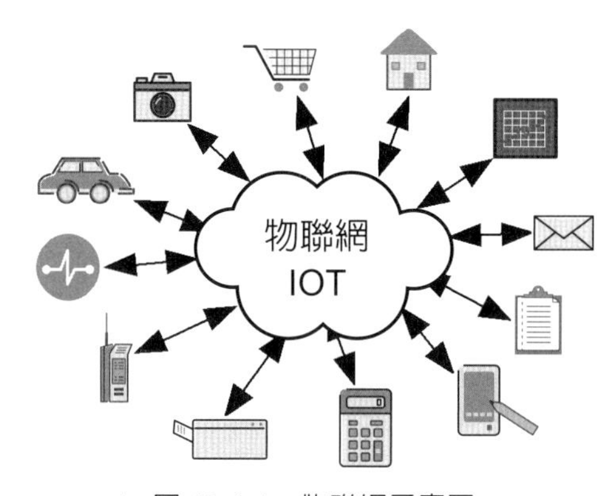

▲ 圖 18-1-1　物聯網示意圖

對於物聯網來說，每一個人都可以將眞實東西連接上網，然後輕易在物聯網查詢這個東西的位置，並且對這些東西進行集中管理與控制，例如：遙控家電用品、汽車遙控、行車路線追蹤和防盜監控等自動化操控，或建立更聰明的智慧家電、更安全的自動駕駛和住家環境等。

不只如此，透過從物聯網上大量裝置和感測器所取得的資料，我們可以建立大數據（Big Data）來進行資料分析，並且從取得數據分析結果來重新設計流程，進而改善我們的生活，例如：減少車禍、災害預測、犯罪防治與流行病控制等。

大數據（Big Data）

源於網際網路和物聯網的興起，讓資料取得非常的容易，例如：Facebook 網站無時無刻不在取得使用者資料、手機定位資料、使用者產生的資料（留言，上傳圖片）、社交網路資料（加入朋友）、偵測器接收資料和電腦系統自動產生的記錄資料等，如圖 18-1-2 所示：

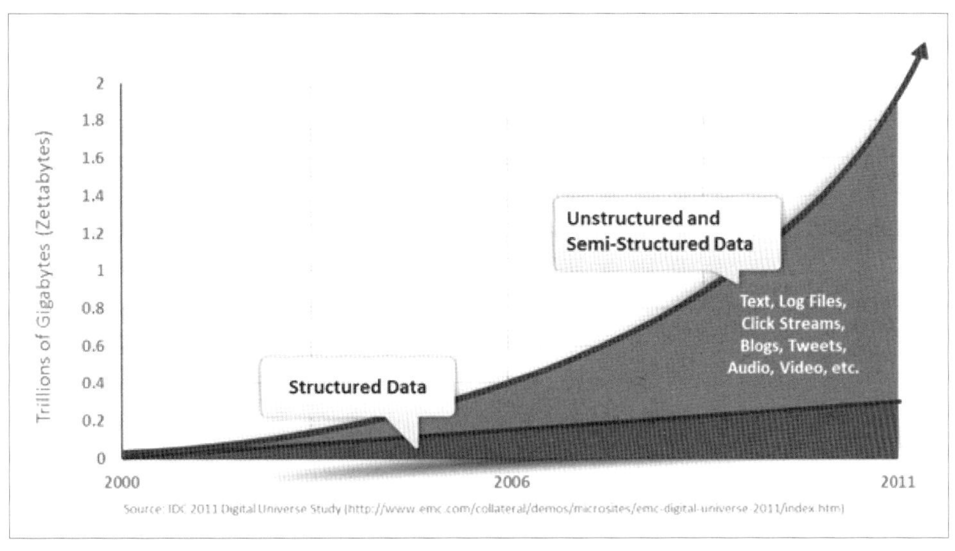

▲ 圖 18-1-2 大數據資料

上述 IDC 的統計資料是全世界儲存的數位資料，以 Zettabytes（ZB）爲單位，1ZB = 1000 Exabytes（EB）；1 EB 等於 1 百萬 GB（Gigabytes），從 2006 年到 2011 年數位資料已經成長近 5 倍以上，而且絕大部分產生的資料都是非結構化資料（Unstructured Data），或半結構化資料（Semi-structure Data），並不是結構化資料。

關聯式資料庫儲存的是結構化資料，並不適合儲存非結構化資料或半結構化資料，而且當資料量愈大；資料庫的執行效能愈差。NoSQL 是儲存非結構化巨量資料的最佳解決方案，並不會因爲龐大的資料量，而明顯影響到執行效能。

隨堂練習 18-1

1. 請簡單說明什麼是物聯網？何謂大數據？

18-2 NoSQL 基礎

在實務上，因爲關聯式資料庫在處理巨量資料的效能和擴充性問題，NoSQL 資料庫的出現就是在補足關聯式資料庫這些功能上的不足。

18-2-1 認識 NoSQL

NoSQL 是一個名詞，並不是資料庫，從字意來說，也不能眞正描述資料庫技術發展的轉換，從英文字面上解釋有兩種說法：一是 No 和 SQL，很清楚描述是沒有 SQL，也就是說，我們不是使用 SQL 語法來存取資料庫。所以，NoSQL 不是一種關聯式資料庫模型的資料庫，也不是使用 SQL 語言。

第二種是 Not Only SQL，泛指從 21 世紀初發展的哪些沒有遵循關聯式資料庫模型的各種資料庫系統（大多屬於 Open Source 專案），換句話說，NoSQL 資料庫不是使用表格的欄位和記錄儲存資料，也不會使用 SQL 語言來執行資料操作和查詢。

基本上，上述兩種解釋都是針對目前主流的關聯式資料庫和 SQL 語言所作的對比和反彈。如果單純以技術角度來說：「NoSQL 是一組觀念來專注於提昇效能、可靠性和靈活性，來快速和有效率的處理資料，包含結構化和非結構化資料。」

NoSQL 資料庫的一些特點說明，筆者整理如下所示：

- NoSQL 不需定義綱要：NoSQL 資料庫不需建立實體關聯性模型，我們不用定義綱要，就可以馬上將資料存入資料庫。
- NoSQL 支援多種資料儲存類型：NoSQL 資料庫不是使用表格的欄位與記錄來儲存資料，而是使用第 18-3 節的四種資料模型。
- NoSQL 不是使用 SQL 語言：有些 NoSQL 資料庫類型沒有提供查詢語言，有些提供專屬的查詢語法，但都不是使用 SQL 語言。
- NoSQL 沒有合併查詢（JOIN）：NoSQL 資料庫提供簡單介面來查詢資料，根本不會也不需要使用到合併查詢。
- NoSQL 支援水平擴充（Scale-out）：NoSQL 資料庫可以直接增加低成本伺服器至叢集（Cluster）來提昇效能；對比關聯式資料庫的垂直擴充（Scale-up），我們需要升級高成本硬體的高階伺服器，才能提昇系統效能。
- NoSQL 適合處理巨量資料：關聯式資料庫在處理非大量資料時，可以提供一定的效能，當資料量直線上升時，關聯式資料庫的效能就會大打折扣，NoSQL 資料庫並不會因為資料量的增加而明顯影響其執行效能。
- NoSQL 適合雲端運算：NoSQL 資料庫提供高擴充性，特別適合使用雲端運算來動態擴充效能，當然，在資料中心使用 NoSQL 資料庫也一樣沒有問題。

對比關聯式資料庫，NoSQL 資料庫的優勢是在絕佳的原生擴充性，和提供無與倫比的執行效能，不只如此，NoSQL 資料庫支援關聯式資料庫模型缺乏的一些資料模型，不只可以儲存結構化資料，也可以用來儲存非結構化資料。

18-2-2 NoSQL 的基本觀念

NoSQL 的基本觀念事實上就是 NoSQL 資料庫的一些基本功能和特點。

動態綱要（Dynamic Schemas）

關聯式資料庫在新增資料前，需要先建立資料庫綱要，即資料庫定義，例如：儲存學生資料的【學生】資料表，在新增資料前，我們需要知道儲存的資料有：學號、姓名、地址和電話，然後才能新增記錄。

NoSQL 資料庫沒有預定綱要，可以馬上新增資料，因爲當進行應用程式開發時，在每一個開發周期需要加入新功能時，有可能需要配合修改資料庫綱要，如果資料庫綱要需要常常修改，對於大型資料庫來說，關聯式資料庫會拖慢整個開發時程，而且，如果儲存資料是非結構化資料，關聯式資料庫則根本就派不上用場。

NoSQL 資料庫因爲沒有固定綱要，可以配合即時修正資料庫儲存的資料，而且不用擔心服務中斷，可以加速應用程式開發和減少資料庫管理所花費的時間。

自動 Sharding（Auto Sharding）

關聯式資料庫的架構是使用垂直擴充（Scale Vertically，即 Scale-up）來解決資料庫儲存資料成長的問題，單一伺服器需要負責整個資料庫存取的可靠性（Reliability）和可用性（Availability），並且持續提供資料服務，也就是說，我們只能升級 CPU、增加更多 CPU、加大記憶體和使用更高速磁碟陣列來滿足資料庫使用者的需求，問題是伺服器的硬體升級有其極限，我們不可能無限制升級伺服器成爲一台超級伺服器，而且不計成本的持續升級硬體。

Sharding 是將儲存資料分散儲存在多台伺服器的過程，因爲當資料庫儲存的資料快速增加時，單一伺服器已經沒有辦法提供有效率的資料儲存服務，和讀寫速度時，透過 Sharding 水平擴充（Scale Horizontally，即 Scale-out），可以將資料存取負載分散至多台伺服器來共同處理，我們只需增加伺服器的數量，就可以輕易解決資料成長問題，和獲得資料讀寫速度的提昇。

關聯式資料庫在設計上沒有原生支援 Sharding，當然，我們可以將關聯式資料庫建立成分散式資料庫（例如：Oracle 或 SQL Server），但是也只能手動 Sharding，而且需要額外應用程式或模組的支援來處理資料分配、分散式查詢、負載平衡、複寫（Replication）、二階段確認交易和其他需求。

NoSQL 資料庫原生支援自動 Sharding（Graph Stores 資料模型除外），可以自動將資料分散儲存至不定數目的伺服器，而不需要額外應用程式或模組的支援。資料存取和查詢負載也會自動平衡至多台伺服器，如果有一台伺服器當機，也可以馬上取代提供服務，完全不會覺得資料服務有任何中斷，所以非常適合使用在雲端運算。

整合快取（Integrate Caching）

目前有些關聯式資料庫提供分散式快取（Distributed Cache），可以將經常讀取資料儲存在系統記憶體來加速資料讀取，改善資料庫的讀取效能，不過僅限於讀取；並沒有寫入。如果應用程式的資料操作大部分是讀取操作，分散式快取可以明顯改善其執行效能，反之，如果大部分是寫入操作，或混合讀取和寫入操作，所以，分散式快取在實務上，並不能明顯改善整體的執行效能。

大部分 NoSQL 資料庫提供整合快取（Integrate Caching），可以使用一致性雜湊（Consistent Hashing）技術，盡可能將最常使用的資料儲存在系統記憶體來最佳化讀寫操作。

複寫（Replication）

複寫可以在不同位置分享資料庫資料，當公司或組織使用複寫時，我們會建立資料庫備份，並且將備份資料分享給不同使用者，各使用者能夠就近使用備份資料庫，當使用者更新備份的資料庫內容後，再使用同步方式來更新來源資料庫。所以，複寫是分散式資料庫系統的特點，其主要目的是增加分散式資料庫系統的可用性。

大部分 NoSQL 資料庫都支援自動複寫，並不需要額外的工具程式，就可以增加資料庫系統的可用性，和災難復原能力。

BASE 模型 - 最終一致性（Eventual consistency）

BASE 模型是由 Basically Available、Soft state 和 Eventual consistency 字頭的大寫字母組成。NoSQL 的資料庫是使用 BASE 模型處理交易（沒有關聯式資料庫來的嚴格），其說明如下所示：

- 基本可用性（Basically Available）：就算單一或多節點損壞，部分資料不可用，整個資料層的資料庫系統仍然是可操作狀態。所以，系統會回應任何請求，但是，回應仍然有可能因失敗，而取得不一致或狀態變更的回應資料。
- 軟狀態（Soft state）：系統狀態會隨著時間而改變，就算在沒有資料輸入的期間，也會改變狀態達成最終一致性（Eventual consistency），所以系統狀態永遠是在軟狀態的不確定。因為系統狀態一直在改變，所以資料一致性應該是開發者的問題，並不是由資料庫系統來處理。
- 最終一致性（Eventual consistency）：雖然資料庫的資料會在某些點暫時發生不一致情況，不過，最終仍然會滿足資料的一致性。

隨堂練習 18-2

1. 請簡單說明什麼是 NoSQL ？為什麼稱為 NoSQL ？
2. 請問什麼是 BASE 模型？

18-3 NoSQL 資料模型

NoSQL 資料模型（Data Model）是 NoSQL 資料庫的資料儲存方式（Storage Type），主要可以分成四種資料模型，即：Key Value Stores、Column Family Stores、Document Stores 和 Graph Stores。

18-3-1 Key Value Stores

Key Value Stores 是最簡單的一種 NoSQL 資料庫，不需定義綱要（Schema Free）就可以馬上儲存資料，在資料庫儲存的每一個項目是屬性名稱（鍵 Key），和對應屬性值（值 Value）的成對資料，例如：鍵 "Name"；對應值 " 陳會安 "。

Key Value Stores 只能使用「鍵」取出對應「值」（即使用鍵來查詢），或依據鍵來儲存值或刪除資料，並沒有提供查詢語言。Key Value Stores 簡單的說像是一本字典、Map 物件或結合陣列（Associative Array），單字是鍵 Key；單字的說明定義是值 Value，如圖 18-3-1 所示：

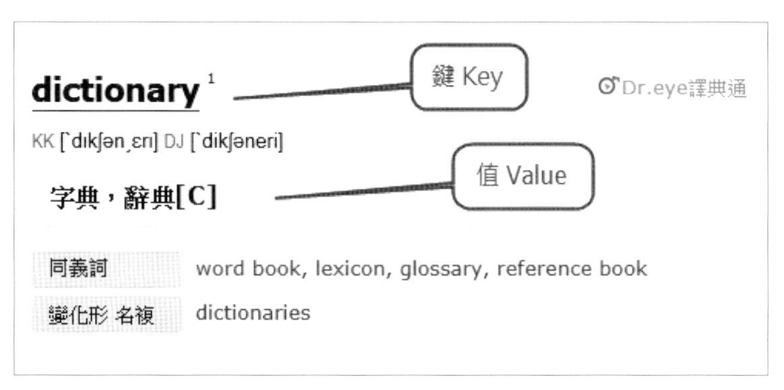

▲ 圖 18-3-1 以英文字典比喻「鍵與值」

在 Key Value Stores 儲存資料的鍵是唯一查詢條件和索引，所以可以非常快速的從鍵查詢值，並不能直接查詢值，因爲值不需要指定資料類型，可以儲存各種資料類型的資料，例如：字串、XML 文件或二進位圖檔等，如表 18-3-1 所示：

▼ 表 18-3-1 鍵 Key 與值 Value

鍵 Key	值 Value
IMG_20140218_213301.png	二進位圖檔
https://fchart.github.io/index.html	HTML 的 Web 網頁
D:\DB\NoSQL.pdf	PDF 檔案
view_student?stid=1234&format=xml	<Student><id>1234</id></Student>
SELECT Name FROM Student WHERE stid= "1234"	<Student> <Name> 陳會安 </Name></Student>

上表鍵 Key 依序是圖檔、URL、檔案路徑、RESTful 服務和 SQL 指令，可以取得值 Value 爲：二進位圖檔、HTML 文件、PDF 檔案和 XML 文件。在實務上，我們可以使用 Key Value Stores 儲存 Web 的 Session 資料、使用者偏好設定和購物車資料等。

18-3-2 Column Family Stores

Column Family Stores 也稱爲 Wide Column Stores，類似 Key Value Stores 允許儲存鍵值成對的資料，其基本儲存單位是欄位（Column），儲存的是名稱（Name）和值（Value）的成對資料，Name 角色相當於是 Key Value Stores 的鍵，在欄位中可以巢狀擁有欄位，稱爲超級欄位（Super Columns）。

Column Family Stores 的記錄是一組擁有相同 Row-ID 的欄位（Columns），將相關記錄組成 Column Family，如圖 18-3-2 所示：

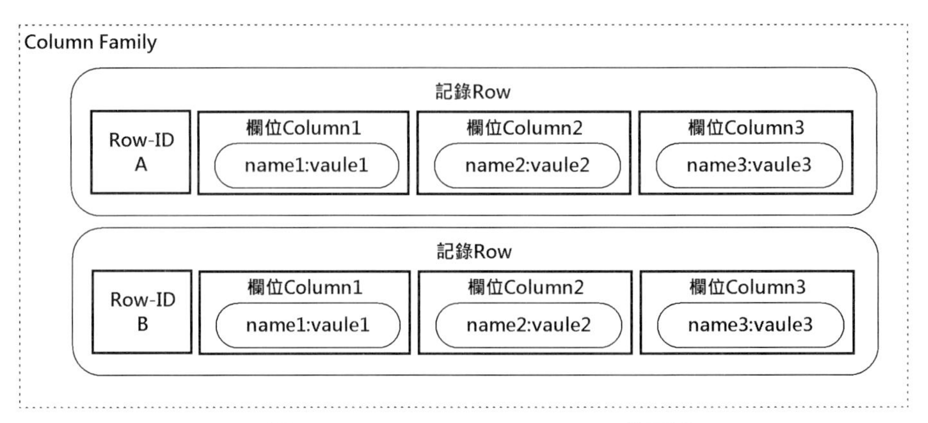

▲ 圖 18-3-2　Column Family Stores 的記錄

上述圖例對比關聯式資料庫，Column Family 是資料表，用來群組相關的欄位名稱，成對的名稱 / 值組成記錄，每一個欄位是由 Name、Value 和 Timestamp 組成，如下所示：

```
{
  name: "Name",
  value: " 陳會安 ",
  timestamp: 1234567890
}
```

上述 name/value 相當於 Key Value Stores 的 key/value，timestamp 時間戳記是資料的有效期限，用來避免寫入衝突。取出指定欄位值是由 Row-ID、Column Name 和 Timestamp 組成的鍵 Key，如圖 18-3-3 所示：

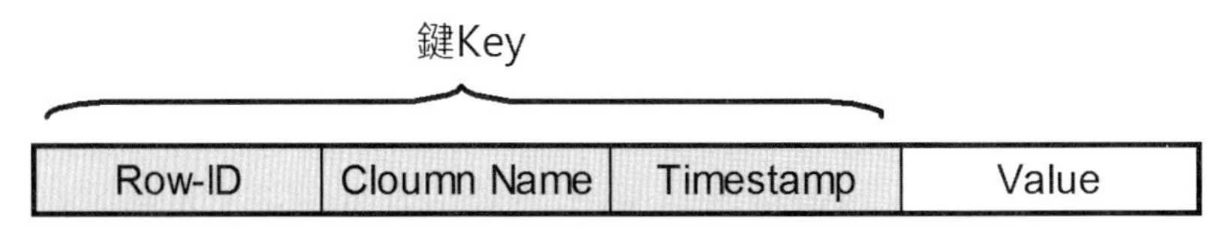

▲ 圖 18-3-3　Row-ID、Column Name 和 Timestamp 組成的鍵 Key

Column Family Stores 並不是沒有綱要（Schema Free），這是一種半結構化資料庫（Semi-structured Database），因爲我們需要群組相關欄位資料成爲記錄，和群組記錄成爲 Column Family 資料表。在實務上，我們可以使用 Column Family Stores 儲存事件記錄（Event Logging）、部落格項目、地圖資料、使用者偏好設定和網頁每一頁面的計數資料等。

18-3-3 Document Stores

Document Stores 儲存的資料是文件（Document），一樣不需定義綱要（Schema Free）就可以儲存資料，在此的文件不是指 Word、簡報或電子郵件等數位文件，而是一種成對鍵和值組成的樹狀結構文件，例如：JSON、BSON 或 XML 文件，目前最常使用的是 JSON 格式，所以在說明 Document Stores 之前，我們先來看一看什麼是 JSON。

「JSON」的全名是（JavaScript Object Notation），一種常用的資料交換格式，類似 XML，事實上，它就是 JavaScript 物件的文字表示法。

JSON 是由 Douglas Crockford 創造的一種輕量化資料交換格式，因為比 XML 快速且簡單，再加上 JSON 資料結構是一個 JavaScript 物件，對於 JavaScript 語言來說，可以直接解讀。JSON 是使用大括號定義成對的鍵和值（Key-value Pairs），相當於物件的屬性和值，如下所示：

```
{
  "key1": "value1",
  "key2": "value2",
  "key3": "value3",
  …
}
```

JSON 如果是物件陣列，我們是使用方括號來定義，如下所示：

```
[
   {
   "title": "ASP.NET 網頁設計 ",
   "author": " 陳會安 ",
   "category": "Web",
   "pubdate": "06/2018",
   "id": "W101"
   },
   {
   "title": "PHP 網頁設計 ",
   "author": " 陳會安 ",
   "category": "Web",
   "pubdate": "07/2019",
   "id": "W102"
   },
   …
]
```

JSON 是使用 JavaScript 語法來描述資料物件，一種 JavaScript 語法的子集。

JSON 的語法規則

JSON 語法沒有關鍵字，其基本語法規則，如下所示：

- 資料是成對鍵和值（Key-value Pairs），使用「:」符號分隔。
- 在資料之間使用「,」符號分隔。
- 使用大括號定義物件。
- 使用方括號定義陣列或物件陣列。

JSON 的鍵和值

JSON 資料是成對的鍵和值（Key-value Pairs），它是由欄位名稱，接著「:」符號，再加上值，如下所示：

```
"author": " 陳會安 "
```

上述 "author" 是欄位名稱，" 陳會安 " 是值，JSON 的值可以是整數、浮點數、字串（使用「"」括起）、布林值（true 或 false）、陣列（使用方括號括起）和物件（使用大括號括起）。

JSON 物件

JSON 物件是使用大括號包圍的多個 JSON 的鍵和值，如下所示：

```
{
  "title": "ASP.NET 網頁設計 ",
  "author": " 陳會安 ",
  "category": "Web",
  "pubdate": "06/2018",
  "id": "W101"
}
```

JSON 陣列

JSON 陣列是循序使用「,」號分隔的多個資料，使用方括號括起，例如："phoneNumbers" 欄位的值是一個 JSON 陣列，如下所示：

```
{
  "name": " 陳會安 ",
  "phoneNumbers": [ "02222222", "0930123456", "031234455" ]
}
```

JSON 物件陣列

JSON 物件陣列可以擁有多個 JSON 物件，例如："Employees" 欄位的值是一個物件陣列，擁有 3 個 JSON 物件，如下所示：

```
{
  "Boss": " 陳會安 ",
  "Employees": [
    { "name" : " 陳允傑 ", "tel" : "02-22222222" },
    { "name" : " 陳允如 ", "tel" : "03-33333333" },
    { "name" : " 陳允東 ", "tel" : "04-44444444" }
  ]
}
```

Document Stores

Document Stores 儲存的資料是文件，不同於關聯式資料庫的記錄與欄位，這些文件是能夠自行解釋（Self-describing），和以階層架構的樹狀結構來儲存資料，如圖 18-3-4 所示：

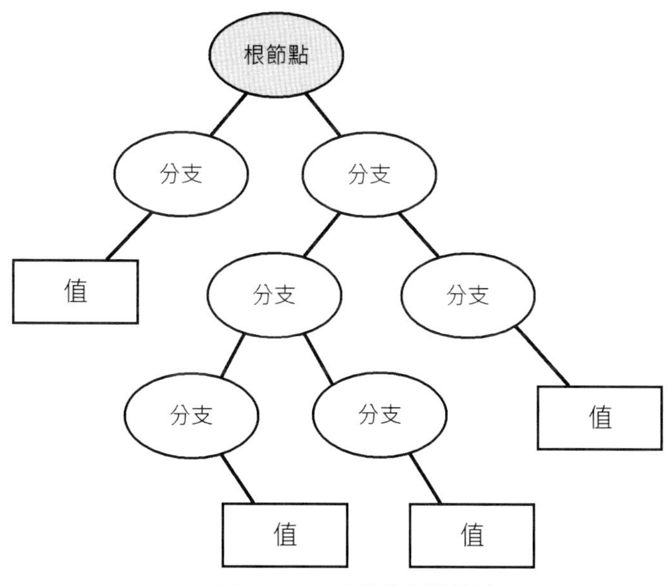

▲ 圖 18-3-4 文件的樹狀結構

上述文件是從根節點開始，擁有分支和子分支，實際資料是儲存在葉節點，每一份文件是關聯式資料庫的一筆記錄，群組多份文件成為一個「集合」（Collections），相當於關聯式資料庫的一個資料表。

因為文件本身就可以提供直覺和自然方式來塑模資料，將複雜的階層關係資料儲存在單一記錄，其原生就是物件導向程式語言的物件（因為 JSON 是文字格式的 JavaScript 物件）。例如：學生資料的 JSON 文件，如下所示：

```
{
  "studentId": "123456",
  "name": "Joe Chen",
  "email": "hueyan@ms2.hinet.net",
  "grades": [ 98, 67, 78, 89 ],
  "phones": [
   { "type": "HOME",
     "number": "02-22222222"
   },
   { "type": "CELLPHONE",
     "number": "0930-786456"
   }
  ],
  "address": {
     "street": "AK",
     "city": "Taipei",
     "zipcode": "24869"
   }
}
```


上述 JSON 文件是由 1 至多個欄位組成，欄位值是整數、字串、陣列、另一份子文件（Subdocuments）和子文件陣列，包含學生姓名、多筆成績（陣列）、電話資料（物件陣列）和地址（物件）。不同於關聯式資料庫，將資料分割成資料表（執行正規化），每一份記錄的 JSON 文件如同是合併查詢結果的資料，包含學生所需的完整資訊，所以，Document Stores 可以簡化資料存取和複雜的合併查詢。

Document Stores 的 NoSQL 資料庫是使用動態綱要（Dynamic Schema），儲存在集合中的每一份文件綱要可能相同，也可能完全不同，擁有彈性的動態綱要，特別適合處理非結構化資料和複雜綱要的資料，而且讓程式開發者在開發應用程式時更加容易，因爲可以很容易新增欄位和更改綱要來符合應用程式的需求。

Document Stores 不同於 Key Value Stores 或 Column Family Stores 資料，能夠直接查詢文件中指定欄位的資料，提供接近關聯式資料庫的查詢模型，還可以建立多種索引來最佳化資料搜尋。在實務上，Document Stores 最適合使用在儲存高度可變數資料、文件搜尋、網頁內容管理和出版。

18-3-4 Graph Stores

Graph Stores 是一種非常特殊的 NoSQL 資料庫，其主要目的是在處理實體之間的複雜關聯性，而非實體本身。因爲關聯式資料庫處理複雜的關聯性時，我們需要分割成多層資料表來一一建立之間的關聯性，最後使用複雜合併查詢來取得結果，當層數很多時，會嚴重影響執行效能。

Graph Stores 是使用圖形結構的節點（Nodes）、關聯性（Relationship）和屬性（Properties）代表資料，如圖 18-3-5 所示：

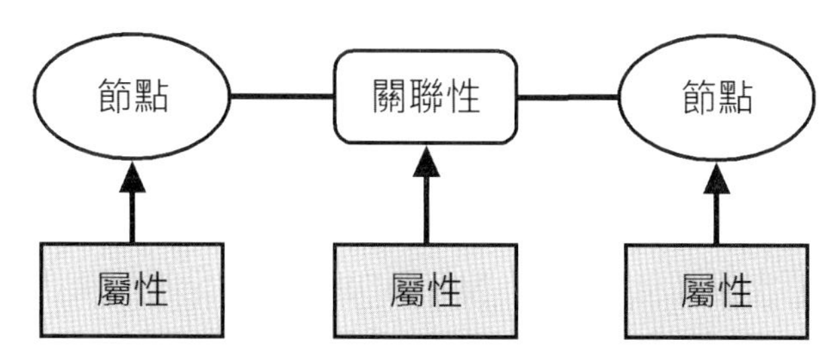

▲ 圖 18-3-5　Graph Stores 的資料圖例

上述圖例的節點是實體，在節點之間是關聯性，而且都擁有屬性。我們可以試著想像節點是應用程式的物件，關聯性是物件之間的邊線（Edges），擁有屬性且邊線是有方向性，節點是以關聯性的邊線連接組織成網路狀圖形，可以讓我們找出節點之間的關係。

例如：使用關聯性資料庫儲存好友清單，我們可以產生使用姓排序的好友清單報表，如果改用 Graph Stores，不只可以產生好友清單，更可以列出哪些好友是生死之交，或只是泛泛之交，因爲 Graph Stores 不只告訴你之間有關聯性，更可以給你每一個關聯性的詳細報告。

請注意！不同於其他 NoSQL 資料庫，Graph Stores 的資料很難水平擴充至多台伺服器，因爲圖形節點之間的複雜連接很難分散儲存。在實務上，Graph Stores 最適合使用在社群網路，用來呈現朋友之間社交關聯性圖形和分析之間的關係、錯誤偵測和處理複雜的關聯性資料。

隨堂練習 18-3

1. 請簡單說明 NoSQL 資料模型有哪幾種？
2. 請舉例說明 JSON？哪一種 NoSQL 資料模型儲存的資料是 JSON？

18-4 NoSQL 資料庫系統：MongoDB

MongoDB 是一套使用 Document Stores 資料模型，著名的 NoSQL 資料庫，其儲存資料是文件，這是一種擴充的 JSON 格式文件。

18-4-1 MongoDB 簡介

MongoDB 是一套支援 Windows、Linux、Mac OS X 和 Solaris 作業系統的跨平台資料庫系統，提供高效能、高可用性和高擴充性的 Document Stores 資料模型的資料庫，屬於一種 NoSQL 資料庫。

MongoDB 是 2007 年 7 月由 10gen 軟體公司（現爲 MongoDB 公司）提供平台服務開始（類似 Windows Azure），在 2009 年轉爲 Open Source 專案後，MongoDB 名稱也正式出現，10gen 公司同時提供付費的技術支援服務。現在，MongoDB 已經成爲很多著名網站資料層使用的資料庫系統，包含：Craigslist、eBay、Foursquare 和 The New York Times 等。

MongoDB 是目前最廣泛使用和著名的 NoSQL 資料庫系統，其功能十分強大，支援 Ad hoc 查詢、索引、複寫、負載平衡（Load Balancing）的自動 Sharding、檔案伺服器、MapReduce、伺服端 JavaScript 和固定尺寸 Collection 集合。在應用程式開發方面支援十數種程式語言，包含：ActionScript、C/C++、C#、Java、JavaScript、PHP、Python、Ruby 和 Smalltalk 等。

請注意！ MongoDB 使用的名詞術語和關聯式資料庫不同，筆者整理的名詞對照表，如表 18-4-1 所示：

▼ 表 18-4-1 RDMS 與 MongoDB 名詞對照表

RDMS	MongoDB
資料庫（Database）	資料庫（Database）
資料表（Table）	集合（Collection）
記錄（Row、Record）	文件（Document）
欄位（Column）	欄位（Field）
索引（Index）	索引（Index）
主鍵（Primary Key）	主鍵（Primary Key）
資料表合併（Table Joins）	內嵌文件（Embedded Document）

18-4-2 下載與安裝 MongoDB

MongoDB 提供多種版本，其中的社群版是免費軟體，相關驅動程式是 Apache License 免費軟體，MongoDB 公司也提供使用在商業授權企業支援服務的版本。

下載 MongoDB

在 MongoDB 官方網站可以免費下載最新的社群版，其下載網址如下所示（圖 18-4-1）：

https://www.mongodb.com/download-center/community

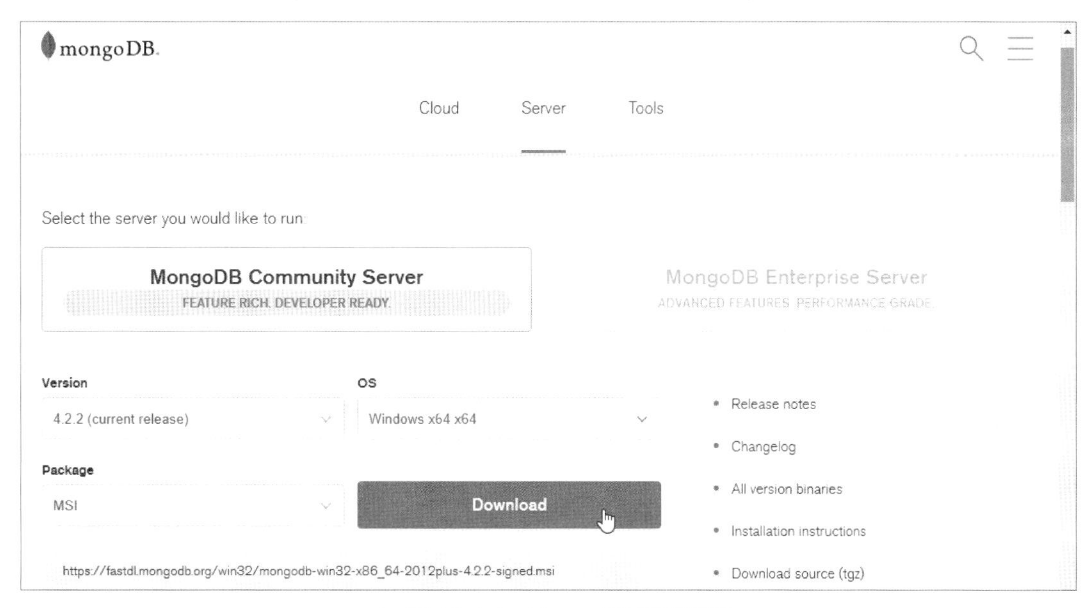

▲ 圖 18-4-1 MongoDB 官方網站

請啓動瀏覽器進入上述網頁後，選【MongoDB Community Server】後，再選 Windows x64 平台，按【Download】鈕下載 MongoDB，在本章是使用 64 位元的 Windows 4.2.2 版，其下載的檔名是：mongodb-win32-x86_64-2012plus-4.2.2-signed.msi。

安裝 MongoDB

當我們成功下載 MongoDB 的 Windows 安裝程式後，就可以在 Windows 10 電腦安裝 MongoDB，其步驟如下所示：

Step 1：請按二下【mongodb-win32-x86_64-2012plus-4.2.2-signed.msi】安裝程式，可以看到歡迎安裝的精靈畫面後，按【Next】鈕，如圖 18-4-2 所示：

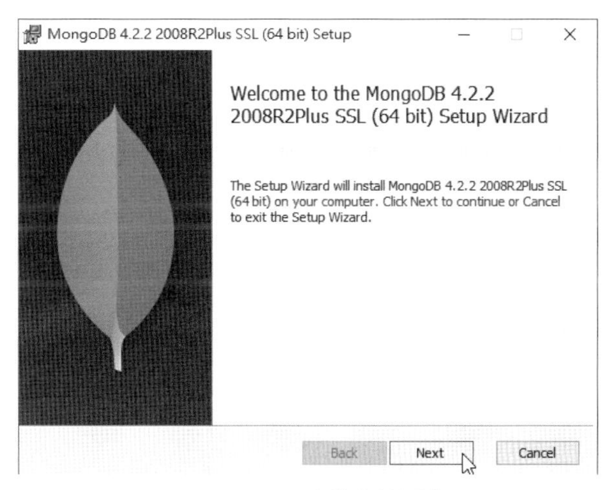

▲ 圖 18-4-2 安裝的精靈畫面

Step 2：在閱讀軟體使用者授權書後，請勾選【I accept the terms in the License Agreement】，按【Next】鈕，如圖 18-4-3 所示：

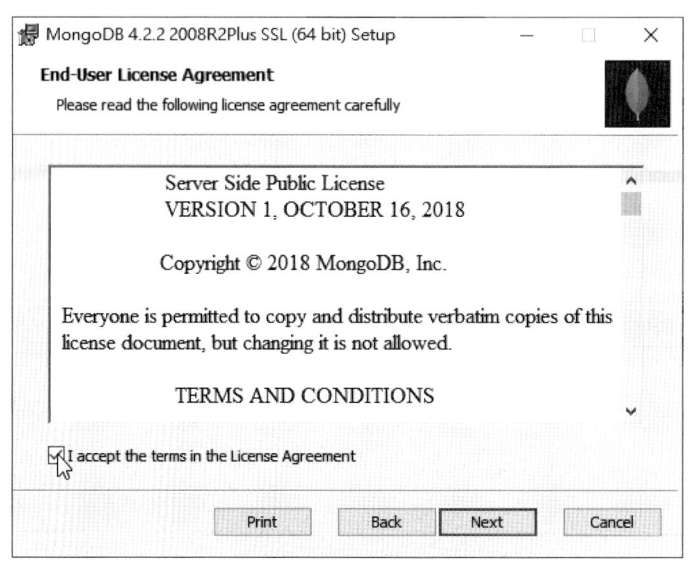

▲ 圖 18-4-3　使用者授權書

Step 3：在安裝類型選 Complete 完整安裝，請按【Complete】鈕，如圖 18-4-4 所示：

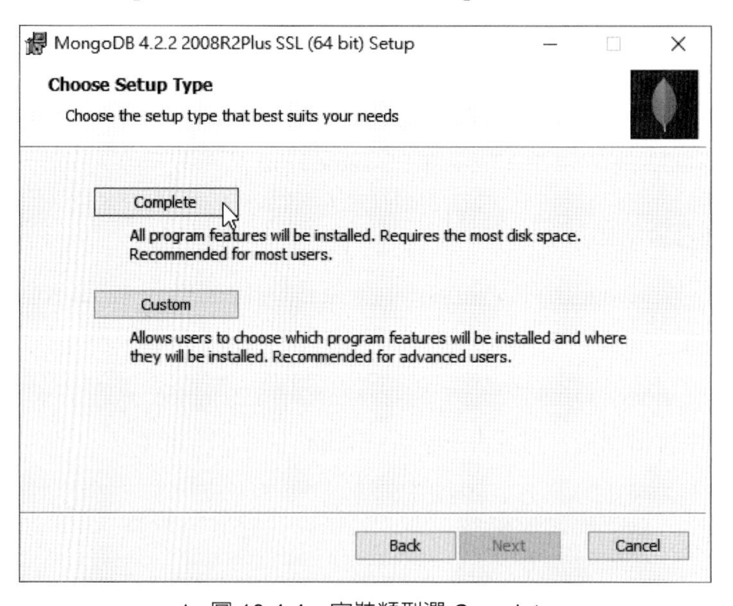

▲ 圖 18-4-4　安裝類型選 Complete

Step 4：勾選是否安裝成 Windows 服務，在本章是準備自行啟動，請取消勾選【Install MongoD As a Service】，按【Next】鈕，如圖 18-4-5 所示：

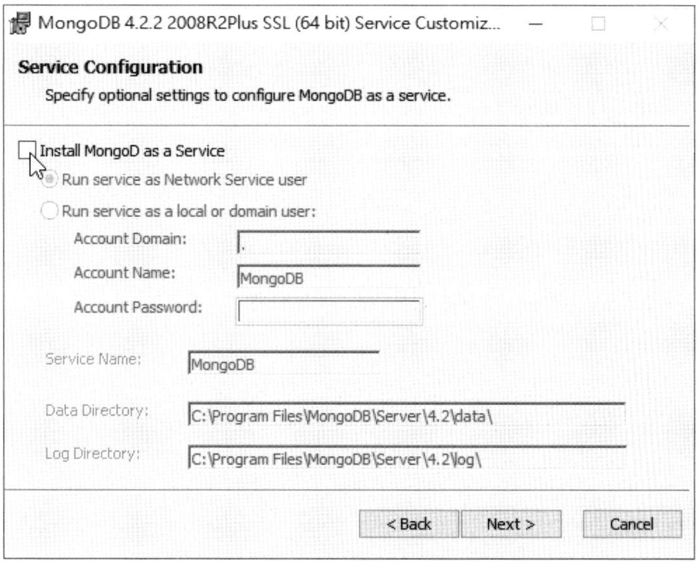

MongoDB 4.2.2 2008R2Plus SSL (64 bit) Service Customiz...
Service Configuration
Specify optional settings to configure MongoDB as a service.
Install MongoD as a Service
Run service as Network Service user
Run service as a local or domain user:
Account Domain: .
Account Name: MongoDB
Account Password:
Service Name: MongoDB
Data Directory: C:\Program Files\MongoDB\Server\4.2\data\
Log Directory: C:\Program Files\MongoDB\Server\4.2\log\
< Back Next > Cancel

▲ 圖 18-4-5 取消勾選安裝成系統服務

Step 5：勾選是否安裝 MongoDB Compass 圖形使用介面（在本章並沒有使用），請自行選擇是否安裝後，按【Next】鈕，如圖 18-4-6 所示：

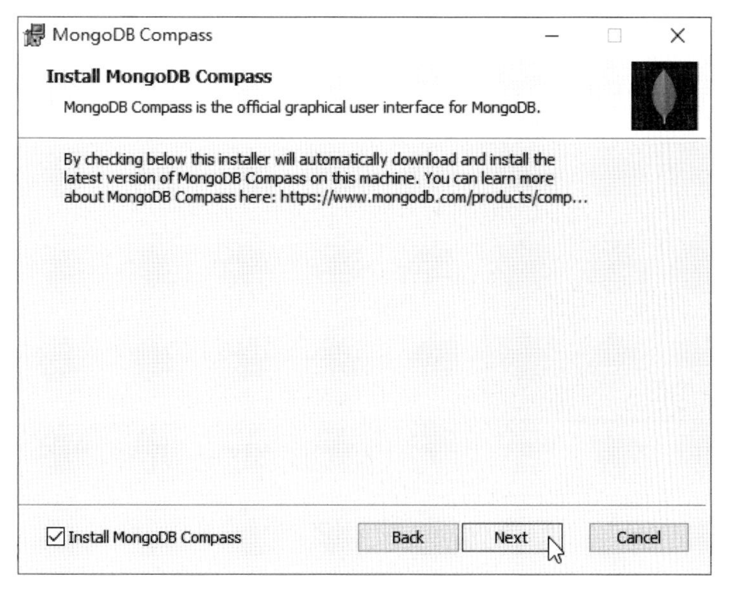

▲ 圖 18-4-6 勾選安裝 MongoDB Compass

Step 6：按【Install】鈕開始安裝 MongoDB，如圖 18-4-7 所示：

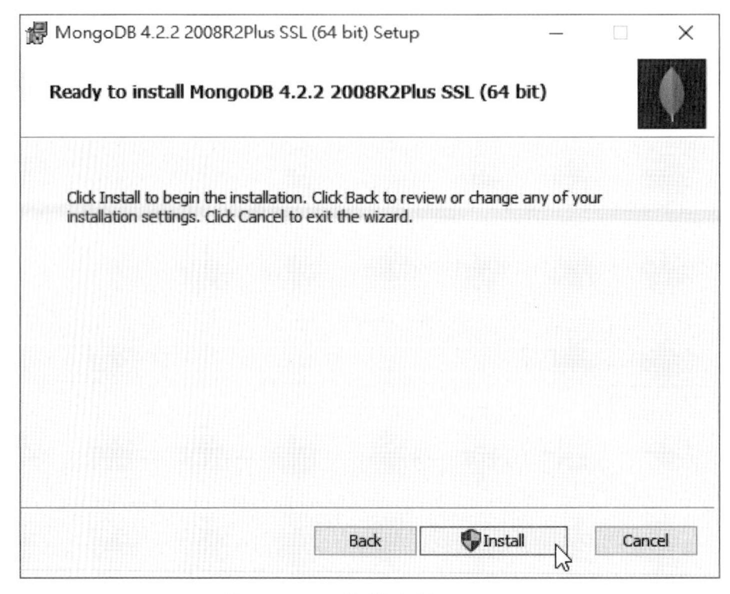

▲ 圖 18-4-7　準備安裝 MongoDB

Step 7：等到安裝完成，按【Finish】鈕完成 MongoDB 的安裝，如圖 18-4-8 所示：

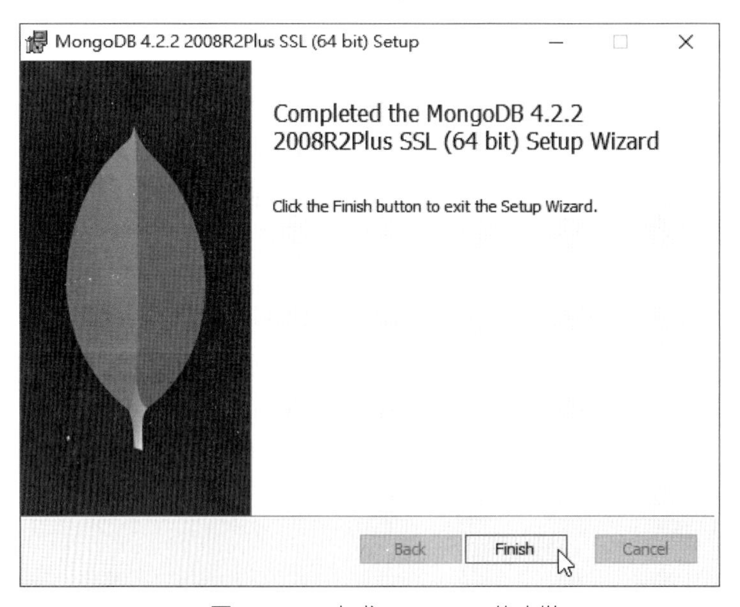

▲ 圖 18-4-8　完成 MongoDB 的安裝

18-4-3　啓動 MongoDB 伺服器

在成功安裝 MongoDB 後，我們首先需要建立儲存資料庫檔案的目錄後，就可以啓動 MongoDB 伺服器。

建立 MongoDB 伺服器的資料目錄

MongoDB 伺服器需要一個資料目錄來儲存資料庫檔案，預設目錄是位在 MongoDB 安裝硬碟下的「\data\db」，例如：硬碟 C: 就是「C:\data\db」，請在安裝硬碟建立此目錄，和確認使用者擁有寫入權限，如圖 18-4-9 所示：

▲ 圖 18-4-9　建立資料夾

啓動 MongoDB 伺服器

現在，我們可以在 Windows 作業系統以擁有系統管理員權限的使用者登入後，啓動 MongoDB 伺服器，其步驟如下所示：

Step 1：請在 Windows 作業系統搜尋【cmd】工具程式，然後選【命令提示字元】開啓「命令提示字元」視窗。

Step 2：在提示字元後輸入 mongod 指令啓動 MongoDB 伺服器，使用的是 mongod.exe 的完整路徑，目錄 4.2 是因爲安裝 4.2.2 版（圖 18-4-10），如下所示：

"C:\Program Files\MongoDB\Server\4.2\bin\mongod.exe" Enter

▲ 圖 18-4-10　輸入 mongod 指令啓動 MongoDB 伺服器

Step 3：按 Enter 鍵啓動 MongoDB 伺服器，如果有看到「Windows 安全性警訊」對話方塊，請按【允許存取】鈕繼續。

在成功啓動 MongoDB 伺服器後（結束 MongoDB 請按 Ctrl-C 鍵），可以在「命令提示字元」視窗最後的日期 / 時間後，看到訊息指出等待連接埠號 27017，如圖 18-4-11 所示：

```
命令提示字元 - "C:\Program Files\MongoDB\Server\4.2\bin\mongod.exe"
ion version: <unsharded>
2019-12-12T09:46:58.358+0800 I  NETWORK  [initandlisten] Listening on 127.0.0.1
2019-12-12T09:46:58.358+0800 I  CONTROL  [LogicalSessionCacheReap] Sessions collection is not set up; waiting until next s
essions reap interval: config.system.sessions does not exist
2019-12-12T09:46:58.358+0800 I  NETWORK  [initandlisten] waiting for connections on port 27017
2019-12-12T09:46:58.358+0800 I  STORAGE  [LogicalSessionCacheRefresh] createCollection: config.system.sessions with provid
ed UUID: 66a7dc50-7926-415c-aa28-5d1be038c217 and options: { uuid: UUID("66a7dc50-7926-415c-aa28-5d1be038c217") }
2019-12-12T09:46:58.367+0800 I  INDEX    [LogicalSessionCacheRefresh] index build: done building index _id_ on ns config.s
ystem.sessions
2019-12-12T09:46:58.375+0800 I  INDEX    [LogicalSessionCacheRefresh] index build: starting on config.system.sessions prop
erties: { v: 2, key: { lastUse: 1 }, name: "lsidTTLIndex", ns: "config.system.sessions", expireAfterSeconds: 1800 } using
method: Hybrid
2019-12-12T09:46:58.376+0800 I  INDEX    [LogicalSessionCacheRefresh] build may temporarily use up to 500 megabytes of RAM

2019-12-12T09:46:58.376+0800 I  INDEX    [LogicalSessionCacheRefresh] index build: collection scan done. scanned 0 total r
ecords in 0 seconds
2019-12-12T09:46:58.378+0800 I  INDEX    [LogicalSessionCacheRefresh] index build: inserted 0 keys from external sorter in
to index in 0 seconds
2019-12-12T09:46:58.380+0800 I  INDEX    [LogicalSessionCacheRefresh] index build: done building index lsidTTLIndex on ns
config.system.sessions
2019-12-12T09:46:59.001+0800 I  SHARDING [ftdc] Marking collection local.oplog.rs as collection version: <unsharded>
```

▲ 圖 18-4-11　「命令提示字元」視窗

使用 Shell 命令列工具連接 MongoDB 伺服器

MongoDB 伺服器提供 Shell 命令列工具執行資料庫操作，這是一個全功能 JavaScript 語言的 Shell 直譯器，可以執行 JavaScript 語法的程式碼和所有的標準函數。

請在 Windows 作業系統開啓檔案總管視窗，切換到「C:\Program Files\MongoDB\Server\4.2\bin」目錄後，按二下【mongo.exe】連接預設的 MongoDB 伺服器（請記得先啓動 MongoDB 伺服器），如圖 18-4-12 所示：

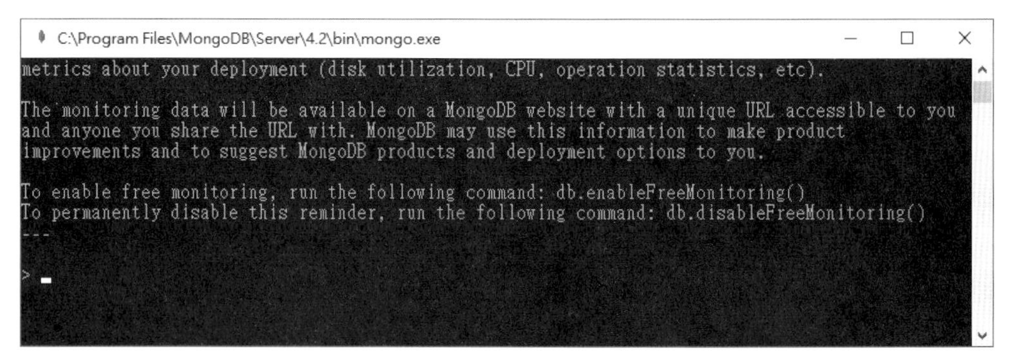

▲ 圖 18-4-12　連接預設的 MongoDB 伺服器

現在，我們可以在 Shell 的「>」提示符號後，輸入相關指令來執行資料庫操作，例如：在 test 資料庫（預設連接的資料庫）新增 test 集合存入一筆記錄後，顯示記錄內容，如下所示：

```
> db.test.save({name : "Joe Chen"})
> db.test.find()
```

上述指令從全域變數 db 開始，新增「.」運算子之後的 test 集合（即資料表）的記錄，我們是使用 save() 方法存入記錄至資料庫，記錄內容是 JSON 格式的 JavaScript 字串，在存入記錄後，呼叫 find() 方法，可以顯示我們剛剛存入的記錄內容，如圖 18-4-13 所示：

```
C:\Program Files\MongoDB\Server\4.2\bin\mongo.exe

The monitoring data will be available on a MongoDB website with a unique URL accessible to you
and anyone you share the URL with. MongoDB may use this information to make product
improvements and to suggest MongoDB products and deployment options to you.

To enable free monitoring, run the following command: db.enableFreeMonitoring()
To permanently disable this reminder, run the following command: db.disableFreeMonitoring()
---

> db.test.save({name : "Joe Chen"})
WriteResult({ "nInserted" : 1 })
> db.test.find()
{ "_id" : ObjectId("5df19e60acbf4fc71840b513"), "name" : "Joe Chen" }
> _
```

▲ 圖 18-4-13　顯示剛剛存入的記錄內容

在上述圖例的最後顯示的是記錄內容，欄位 _id 是唯一的文件編號，這是 MongoDB 自動替文件產生的編號（即主鍵），之後是欄位 name 的內容。一些常用的指令，如下所示：

- show dbs 指令：顯示資料庫清單。
- help 指令：顯示 Shell 指令說明。
- cls 指令：清除視窗內容。

18-4-4　MongoDB 資料庫圖形介面管理工具

Robo 3T 工具是一套跨平台免費的 MongoDB 資料庫圖形介面管理工具，支援 Windows、Mac OS X 和 Linux 作業系統，我們可以直接使用此工具連接 MongoDB 伺服器和執行 Shell 指令來管理 MongoDB 資料庫。

下載與安裝 Robo 3T

Robo 3T 工具可以在官方網站：https://robomongo.org/download 免費下載，請按右邊【Download Robo 3T】鈕只下載 Robo 3T。Windows 作業系統提供安裝程式和 ZIP 格式兩種版本，如圖 18-4-14 所示：

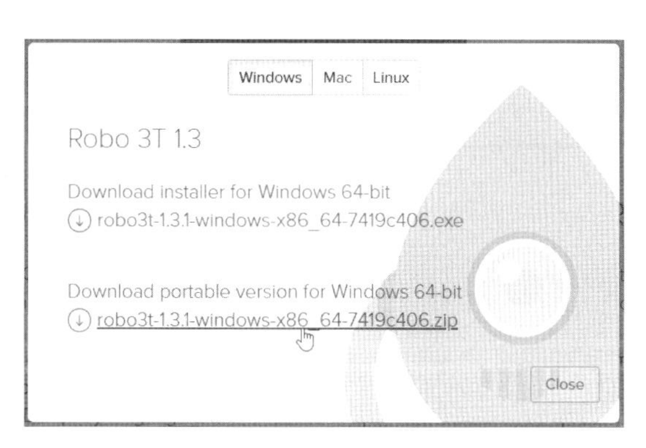

▲ 圖 18-4-14　下載 ZIP 格式的 Robo 3T

在本章是使用 ZIP 格式，請點選下方超連接下載 ZIP 格式，其檔案名稱是：robo3t-1.3.1-windows-x86_64-7419c406.zip。安裝 Robo 3T 請直接解壓縮檔案至指定資料夾即可，例如：「C:\robo3t」。

啟動與連接 MongoDB 伺服器

現在，我們可以啟動 Robo 3T 和連接 MongoDB 伺服器，其步驟如下所示：

Step 1：請開啟檔案總管視窗切換至「C:\robo3t」資料夾，按二下 robo3t.exe 啟動 MongoDB 資料庫圖形介面管理工具，第 1 次啟動會顯示 GNU 授權視窗，請選【I agree】同意授權後，按【Next】鈕，如圖 18-4-15 所示：

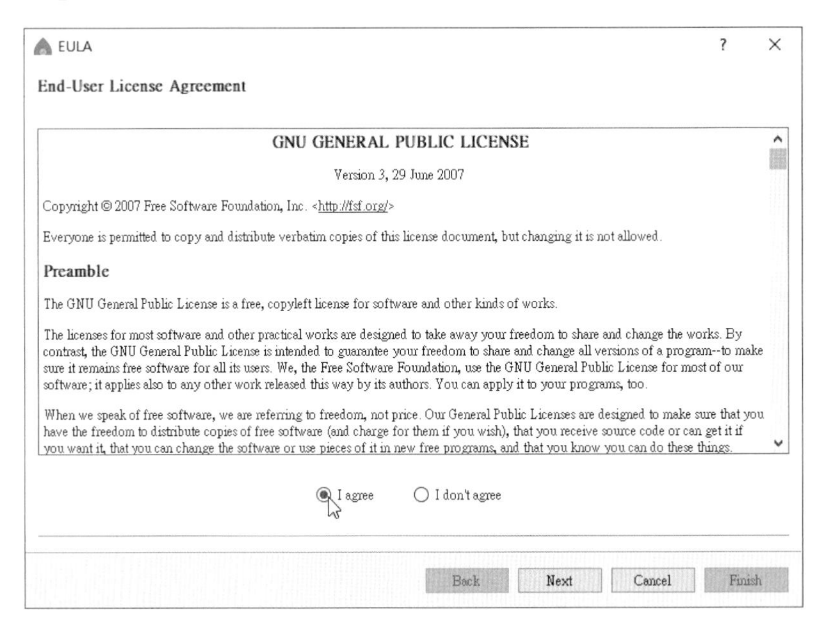

▲ 圖 18-4-15　GNU 授權視窗

Step 2：請自行選擇是否輸入註冊資料（可以不填寫）後，按【Finish】鈕來新增伺服器連接，如圖 18-4-16 所示：

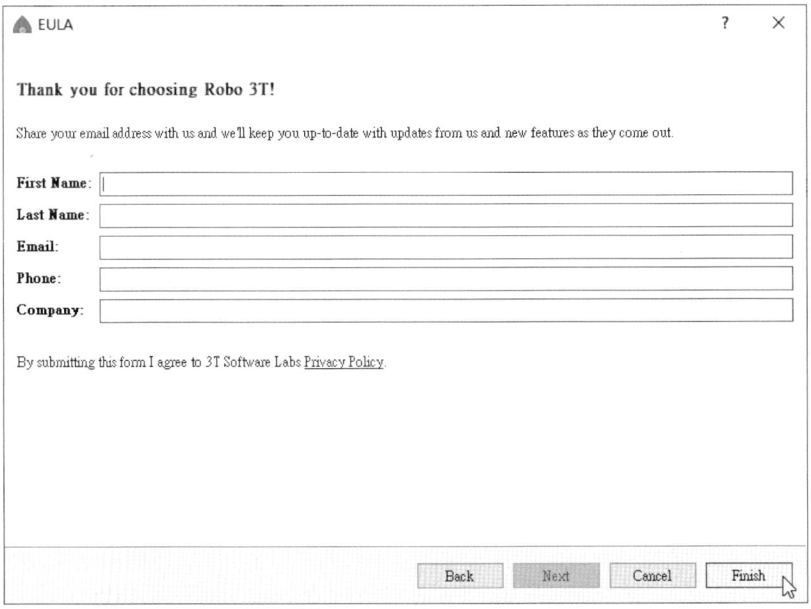

EULA

Thank you for choosing Robo 3T!

Share your email address with us and we'll keep you up-to-date with updates from us and new features as they come out.

First Name:
Last Name:
Email:
Phone:
Company:

By submitting this form I agree to 3T Software Labs Privacy Policy.

Back　Next　Cancel　Finish

▲ 圖 18-4-16　輸入 Robo 3T 註冊資料

Step 3：在「MongoDB Connections」對話方塊點選左上方【Create】超連結建立新的伺服器連接後，在「Connection Settings」對話方塊的【Name】欄輸入連接名稱 NoSQL_MongoDB，【Address】欄是伺服器名稱和埠號，不用更改，按【Save】鈕儲存連接設定，如圖 18-4-17 所示：

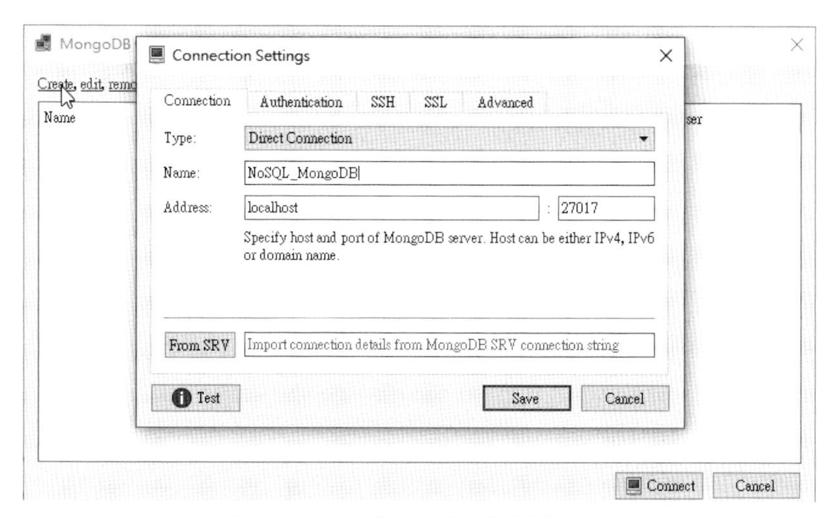

▲ 圖 18-4-17　輸入連線設定資料對話方塊

Step 4：可以看到新增的伺服器連接，如圖 18-4-18 所示：

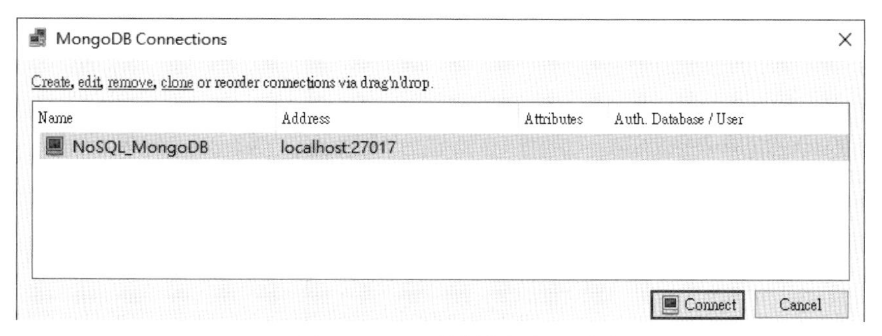

▲ 圖 18-4-18　新增的伺服器連接

Step 5：請選伺服器連接，按【Connect】鈕連接 MongoDB 伺服器，就可以看到 Robo 3T 執行畫面的主視窗，如圖 18-4-19 所示：

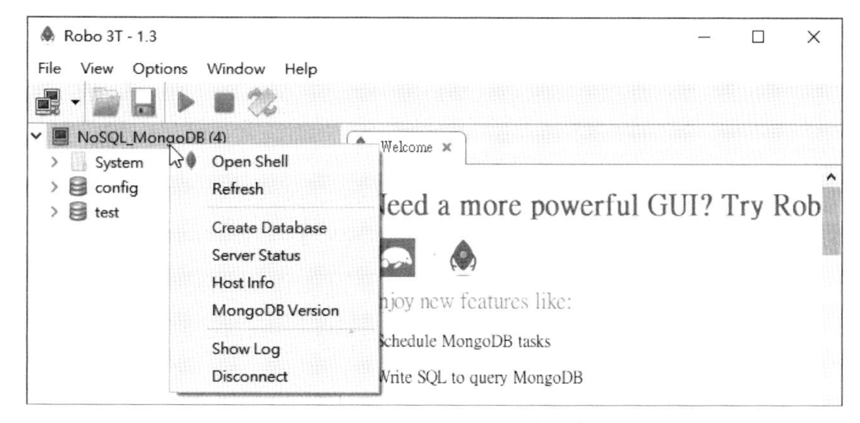

▲ 圖 18-4-19　Robo 3T 執行畫面

在上述 Robo 3T 視窗左邊是伺服器管理的資料庫清單，我們可以在連接伺服器上，按滑鼠【右】鍵顯示相關功能操作的快顯功能表，這些命令可以開啓 Shell 執行指令、建立資料庫、顯示伺服器狀態、記錄檔和中斷連接等工作。

執行 Shell 指令

當成功連接 MongoDB 伺服器後，請在連接伺服器上執行【右】鍵快顯功能表的【Open Shell】命令，可以在 MongoDB 開啓 Shell 來執行指令，在右邊可以看到新增的【New Shell】標籤，如圖 18-4-20 所示：

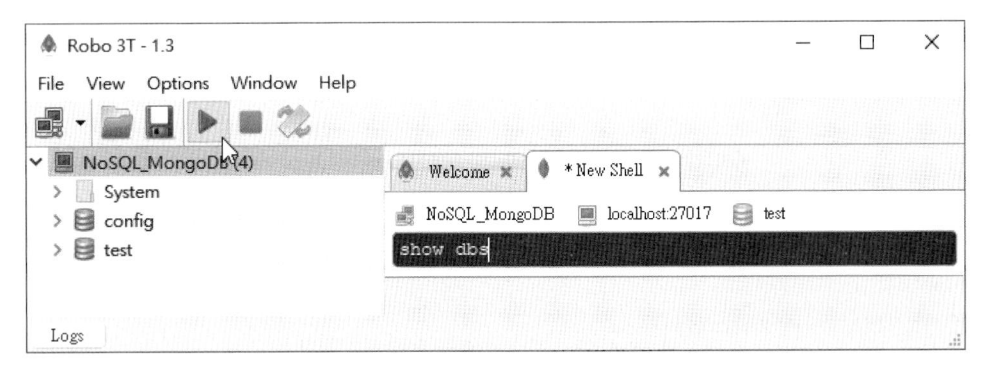

▲ 圖 18-4-20　執行 Shell 指令

請輸入 show dbs 指令後，按上方工具列游標所在的【Execute】執行鈕，可以在下方看到 Shell 指令的執行結果，如圖 18-4-21 所示：

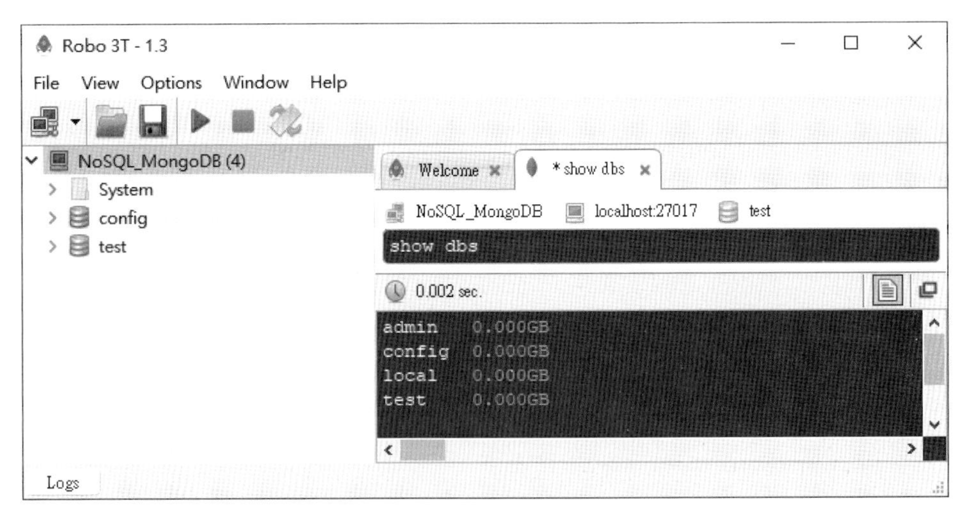

▲ 圖 18-4-21　Shell 指令的執行結果

上述執行結果顯示 MongoDB 伺服器管理的資料庫清單，按工具列第 3 個【Save】鈕（或「File>Save」命令）可以將 Shell 指令儲存成副檔名為 .js 的 JavaScript 指令碼檔案。

對於存在的 .js 指令檔，請執行「File>Open」命令或按工具列第 2 個【Load script】鈕，可以開啓 JavaScript 指令檔來編輯或執行。

隨堂練習 18-4

1. 請問什麼是 MongoDB ？ MongoDB 是屬於哪一種 NoSQL 資料模型的資料庫？
2. 請問本章使用的 MongoDB 資料庫圖形介面管理工具是什麼？

18-5 MongoDB 資料庫的基本使用

在 Windows 電腦安裝和啓動 MongoDB 資料庫系統後，我們就可以使用 MongoDB 資料庫系統來建立 NoSQL 資料庫。

18-5-1 建立資料庫與新增記錄

MongoDB 是使用動態綱要，我們並不需定義綱要就可以馬上新增記錄來建立資料庫。請使用 Robot 3T 開啓第 18 章的 .js 檔案來執行相關的 Shell 指令。

建立資料庫

MongoDB 是使用 use 指令建立新資料庫，例如：建立名爲 mydb 的資料庫（ch18_5_1.js），如下所示：

```
use mydb
```

上述指令建立名爲 mydb 的資料庫，如果資料庫已經存在，就是切換至此資料庫成爲目前使用的資料庫，如圖 18-5-1 所示：

▲ 圖 18-5-1 建立資料庫的執行結果

然後輸入 db 顯示目前使用的資料庫名稱（ch18_5_1a.js），如下所示：

```
db
```

當執行上述指令，即全域變數 db，可以顯示目前使用的資料庫是 mydb，如圖 18-5-2 所示：

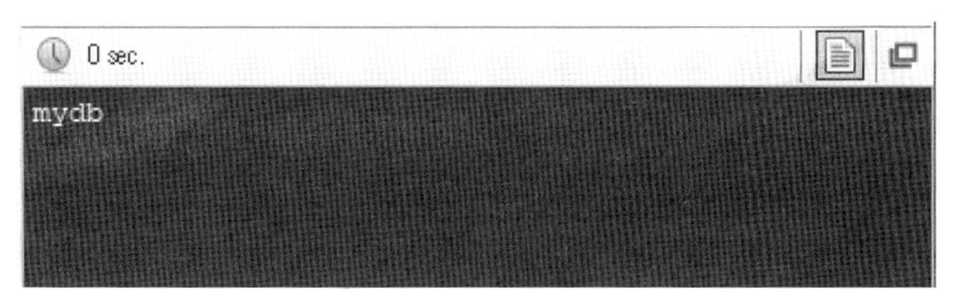

▲ 圖 18-5-2 顯示目前使用資料庫的執行結果

新增資料表和插入記錄資料

在成功新增或切換至 mydb 資料庫後，就可以使用 insert() 方法插入記錄資料，同時建立資料表，在 MongoDB 資料庫稱爲集合。例如：建立 students 集合和插入 7 筆學生記錄（ch18_5_1b.js），如下所示：

```
db.students.insert({
   name: 'joe chen',
   dob: '21/04/1978',
   gender: 'm',
   favorite_color: 'yellow',
   nationality: 'taiwan'
});
db.students.insert({
   name: 'james caan',
   dob: '03/26/1980',
   gender: 'm',
   favorite_color: 'black',
   nationality: 'american'
});
...
db.students.insert({
   name: 'judi dench',
   dob: '12/09/1984',
   gender: 'f',
   favorite_color: 'white',
   nationality: 'english'
});
```

上述執行結果一共呼叫 7 次 insert() 方法（以「;」分號分隔），可以建立 students 集合和 7 筆學生記錄，欄位依序是姓名、生日、性別、喜愛色彩和國籍。

在插入記錄建立集合後，只需呼叫 find() 方法，就可以顯示剛剛存入的記錄資料（ch18_5_1c.js），如下所示：

```
db.students.find()
```

上述 find() 方法因爲沒有參數，其執行結果可以取得集合全部的 7 筆記錄（Robo 3T 支援使用表格模式顯示結果，請按右上方第 2 個按鈕），如圖 18-5-3 所示：

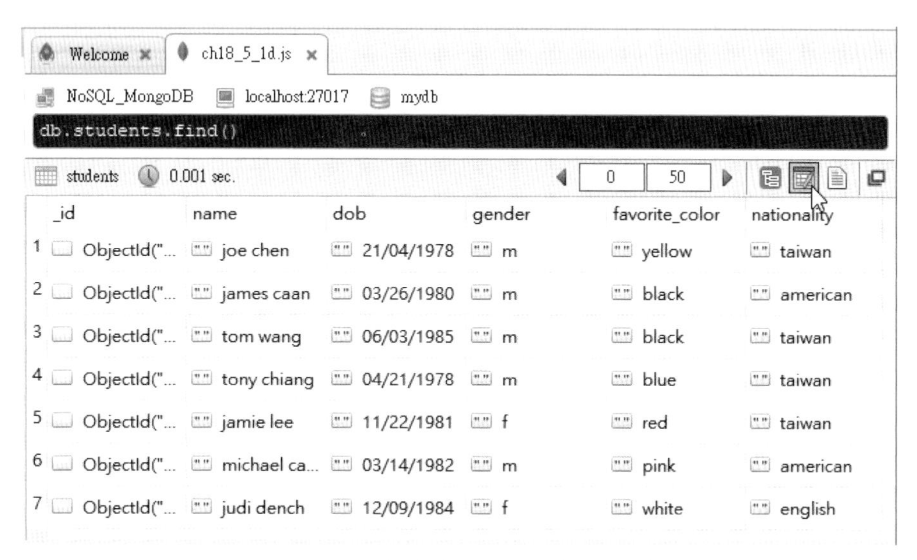

	_id	name	dob	gender	favorite_color	nationality
1	ObjectId("...	joe chen	21/04/1978	m	yellow	taiwan
2	ObjectId("...	james caan	03/26/1980	m	black	american
3	ObjectId("...	tom wang	06/03/1985	m	black	taiwan
4	ObjectId("...	tony chiang	04/21/1978	m	blue	taiwan
5	ObjectId("...	jamie lee	11/22/1981	f	red	taiwan
6	ObjectId("...	michael ca...	03/14/1982	m	pink	american
7	ObjectId("...	judi dench	12/09/1984	f	white	english

▲ 圖 18-5-3 取得集合全部記錄的執行結果

18-5-2 搜尋記錄

MongoDB 記錄搜尋功能是使用 find() 或 findOne() 方法，findOne() 方法只會傳回第 1 筆符合條件的記錄，兩個方法的參數可以指定條件來篩選符合條件的記錄，或使用 AND 和 OR 運算子建立複雜的搜尋條件。

MUST 必須符合條件

在 find() 方法參數可以指定單一條件，即「=」等號條件，例如：搜尋性別是女性的記錄資料（ch18_5_2.js），如下所示：

```
db.students.find({gender: 'f'})
```

上述 find() 方法參數是對比 SQL 條件 gender = 'f'，所有此欄位值是 'f' 的記錄都會取回，可以找到 2 筆記錄，如圖 18-5-4 所示：

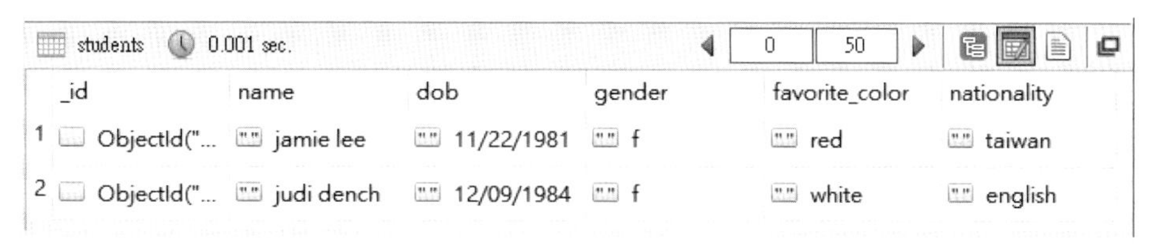

	_id	name	dob	gender	favorite_color	nationality
1	ObjectId("...	jamie lee	11/22/1981	f	red	taiwan
2	ObjectId("...	judi dench	12/09/1984	f	white	english

▲ 圖 18-5-4 MUST 必須符合條件的執行結果

AND 多條件判斷

如果條件有多個，而且每一個條件都需成立才符合條件，我們可以使用 AND 條件，例如：查詢性別是男性，「且」國籍是台灣的學生記錄資料（ch18_5_2a.js），如下所示：

```
db.students.find({gender: 'm', nationality: 'taiwan'})
```

上述 find() 方法參數是使用「,」逗號分隔的 2 個條件，即 AND 條件，需要 2 個條件都成立才符合條件，可以找到 3 筆記錄，如圖 18-5-5 所示：

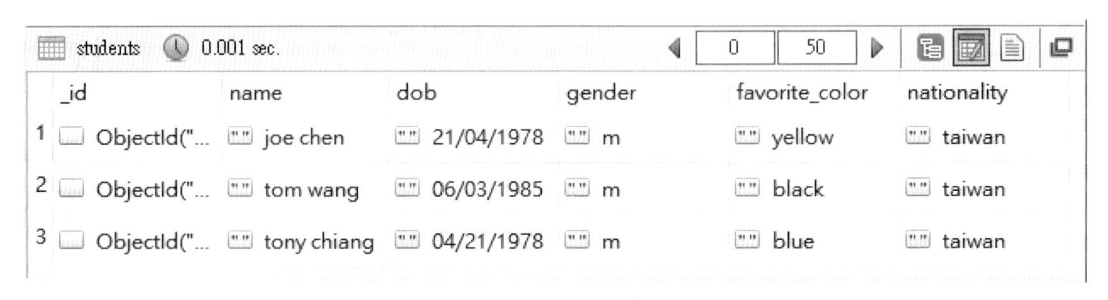

	_id	name	dob	gender	favorite_color	nationality
1	ObjectId("...	joe chen	21/04/1978	m	yellow	taiwan
2	ObjectId("...	tom wang	06/03/1985	m	black	taiwan
3	ObjectId("...	tony chiang	04/21/1978	m	blue	taiwan

▲ 圖 18-5-5　AND 多條件判斷的執行結果

OR 多條件判斷

如果多個條件只需任一個條件成立即可，我們可以使用 OR 條件，在 MongoDB 是使用 $or 運算子，例如：查詢性別是女性，「或」國籍是美國的學生記錄資料（ch18_5_2b.js），如下所示：

```
db.students.find({ $or: [{gender: 'f'},{nationality: 'american'}]})
```

上述 find() 方法參數是使用 $or 運算子指定條件，JSON 陣列是「,」逗號分隔的多個條件，只需任何 1個條件成立就符合條件，可以找到 4 筆記錄，如圖 18-5-6 所示：

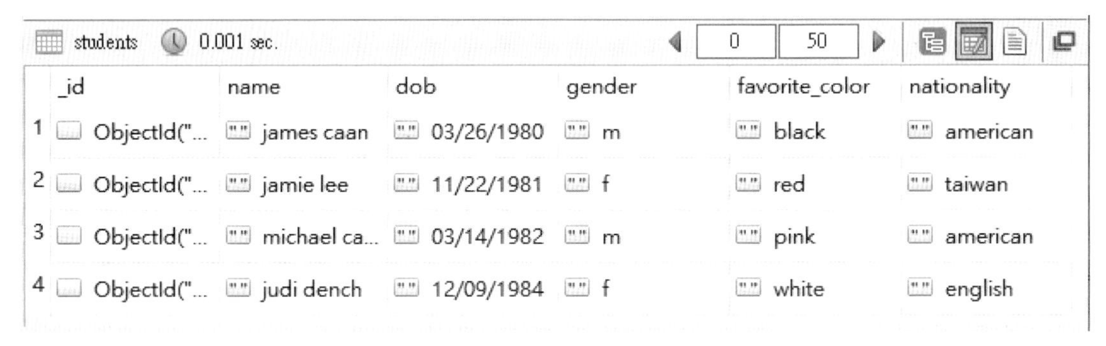

	_id	name	dob	gender	favorite_color	nationality
1	ObjectId("...	james caan	03/26/1980	m	black	american
2	ObjectId("...	jamie lee	11/22/1981	f	red	taiwan
3	ObjectId("...	michael ca...	03/14/1982	m	pink	american
4	ObjectId("...	judi dench	12/09/1984	f	white	english

▲ 圖 18-5-6　OR 多條件判斷的執行結果

AND 和 OR 多條件判斷

如果條件很複雜，我們可以同時使用多個 AND 和 OR 來建立複雜的多條件判斷，例如：查詢性別是男性，「且」國籍是台灣「或」喜愛色彩是 pink 的學生記錄（ch18_5_2c.js），如下所示：

```
db.students.find({gender: 'm', $or: [
 {nationality: 'taiwan'}, {favorite_color: 'pink'}]})
```

上述 find() 方法參數使用「,」逗號建立 2 個 AND 的條件，第 2 個再使用 $or 運算子指定 OR 條件，陣列中只需任 1 個條件成立就符合條件，可以找到 4 筆記錄，如圖 18-5-7 所示：

students 0 sec. 0 50

	_id	name	dob	gender	favorite_color	nationality
1	ObjectId("...	joe chen	21/04/1978	m	yellow	taiwan
2	ObjectId("...	tom wang	06/03/1985	m	black	taiwan
3	ObjectId("...	tony chiang	04/21/1978	m	blue	taiwan
4	ObjectId("...	michael ca...	03/14/1982	m	pink	american

▲ 圖 18-5-7 AND 和 OR 多條件判斷的執行結果

18-5-3 排序記錄

MongoDB 資料庫可以使用指定欄位排序查詢結果的記錄資料，例如：姓名和國籍欄位，我們是使用 sort() 方法排序執行結果，參數是排序欄位，其值是順序，-1 是從大到小；1 是從小到大排序，例如：使用姓名從大到小排序查詢結果（ch18_5_3.js），如下所示：

```
db.students.find({gender: 'm', $or: [
 {nationality: 'taiwan'}, {favorite_color: 'pink'}
]}).sort({name: -1})
```

上述指令在 find() 方法取得查詢結果後，再使用 sort() 方法進行排序，參數是排序欄位 name，-1 是從大到小排序姓名，如圖 18-5-8 所示：

students 0 sec. 0 50

	_id	name	dob	gender	favorite_color	nationality
1	ObjectId("...	tony chiang	04/21/1978	m	blue	taiwan
2	ObjectId("...	tom wang	06/03/1985	m	black	taiwan
3	ObjectId("...	michael ca...	03/14/1982	m	pink	american
4	ObjectId("...	joe chen	21/04/1978	m	yellow	taiwan

▲ 圖 18-5-8 從大到小排序姓名的執行結果

同樣的，我們可以使用姓名欄位，改爲從小到大排序（ch18_5_3a.js），如下所示：

```
db.students.find({gender: 'm', $or: [
 {nationality: 'taiwan'}, {favorite_color: 'pink'}
]}).sort({name: 1})
```

上述 sort() 方法的參數是排序欄位 name，值 1 是從小到大排序姓名，如圖 18-5-9 所示：

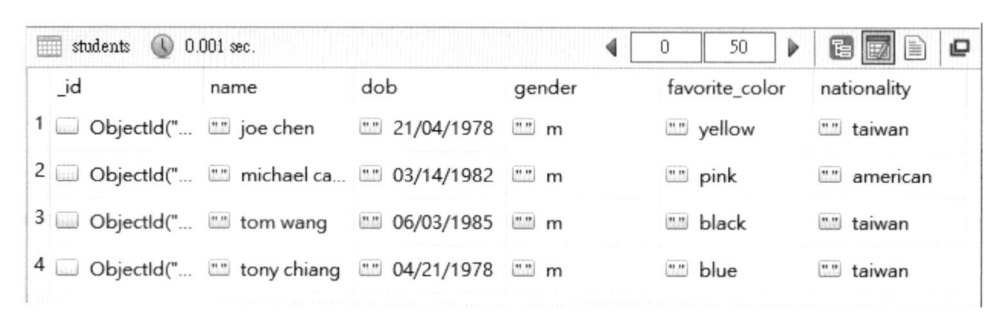

students 0.001 sec. 0 50

	_id	name	dob	gender	favorite_color	nationality
1	ObjectId("...	joe chen	21/04/1978	m	yellow	taiwan
2	ObjectId("...	michael ca...	03/14/1982	m	pink	american
3	ObjectId("...	tom wang	06/03/1985	m	black	taiwan
4	ObjectId("...	tony chiang	04/21/1978	m	blue	taiwan

▲ 圖 18-5-9　從小到大排序姓名的執行結果

18-5-4　限制記錄數

如果查詢結果的記錄數太多，我們可以使用 limit() 方法限制取回的記錄數，例如：只取回查詢結果的前 2 筆記錄（ch18_5_4.js），如下所示：

```
db.students.find({gender: 'm', $or: [
 {nationality: 'taiwan'}, {favorite_color: 'pink'}
]}).limit(2)
```

上述 limit() 方法的參數是記錄數，2 是取回 2 筆記錄資料，如圖 18-5-10 所示：

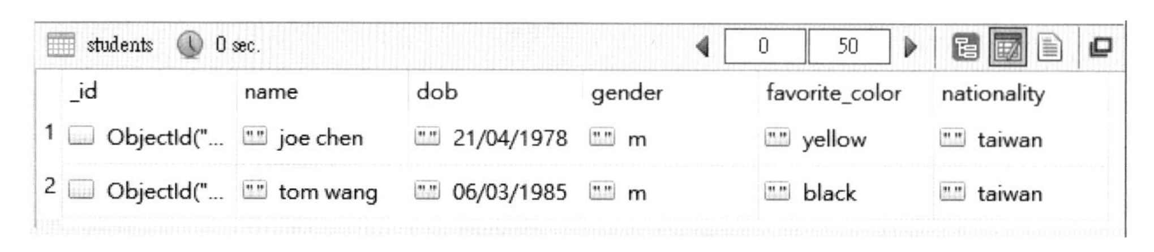

students 0 sec. 0 50

	_id	name	dob	gender	favorite_color	nationality
1	ObjectId("...	joe chen	21/04/1978	m	yellow	taiwan
2	ObjectId("...	tom wang	06/03/1985	m	black	taiwan

▲ 圖 18-5-10　限制記錄數的執行結果

18-5-5　更新與刪除記錄

除了新增記錄外，MongoDB 也提供相關方法來更新記錄，或刪除記錄資料。

更新記錄

MongoDB 是使用 update() 方法更新記錄，我們可以使用條件更新指定記錄和部分欄位值。例如：將學生 james caan 喜愛的色彩從 black 改為 brown（ch18_5_5.js），如下所示：

```
db.students.update({name: 'james caan'},
    {$set: {favorite_color: 'brown'}});
db.students.find({name: 'james caan'})
```

上述 update() 方法的第 1 個參數是條件，第 2 個參數的 $set 運算子指定更新欄位和更新值，在更新 favorite_color 欄位值後，馬上使用 find() 方法顯示此筆記錄，可以看到色彩已經改成 brown，如圖 18-5-11 所示：

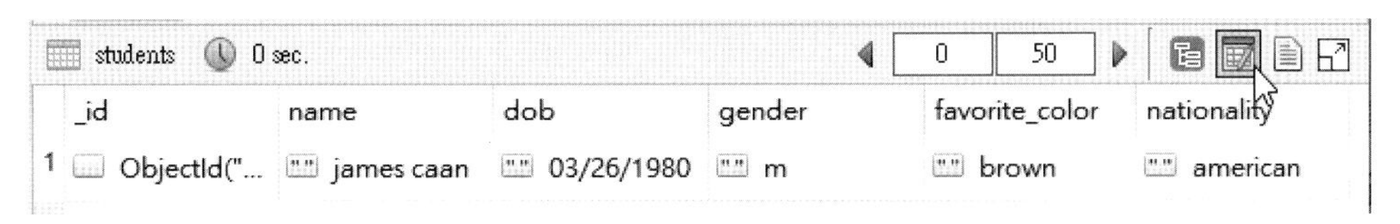

students 0 sec. 0 50

	_id	name	dob	gender	favorite_color	nationality
1	ObjectId("...	james caan	03/26/1980	m	brown	american

▲ 圖 18-5-11　更新記錄的執行結果

刪除記錄

刪除記錄是使用 remove() 方法，其參數是刪除條件，例如：以姓名爲條件來刪除學生 james caan（ch18_5_5a.js），如下所示：

```
db.students.remove({name: 'james caan'});
db.students.find()
```

上述 remove() 方法的參數是條件，可以刪除 name 欄位值是 james cann 的記錄，在刪除後，馬上使用 find() 方法顯示所有記錄，可以看到此筆記錄已經刪除，目前只剩下 6 筆學生記錄，如圖 18-5-12 所示：

students 0 sec. 0 50

	_id	name	dob	gender	favorite_color	nationality
1	ObjectId("...	joe chen	21/04/1978	m	yellow	taiwan
2	ObjectId("...	tom wang	06/03/1985	m	black	taiwan
3	ObjectId("...	tony chiang	04/21/1978	m	blue	taiwan
4	ObjectId("...	jamie lee	11/22/1981	f	red	taiwan
5	ObjectId("...	michael ca...	03/14/1982	m	pink	american
6	ObjectId("...	judi dench	12/09/1984	f	white	english

▲ 圖 18-5-12　刪除記錄的執行結果

隨堂練習 18-5

1. 請使用 Robo 3T 在 MongoDB 建立名爲 company 的資料庫。
2. 請繼續隨堂練習 1.，在 company 資料庫建立 employees 集合和插入 1 筆員工記錄，如下所示：

```
{
   name: 'tom chen',
   dob: '21/04/1988',
   gender: 'm',
   title: 'manager',
   email: 'tom@company.com'
}
```

本章習題

選擇題

(　　) 1. 請問下列哪一個關於物聯網和大數據的說明是不正確的？

(A) 物聯網就是萬物連網，所有東西（物體）都可以上網

(B) 關聯式資料庫適合儲存大數據的非結構化資料

(C) 物聯網可以對上網的進行集中管理與控制

(D) 大數據就是非常大量的巨量資料。

(　　) 2. 請問下列哪一個關於 NoSQL 的說明是不正確的？

(A) NoSQL 就是沒有 SQL，不使用 SQL 語言

(B) NoSQL 是使用動態綱要

(C) NoSQL 是使用垂直擴充來解決資料庫儲存資料成長的問題

(D) NoSQL 資料庫是使用 BASE 模型處理交易。

(　　) 3. 請問下列哪一個關於 NoSQL 資料庫的特點說明是不正確的？

(A) 不需定義綱要　(B) 支援多種資料儲存類型　(C) 支援水平擴充　(D) 提供合併查詢。

(　　) 4. 請問下列哪一種資料模型是一種最簡單的 NoSQL 資料庫？

(A) Column Family Stores　(B) Key Value Stores　(C) Document Stores　(D) Graph Stores。

(　　) 5. 請問 MongoDB 資料庫是使用下列哪一種 NoSQL 資料模型？

(A) Column Family Stores　(B) Key Value Stores　(C) Document Stores　(D) Graph Stores。

實作題

1. 請在讀者電腦安裝 MongoDB 伺服器和 Robo 3T 來建立 NoSQL 資料庫的開發與測試環境。
2. 員工資料有：員工編號、姓名、身分證字號、生日、部門、職稱、薪水，請分別使用關聯式資料庫和 MongoDB 列出資料表的內容，各有 2 筆記錄。

國家圖書館出版品預行編目資料

資料庫系統理論與應用 / 陳會安編著. -- 初版.
-- 新北市 : 全華圖書, 2020.04
面 ; 公分
ISBN 978-986-503-364-4(平裝附光碟片)

1.資料庫管理系統 2.SQL(電腦程式語言)
3.ACCESS(電腦程式)

312.7565 109003710

資料庫系統理論與應用-使用 SQL Server+Access (附範例光碟)

作者 / 陳會安
執行編輯 / 王詩蕙
封面設計 / 戴巧耘
發行人 / 陳本源
出版者 / 全華圖書股份有限公司
郵政帳號 / 0100836-1 號
印刷者 / 宏懋打字印刷股份有限公司
圖書編號 / 06435007
初版一刷 / 2020 年 04 月
定價 / 新台幣 490 元
ISBN / 978-986-503-364-4(平裝附光碟片)
全華圖書 / www.chwa.com.tw
全華網路書店 Open Tech / www.opentech.com.tw
若您對書籍內容、排版印刷有任何問題，歡迎來信指導 book@chwa.com.tw

臺北總公司(北區營業處)
地址：23671 新北市土城區忠義路 21 號
電話：(02) 2262-5666
傳真：(02) 6637-3695、6637-3696

南區營業處
地址：80769 高雄市三民區應安街 12 號
電話：(07) 381-1377
傳真：(07) 862-5562

中區營業處
地址：40256 臺中市南區樹義一巷 26 號
電話：(04) 2261-8485
傳真：(04) 3600-9806

版權所有・翻印必究

歡迎加入 全華會員

● 會員獨享

會員享購書折扣、紅利積點、生日禮金、不定期優惠活動…等。

● 如何加入會員

填妥讀者回函卡直接傳真（02）2262-0900 或寄回，將由專人協助登入會員資料，待收到E-MAIL 通知後即可成為會員。

如何購買 全華書籍

1. 網路購書

全華網路書店「http://www.opentech.com.tw」，加入會員購書更便利，並享有紅利積點回饋等各式優惠。

2. 全華門市、全省書局

歡迎至全華門市（新北市土城區忠義路 21 號）或全省各大書局、連鎖書店選購。

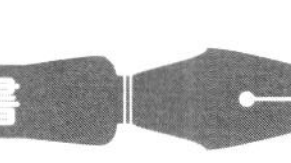

3. 來電訂購

(1) 訂購專線：(02) 2262-5666 轉 321-324
(2) 傳真專線：(02) 6637-3696
(3) 郵局劃撥（帳號：0100836-1　戶名：全華圖書股份有限公司）
※ 購書未滿一千元者，酌收運費 70 元。

全華網路書店 www.opentech.com.tw
E-mail: service@chwa.com.tw

※ 本會員制如有變更則以最新修訂制度為準，造成不便請見諒。

廣　告　回　信
板橋郵局登記證
板橋廣字第540號

行銷企劃部　收

23671 新北市土城區忠義路 21 號
全華圖書股份有限公司

讀者回函卡

填寫日期：　　/　　/

姓名：________　生日：西元____年____月____日　性別：□男 □女

電話：（　）________　傳真：（　）________　手機：________

e-mail：（必填）________

註：數字零，請用 Φ 表示，數字 1 與英文 L 請另註明並書寫端正，謝謝。

通訊處：□□□□□

學歷：□博士　□碩士　□大學　□專科　□高中．職

職業：□工程師　□教師　□學生　□軍．公　□其他

學校／公司：________　科系／部門：________

．需求書類：

□ A. 電子 □ B. 電機 □ C. 計算機工程 □ D. 資訊 □ E. 機械 □ F. 汽車 □ I. 工管 □ J. 土木

□ K. 化工 □ L. 設計 □ M. 商管 □ N. 日文 □ O. 美容 □ P. 休閒 □ Q. 餐飲 □ B. 其他

．本次購買圖書為：________　書號：________

．您對本書的評價：

封面設計：□非常滿意　□滿意　□尚可　□需改善，請說明________

內容表達：□非常滿意　□滿意　□尚可　□需改善，請說明________

版面編排：□非常滿意　□滿意　□尚可　□需改善，請說明________

印刷品質：□非常滿意　□滿意　□尚可　□需改善，請說明________

書籍定價：□非常滿意　□滿意　□尚可　□需改善，請說明________

整體評價：請說明________

．您在何處購買本書？

□書局　□網路書店　□書展　□團購　□其他________

．您購買本書的原因？（可複選）

□個人需要　□幫公司採購　□親友推薦　□老師指定之課本　□其他________

．您希望全華以何種方式提供出版訊息及特惠活動？

□電子報　□ DM　□廣告（媒體名稱________）

．您是否上過全華網路書店？（www.opentech.com.tw）

□是　□否　您的建議________

．您希望全華出版那方面書籍？________

．您希望全華加強那些服務？________

～感謝您提供寶貴意見，全華將秉持服務的熱忱，出版更多好書，以饗讀者。

全華網路書店 http://www.opentech.com.tw　　客服信箱 service@chwa.com.tw

2011.03 修訂

親愛的讀者：

感謝您對全華圖書的支持與愛護，雖然我們很慎重的處理每一本書，但恐仍有疏漏之處，若您發現本書有任何錯誤，請填寫於勘誤表內寄回，我們將於再版時修正，您的批評與指教是我們進步的原動力，謝謝！

全華圖書　敬上

勘誤表

書號		書名		作者	
頁數	行數	錯誤或不當之詞句		建議修改之詞句	

我有話要說：（其它之批評與建議，如封面、編排、內容、印刷品質等．．．）